"国家级一流本科课程"配套教材系列

教育部高等学校计算机类专业教学指导委员会推荐教材
国家级线上线下混合式一流本科课程"程序设计基础"指定教材

C语言程序设计
从计算思维到项目驱动 微课视频版

温荷 王会 刘兆宏 王泽 胡元波 程鹏 林晨 张雪松 文汝杰 编著

清华大学出版社
北京

内 容 简 介

本书不仅全面覆盖C语言的核心语法、数据结构、算法设计等基础知识，还着重培养计算思维能力，并通过一系列精心设计的项目实践，将理论知识生动转化为解决实际问题的能力，使学习过程既有趣又富有成效，旨在培养既具备扎实专业技能又拥有良好道德情操和社会责任感的复合型人才。

全书共分为12章：第1~3章为C语言基础，这部分内容首先介绍了计算思维的概念，强调了逻辑思维和问题解决的重要性。随后，逐步讲解了C语言的基本语法，包括变量、数据类型、运算符、控制结构等，为后续的学习打下坚实的基础。第4~10章为进阶编程与算法设计，深入探讨了函数、数组、指针、结构体等高级主题，以及如何利用这些概念来设计和实现算法。通过具体的编程实例，引导读者理解如何将抽象的算法思想转化为具体的代码实现。第11、12章为项目实战与综合应用，通过火车订票系统、贪吃蛇游戏两个经典案例，帮助读者将所学知识应用于实践中。每个项目都配有源代码和微课视频教程，以便读者能够循序渐进地完成项目，并在过程中不断巩固和深化对C语言的理解。全书提供了大量应用实例，每章后均附有习题。

本书适合计算机科学及相关专业的本科生、研究生，以及希望通过自学掌握C语言编程技能的爱好者。无论是初次接触编程还是想要进一步提升编程能力，本书都将为您提供宝贵的指导和帮助。

版权所有，侵权必究。举报：010-62782989，beiqinquan@tup.tsinghua.edu.cn。

图书在版编目（CIP）数据

C语言程序设计：从计算思维到项目驱动：微课视频版 / 温荷等编著. -- 北京：清华大学出版社，2025.5. -- （"国家级一流本科课程"配套教材系列）. -- ISBN 978-7-302-68878-5

Ⅰ. TP312.8

中国国家版本馆CIP数据核字第2025NJ6241号

责任编辑：张　玥　薛　阳
封面设计：刘　键
责任校对：韩天竹
责任印制：宋　林

出版发行：清华大学出版社
网　　址：https://www.tup.com.cn，https://www.wqxuetang.com
地　　址：北京清华大学学研大厦A座　　　　　　邮　编：100084
社 总 机：010-83470000　　　　　　　　　　　　邮　购：010-62786544
投稿与读者服务：010-62776969，c-service@tup.tsinghua.edu.cn
质量反馈：010-62772015，zhiliang@tup.tsinghua.edu.cn
课件下载：https://www.tup.com.cn，010-83470236

印 装 者：三河市龙大印装有限公司
经　　销：全国新华书店
开　　本：185mm×260mm　　　印　张：21.5　　　字　数：540千字
版　　次：2025年5月第1版　　　　　　　　　　　印　次：2025年5月第1次印刷
定　　价：69.80元

产品编号：103534-01

前　言

  C语言以其简洁高效、贴近硬件、易于学习却又功能强大的特性,自诞生以来便成为计算机科学领域中最具影响力的编程语言之一。它不仅是操作系统、嵌入式系统开发的首选语言,也是众多高级编程语言和框架的基石。在软件开发、系统编程、硬件接口等多个领域,C语言均展现出了其无可替代的优势,尤其是在培养计算思维、理解计算机底层原理方面,C语言更是发挥着举足轻重的作用。

  随着信息技术的飞速发展,对于掌握C语言编程技能的需求日益增强。本书从C语言的基础知识出发,逐步深入,不仅覆盖了C语言的核心语法、数据结构、算法设计等关键内容,更强调通过项目驱动的学习方式,将理论知识与实际应用紧密结合。本书精心设计了一系列贴近实际的项目案例,旨在帮助读者在解决具体问题的过程中,加深对C语言编程的理解,提升解决实际问题的能力。我们还按照TOPCARES能力指标体系组织课程内容,确保读者能够循序渐进地掌握C语言编程的精髓,同时具备良好的沟通能力、创新能力、研究能力、环境意识和社会素养。在本书的编写过程中还充分考虑了课程思政的要求,将社会主义核心价值观、职业道德教育等思政元素融入课程内容之中,引导学生树立正确的世界观、人生观和价值观,培养良好的职业素养和社会责任感。无论是计算机类专业的学生,还是希望转行进入IT领域的从业者,甚至是已经有一定编程基础的开发者,都能从本书中获得宝贵的启示和帮助。

  全书共分为12章,章节安排以综合项目工程应用为主线展开,内容讲解由浅入深,层次清晰,通俗易懂。第1章介绍C语言的历史背景、特点及其应用领域,同时引导学生建立计算思维的基础概念。通过简单的编程示例、开发环境介绍,让学生初步体验C语言编程的过程。第2章详细介绍C语言的基本语法,包括数据类型、变量、常量、运算符、表达式等基础知识。第3章讲解条件语句(if-else)、循环语句(for、while、do-while)以及跳转语句(break、continue)等控制结构的使用方法。第4章介绍函数的定义、调用以及参数传递方式,培养学生模块化编程的思想。第5章讲解数组的使用方法,包括一维数组、二维数组、多维数组及数组在函数中的应用。第6章介绍指针的基本概念、指针与数组的关系、指针与函数的使用方法以及动态内存分配。第7章介绍字符串的复制、比较等操作,包括字符数组实现字符串的方法。第8章介绍结构体的定义与使用,以及共用体的概念和用途。第9章介绍文件的基本概念、文件的打开与关闭、文件的读写操作。第10章介绍预处理命令的种类、作用,以及宏定义的使用方法和注意事项,提高代码编写效率。第11章通过实现火车订票系统,综合运用前面章节所学的知识点,包括数据结构、文件操作、算法设计等,培养学生解决实际问题的能力。第12章设计并实现一个经典的贪吃蛇游戏,让学生掌握基本的游戏开发技术,包括键盘输入处理、图形绘制、游戏逻辑、碰撞检测等关键内容。

本书具有以下特点。

(1) 计算思维贯穿始终。本书从第1章开始,就将计算思维作为核心教学理念融入其中。通过设计合理的项目案例和练习题,引导学生在解决问题的过程中,自然而然地运用抽象、分解、算法设计、迭代、递归等计算思维方法,从而不仅掌握C语言编程技能,还深刻理解计算思维在软件开发中的重要作用。

(2) 项目驱动的学习模式。结合TOPCARES能力指标,采用项目驱动的教学模式,每一章都围绕一个具体的项目展开,使学生能够在实践中学习编程概念和技术,让学生在解决实际问题的过程中,综合运用所学知识,提升各项能力。

(3) 理论与实践相结合。本书不仅注重理论知识的传授,还强调实践能力的培养。通过提供大量的项目案例和编程练习,让学生在实际操作中加深对C语言语法和编程思想的理解。同时,本书通过启发学生的创新意识,学生的理论知识和实践技能将得到全面发展。

(4) 课程思政与专业技能并重。在传授C语言基础知识、数据结构、算法设计等内容时,巧妙融入社会主义核心价值观、工匠精神、科技伦理等思政元素,引导学生树立正确的世界观、人生观和价值观,培养社会责任感和创新精神。

(5) 微课视频与互动教学。配套提供高质量的微课视频资源,覆盖课程内容与思政元素,通过互动式教学手段,激发学生的学习兴趣和主动性。鼓励学生参与课堂讨论、在线问答等环节,促进师生之间的交流与合作。

(6) 本书在章节习题中提供一定数量的课外实践题目,采用课内外结合的方式,培养学生程序设计的兴趣,提高学生的工程实践能力,使学生能够满足当前社会对C语言编程人员的需求。

(7) 本书提供配套的教学大纲、教学课件、程序源码、习题答案,并配套60个微课视频、400分钟的同步讲解,读者可在清华大学出版社官方网站下载,也可通过封底刮刮卡注册后扫描书中二维码学习。

本书由温荷、王会、刘兆宏、王泽、胡元波、程鹏、林晨、张雪松、文汝杰共同编写。其中,温荷编写了第2章并统稿,王会编写了第3章和第11章,王泽编写了第6章和第10章,胡元波编写了第7、8章,程鹏编写了第1章和第12章,林晨编写了第5章,张雪松编写了第4章,文汝杰编写了第9章。在编写过程中,参阅了东软教育科技集团的教学科研成果,也吸取了国内外教材的精髓,在此对这些作者的贡献表示由衷的感谢。在本书的出版过程中,得到了成都东软学院张应辉校长、张兵副校长、计算机与软件学院宁多彪院长、哈尔滨工业大学计算机学院苏小红教授和电子科技大学计算机科学与工程学院戴波副教授的支持和帮助;还得到了清华大学出版社的大力支持,在此表示诚挚的感谢。在本书的编写过程中使用了微软的IDE开发平台,参照了微软MSDN在线文档和国际标准化组织的C语言语法规范,以及腾讯、阿里巴巴、华为等知名公司的C语言编码规范。在此,对以上组织和企业表示真诚的感谢。课程思政的全书贯通和精准融合是本书的一大特色,其中的课程思政参考了一些知名高校的课程思政成果和思想。项目驱动是本书的另一大特色,教材中的项目教学也得到了成都东软学院实践学期、综合实训等相关老师的指导和支持,以及相关方向班、校企合作单位的支持、意见和反馈,在此一并表示感谢。

  由于作者水平有限,书中难免有不妥和疏漏之处,恳请各位专家、同仁和读者不吝赐教和批评指正,并与笔者讨论。

作者 温荷

2025 年 2 月于成都

目　录

第 1 章　C 语言概述 …………………………………………… 1
1.1　计算机编程语言与国家信息化战略 …………………… 1
1.2　旅行到计算边缘：从高级语言到晶体管 ……………… 2
1.3　计算机编程语言概述 …………………………………… 3
1.3.1　多视角解析：什么是编程 ………………………… 3
1.3.2　创世纪：机器指令与机器语言 …………………… 5
1.3.3　第一次符号化：汇编语言 ………………………… 5
1.3.4　面向用户：更加友好的高级语言 ………………… 6
1.3.5　变成机器码的两种方式：编译与解释 …………… 7
1.4　C 语言的过去、现在和未来 …………………………… 8
1.4.1　C 语言的产生背景 ………………………………… 8
1.4.2　C 语言的发展 ……………………………………… 8
1.4.3　C 语言的应用场景 ………………………………… 9
1.5　C 语言的特点与语法构成 ……………………………… 9
1.5.1　C 语言的特点 ……………………………………… 9
1.5.2　语法的构成要素 …………………………………… 10
1.5.3　C 语言的结构 ……………………………………… 11
1.5.4　走进一个完整的 C 语言程序 ……………………… 11
1.6　C 语言的学习方法 ……………………………………… 12
1.6.1　语法学习：规则的重要性 ………………………… 13
1.6.2　算法学习 …………………………………………… 13
1.6.3　代码的跟踪与调试 ………………………………… 14
1.7　编程规范：高颜值 C 语言程序 ………………………… 15
1.8　IDE 的使用 ……………………………………………… 16
1.9　本章小结 ………………………………………………… 18
1.10　课后习题 ……………………………………………… 19
1.10.1　单选题 …………………………………………… 19
1.10.2　填空题 …………………………………………… 19
1.10.3　简答题 …………………………………………… 19
1.10.4　论述题 …………………………………………… 19

第 2 章　程序设计基础知识 …… 21

2.1 标识符与关键字 …… 21
2.1.1 追根溯源：变量在计算机内部到底是什么 …… 22
2.1.2 取一个好名字：标识符命名与华夏姓氏 …… 22
2.1.3 关键字 …… 23

2.2 变量与常量 …… 23
2.2.1 变量 …… 24
2.2.2 常量 …… 25
2.2.3 注释 …… 26
2.2.4 数据类型和存储方式 …… 27
2.2.5 类型转换 …… 31

2.3 运算符与表达式 …… 34
2.3.1 一切都是运算 …… 34
2.3.2 算术运算符 …… 34
2.3.3 赋值运算符 …… 35
2.3.4 关系运算符 …… 36
2.3.5 逻辑运算符 …… 38
2.3.6 位运算符 …… 41
2.3.7 复合运算符 …… 43
2.3.8 运算符的优先级 …… 44

2.4 输入与输出 …… 46
2.4.1 printf()函数 …… 46
2.4.2 scanf()函数 …… 50

2.5 编程规范：优秀程序员眼中的命名法 …… 51
2.6 本章小结 …… 53
2.7 课后习题 …… 54
2.7.1 单选题 …… 54
2.7.2 程序填空题 …… 55
2.7.3 编程题 …… 56

第 3 章　控制流程 …… 58

3.1 选择大于努力 …… 58
3.2 案例：猜数游戏 …… 59
3.3 算法与流程 …… 59
3.3.1 算法的概念 …… 60
3.3.2 算法的描述 …… 60
3.3.3 程序结构与流程图 …… 60

3.4 选择结构 …… 62
3.4.1 if 语句 …… 62

3.4.2 if-else 语句 ………………………………………………………… 63
3.4.3 if-else 嵌套 ………………………………………………………… 64
3.4.4 else 与 if 匹配问题 ………………………………………………… 66
3.4.5 switch 语句 ………………………………………………………… 68
3.4.6 选择结构实例 ……………………………………………………… 71
3.5 循环结构 ………………………………………………………………… 73
3.5.1 while 语句 ………………………………………………………… 74
3.5.2 do-while 语句 ……………………………………………………… 77
3.5.3 for 语句 …………………………………………………………… 77
3.5.4 跳转语句 …………………………………………………………… 79
3.5.5 嵌套循环 …………………………………………………………… 85
3.5.6 循环结构实例 ……………………………………………………… 88
3.6 常见错误与排错 ………………………………………………………… 90
3.6.1 C 程序常见错误 …………………………………………………… 90
3.6.2 C 程序常用的排错方法 …………………………………………… 92
3.7 本章小结 ………………………………………………………………… 96
3.8 课后习题 ………………………………………………………………… 96
3.8.1 单选题 ……………………………………………………………… 96
3.8.2 程序填空题 ………………………………………………………… 99
3.8.3 编程题 ……………………………………………………………… 101

第 4 章 函数 ……………………………………………………………… 102

4.1 分而治之(复用) ………………………………………………………… 102
4.2 案例：用函数优化猜数游戏 …………………………………………… 104
4.3 函数的声明和定义 ……………………………………………………… 107
　　4.3.1 函数的声明 ………………………………………………………… 108
　　4.3.2 函数的定义 ………………………………………………………… 108
4.4 函数的参数和返回值 …………………………………………………… 109
　　4.4.1 形式参数和实际参数 ……………………………………………… 110
　　4.4.2 函数的返回值 ……………………………………………………… 113
4.5 函数的调用 ……………………………………………………………… 116
　　4.5.1 函数调用的基本概念 ……………………………………………… 119
　　4.5.2 函数调用的类型 …………………………………………………… 119
　　4.5.3 函数的递归调用 …………………………………………………… 120
4.6 变量作用域 ……………………………………………………………… 123
　　4.6.1 局部变量和全局变量 ……………………………………………… 123
　　4.6.2 动态存储与静态存储 ……………………………………………… 126
　　4.6.3 用 extern 声明外部变量 …………………………………………… 128
4.7 本章小结 ………………………………………………………………… 130

4.8 课后习题 ··· 130
   4.8.1 单选题 ·· 130
   4.8.2 程序填空题 ·· 131
   4.8.3 编程题 ·· 133

第 5 章 数组 ··· 134

5.1 数组产生的背景 ··· 134
5.2 人以群分、物以类聚 ·· 134
5.3 一维数组 ··· 136
   5.3.1 一维数组的声明与初始化 ··· 136
   5.3.2 数组的元素访问与修改 ·· 139
   5.3.3 一维数组的常见操作 ··· 141
5.4 二维数组 ··· 143
   5.4.1 二维数组的声明与初始化 ··· 143
   5.4.2 二维数组的元素访问与修改 ······································ 144
   5.4.3 二维数组的常见操作 ··· 145
5.5 多维数组 ··· 145
   5.5.1 多维数组的声明与初始化 ··· 145
   5.5.2 多维数组的元素访问与修改 ······································ 147
   5.5.3 多维数组的常见操作 ··· 149
5.6 数组与函数 ·· 149
   5.6.1 数组作为函数调用参数 ·· 149
   5.6.2 数组作为函数返回值 ··· 150
5.7 一维数组的应用举例 ·· 151
   5.7.1 数组在排序算法中的应用 ··· 151
   5.7.2 数组在搜索算法中的应用 ··· 152
   5.7.3 数组在统计分析中的应用 ··· 153
   5.7.4 数组在加密/解密中的应用 ·· 154
5.8 多维数组的应用 ·· 155
   5.8.1 多维数组在图像处理中的应用 ··································· 155
   5.8.2 多维数组在矩阵运算中的应用 ··································· 156
   5.8.3 多维数组在游戏开发中的应用 ··································· 157
5.9 数组的扩展知识 ·· 158
   5.9.1 数组的局部性原理与缓存优化 ··································· 158
   5.9.2 数组的相关数据结构 ··· 159
   5.9.3 数组的性能分析与优化技巧 ······································ 159
5.10 课程思政参考案例 ··· 159
5.11 本章小结 ··· 160
5.12 课后习题 ··· 161

  5.12.1 单选题 ………………………………………………………… 161
  5.12.2 程序填空题 ……………………………………………… 162
  5.12.3 编程题 …………………………………………………… 165

第 6 章　指针　166

6.1 指针与国家信息安全：程序员的责任与使命 ………………………… 166
6.2 案例引入：快速排序 ……………………………………………………… 167
6.3 指针的概念 ………………………………………………………………… 167
  6.3.1 地址、变量和指针 ………………………………………… 168
  6.3.2 指针变量的定义和引用 …………………………………… 168
6.4 指针与数组 ………………………………………………………………… 170
  6.4.1 指针与一维数组 …………………………………………… 170
  6.4.2 指针与二维数组 …………………………………………… 173
  6.4.3 指针数组 …………………………………………………… 177
6.5 指向指针的指针 …………………………………………………………… 179
6.6 指针与函数 ………………………………………………………………… 180
  6.6.1 指针变量作为函数参数 …………………………………… 180
  6.6.2 函数的返回值为指针 ……………………………………… 182
  6.6.3 指向函数的指针 …………………………………………… 183
6.7 内存管理 …………………………………………………………………… 184
  6.7.1 C 语言内存区域划分 ……………………………………… 184
  6.7.2 动态内存分配函数 ………………………………………… 185
6.8 案例实现：快速排序 ……………………………………………………… 187
6.9 本章小结 …………………………………………………………………… 188
6.10 课后习题 ………………………………………………………………… 189
  6.10.1 单选题 …………………………………………………… 189
  6.10.2 程序填空题 ……………………………………………… 190
  6.10.3 编程题 …………………………………………………… 192

第 7 章　字符串　193

7.1 千里之堤，毁于蚁穴 ……………………………………………………… 193
7.2 案例：恺撒密码 …………………………………………………………… 194
7.3 走进字符串 ………………………………………………………………… 196
  7.3.1 字符与字符串 ……………………………………………… 196
  7.3.2 用数组实现的字符串 ……………………………………… 197
  7.3.3 字符串指针 ………………………………………………… 198
  7.3.4 字符串的输入/输出 ……………………………………… 201
7.4 字符串处理函数 …………………………………………………………… 204
  7.4.1 计算字符串长度函数 strlen() …………………………… 204

7.4.2 字符串连接函数 strcat() ·········· 205
7.4.3 字符串比较函数 strcmp() ·········· 205
7.4.4 字符串复制函数 strcpy() ·········· 206
7.5 向函数传递字符串 ·········· 206
7.5.1 字符串指针作为函数参数 ·········· 206
7.5.2 字符数组作为函数参数 ·········· 207
7.6 本章小结 ·········· 208
7.7 课后习题 ·········· 208
7.7.1 单选题 ·········· 208
7.7.2 程序填空题 ·········· 210
7.7.3 编程题 ·········· 212

第8章 结构体与共用体 ·········· 213

8.1 课程思政："共用体"与"人类命运共同体"的联系和区别 ·········· 213
8.2 结构体的基础 ·········· 213
8.2.1 结构体类型的概念 ·········· 213
8.2.2 结构体变量的定义 ·········· 214
8.2.3 结构体变量的引用 ·········· 216
8.2.4 结构体变量的初始化 ·········· 218
8.3 结构体数组 ·········· 218
8.3.1 结构体数组的定义 ·········· 218
8.3.2 初始化结构体数组 ·········· 218
8.4 结构体指针 ·········· 219
8.4.1 指向结构体变量的指针 ·········· 219
8.4.2 指向结构体数组的指针 ·········· 219
8.4.3 结构体作为函数参数 ·········· 220
8.5 结构体的嵌套 ·········· 221
8.6 共用体 ·········· 222
8.6.1 共用体的概念 ·········· 222
8.6.2 共用体变量的引用 ·········· 222
8.6.3 共用体变量的初始化 ·········· 222
8.6.4 共用体类型的数据特点 ·········· 223
8.7 线性表的链式存储结构 ·········· 223
8.7.1 线性表链式存储结构定义 ·········· 223
8.7.2 线性表链式存储结构的代码描述 ·········· 224
8.7.3 单链表的读取 ·········· 224
8.8 综合项目：学生成绩管理 ·········· 225
8.9 本章小结 ·········· 227
8.10 课后习题 ·········· 227

  8.10.1 单选题 …………………………………………………………………… 227
  8.10.2 程序填空题 ………………………………………………………………… 229
  8.10.3 编程题 …………………………………………………………………… 231

第 9 章 文件 ……………………………………………………………………… 236

9.1 文件与隐私保护 ……………………………………………………………………… 236
9.2 文件的概念与分类 …………………………………………………………………… 237
  9.2.1 文本文件与二进制文件 …………………………………………………… 237
  9.2.2 文件的存储结构 …………………………………………………………… 239
9.3 文件指针与文件操作函数 …………………………………………………………… 239
  9.3.1 文件指针的定义 …………………………………………………………… 239
  9.3.2 文件操作函数介绍 ………………………………………………………… 240
9.4 文件的打开与关闭 …………………………………………………………………… 241
  9.4.1 fopen()函数 ……………………………………………………………… 241
  9.4.2 fclose()函数 ……………………………………………………………… 242
  9.4.3 打开文件的错误异常处理 ………………………………………………… 242
9.5 读取文本文件 ………………………………………………………………………… 243
  9.5.1 按字符读取函数 fgetc() ………………………………………………… 243
  9.5.2 按字符串读取函数 fgets() ……………………………………………… 244
  9.5.3 按格式读取函数 fscanf() ………………………………………………… 245
9.6 写入文本文件 ………………………………………………………………………… 247
  9.6.1 按字符写入函数 fputc() ………………………………………………… 247
  9.6.2 按字符串写入函数 fputs() ……………………………………………… 248
  9.6.3 按格式化方式写入函数 fprintf() ……………………………………… 249
9.7 文本文件操作案例 …………………………………………………………………… 251
  9.7.1 文本文件复制 ……………………………………………………………… 251
  9.7.2 文本文件统计 ……………………………………………………………… 253
9.8 写入二进制文件 ……………………………………………………………………… 255
  9.8.1 fwrite()函数 ……………………………………………………………… 255
  9.8.2 二进制文件的顺序写入 …………………………………………………… 255
  9.8.3 二进制文件的随机写入 …………………………………………………… 256
9.9 读取二进制文件 ……………………………………………………………………… 257
  9.9.1 fread()函数 ……………………………………………………………… 257
  9.9.2 二进制文件的顺序读取 …………………………………………………… 258
  9.9.3 二进制文件的随机读取 …………………………………………………… 259
9.10 二进制文件操作案例 ………………………………………………………………… 260
  9.10.1 二进制文件加密算法 …………………………………………………… 260
  9.10.2 结构体数据存取图片文件的复制 ……………………………………… 263
9.11 文件操作函数小结 …………………………………………………………………… 264

	9.12	综合应用项目	264
		9.12.1 日志文件信息工具	264
		9.12.2 学生信息管理系统	267
	9.13	本章小结	272
	9.14	课后习题	273
		9.14.1 单选题	273
		9.14.2 程序填空题	274
		9.14.3 编程题	276

第 10 章 预处理 … 278

- 10.1 推动创新与变革的驱动力 … 278
- 10.2 案例引入：通用日志库 … 279
- 10.3 宏定义 … 279
  - 10.3.1 不带参数的宏定义 … 279
  - 10.3.2 带参数的宏定义 … 281
- 10.4 ♯include 指令 … 283
- 10.5 条件编译 … 285
  - 10.5.1 ♯if 命令 … 285
  - 10.5.2 ♯ifdef 及 ifndef 命令 … 286
  - 10.5.3 ♯undef 命令 … 287
  - 10.5.4 ♯line 命令 … 288
  - 10.5.5 ♯pragma 命令 … 289
- 10.6 案例实现：通用日志库 … 289
- 10.7 本章小结 … 291
- 10.8 课后习题 … 291
  - 10.8.1 单选题 … 291
  - 10.8.2 填空题 … 294
  - 10.8.3 编程题 … 295

第 11 章 火车订票系统 … 296

- 11.1 设计目的 … 296
- 11.2 需求分析 … 296
- 11.3 总体设计 … 297
- 11.4 详细设计与实现 … 298
  - 11.4.1 系统架构 … 298
  - 11.4.2 预处理和数据结构 … 299
  - 11.4.3 主函数 … 300
  - 11.4.4 框架模块 … 300
  - 11.4.5 添加模块 … 303

11.4.6　查找模块 ……………………………………………………………… 304
　　　11.4.7　显示模块 ……………………………………………………………… 306
　　　11.4.8　修改模块 ……………………………………………………………… 307
　　　11.4.9　订票模块 ……………………………………………………………… 308
　　　11.4.10　退票模块 …………………………………………………………… 310
　　　11.4.11　保存模块 …………………………………………………………… 312
　11.5　本章小结 ……………………………………………………………………… 314
　11.6　课后习题 ……………………………………………………………………… 315

第12章　贪吃蛇游戏开发 …………………………………………………………… 316

　12.1　游戏开发背景知识 …………………………………………………………… 316
　12.2　需求分析 ……………………………………………………………………… 317
　12.3　设计思路 ……………………………………………………………………… 318
　12.4　数据结构 ……………………………………………………………………… 319
　12.5　代码结构与函数分工 ………………………………………………………… 319
　12.6　主函数 ………………………………………………………………………… 320
　12.7　图形渲染 ……………………………………………………………………… 320
　　　12.7.1　光标位置控制 ………………………………………………………… 320
　　　12.7.2　游戏地图 ……………………………………………………………… 320
　　　12.7.3　蛇的初始化 …………………………………………………………… 321
　12.8　蛇的移动算法 ………………………………………………………………… 323
　12.9　碰撞检测 ……………………………………………………………………… 324
　12.10　随机数的产生与食物 ………………………………………………………… 325
　12.11　本章小结 ……………………………………………………………………… 326
　12.12　课后习题 ……………………………………………………………………… 327
　　　12.12.1　简答题 ……………………………………………………………… 327
　　　12.12.2　论述题 ……………………………………………………………… 327

第 1 章

C 语言概述

本章学习目标

- 理解编程基本概念、计算机编程语言、计算思维。
- 了解 C 语言的历史、背景、发展、应用。
- 掌握 C 语言的整体结构和基本语法特点。
- 掌握 C 语言集成开发环境的基本功能。

1.1 计算机编程语言与国家信息化战略

在当前日新月异的数字时代,程序和程序员是人们经常会听到的热词。我们经常会去询问好友,他(她)的手机上有什么最新的、时髦的 App 可以推荐,或者也会去八卦地围在一起讨论,某个闺蜜找了一个做程序员的男朋友,在大厂做"码农",每个月可以上交两万多的工资。不能否认的是,技术在改变着人们的生活和话题,计算、程序、软件似乎无所不在、无所不能。

每天,我们在打开笔记本计算机,使用 iPad 和智能手机的时候,我们灵巧的手指,就会启动和唤醒各种各样不同的应用软件。那么,我们每天接触那么多的软件,有帮助管理计算机资源的操作系统,有帮助处理文档和表格的办公软件,有即时聊天工具,有点餐和在线购物的 App,有丰富多彩的在线游戏……这些软件是怎么来的呢?其实,这些软件就是由程序员编写出来的程序构成的。

编写程序就是给计算机的硬件下各种指令。计算机的硬件收到这些指令后,通过芯片内部复杂烦琐的数字电路的工作来驱动特定的运算和数据处理。程序员要给计算机下达指令,就是要跟计算机进行沟通和会话,那么程序员使用什么语言来跟计算机进行沟通呢?这就是我们经常听说的程序设计语言,即编程语言。

众所周知,芯片设计、封装、制造技术是我国要独立自主、自力更生、艰苦攻关的"卡脖子"核心技术。其实,从国家的信息化战略来看,编程语言也是我们要自主研发的核心软件技术。因为信息技术是一条生态链和生态系统,从底层硬件、编程语言到核心算法、商业模式,必须端到端地建立一条完整的信息产业链,才能促进整个信息技术的良性发展和持续创新。底层的芯片设计出来以后,芯片本身就提供完整的指令系统,而基于该指令系统可以设计原始的编程语言,并向上支持算法与商业应用。同样,编程语言在应用和发展的过程中,也会对底层芯片的指令系统、硬件架构优化提出更深层次的需求,进一步推动芯片的优化与性能提升。

在应用软件和商业软件的开发上,基于我们国家强大的消费群体和经济实力,以及创新机制下层出不穷的商业模式,我们一直处于世界领先地位。例如,电子支付、电子商务、打车、外卖服务等应用在国民经济生活中扮演了非常重要的角色。而这些软件的开发,也得益于我们大量优秀的IT公司和优秀的软件开发人员。所以,编程语言、软件开发技能在信息化产业战略中占有至关重要的地位。

国家对于计算机编程语言、编程技能和编程思维的教育和培养已经提升到了国家战略层面。2017年7月20日,国务院印发的《新一代人工智能发展规划》中提出,"要实施全民智能教育项目,在中小学阶段设置人工智能相关课程,逐步推广编程教育,鼓励社会力量参与寓教于乐的编程教学软件、游戏的开发和推广"。

未来,在信息产业竞争激烈的主战场,在元宇宙、人工智能、区块链、物联网、大数据等各种前沿信息技术百花齐放的信息工业化革命中,软件开发依然是直接面向用户需求、驱动商业逻辑的主要领域,而软件开发的工具——编程语言会更加高效、便捷、人性化。千里之行,始于足下,让我们从学习第一门编程语言——C语言开始,打下良好的编程基础,培养规范的编程行为,建立优秀的计算思维,用知识和技术迎接未来的机遇和挑战。

1.2 旅行到计算边缘:从高级语言到晶体管

很多刚接触计算机和编程知识的同学,肯定在心里会有一些疑问和困惑。这些困惑主要体现在以下方面。

传统的家用电器都只能做一件特定的事情,例如,电视机用来接收电视信号、微波炉用来加热食物、洗衣机用来自动清洗甩干衣物等。但是,计算机是无所不能的,它可以通过下载和安装各种不同的应用软件和App,与我们交互,可以实现各种各样不同的功能,如在线游戏通关、观看抖音视频、看电影、处理电子文档、编辑美化照片、预订外卖、远程打车等。计算机就像一个可以变出各种戏法的魔术师。为什么计算机的扩展能力是无限的呢?

我们在使用计算机的过程中,总是通过亲切便捷的图形化界面来与之沟通和互动。但是真正起作用的,是计算机内部的集成电路和芯片。可以说,我们每一次单击按钮、选择菜单、关闭窗口等动作,都会变成看不见的微弱的电流在计算机内部流动着,想一想,这是多么神奇的事情。

用高级语言编写的程序,包括图形化的用户界面上的各种操作,最后都会通过一个叫作编译器的"翻译官",翻译成由0和1构成的只有计算机硬件能懂的机器语言。而这些0和1对应的高、低电压,会将芯片内部复杂电路中的部分通路打通、部分通路闭合,从而让芯片内部的电路流向和逻辑关系发生改变,从而实现不同的功能。

比如我们想让计算机计算2+3的值,使用高级语言可以写成运算表达式2+3,但是实际上计算机硬件在执行这个运算时,会将2和3变成二进制参与运算,并通过0和1将芯片内部的对应通路打通,将2和3送往CPU中的加法电路,完成运算。

所以在学习C语言的时候,可以尽量多地去了解一些计算机底层的硬件知识,这对于我们更深入地理解编程语言的本质有很好的帮助和提升作用。

1.3 计算机编程语言概述

1.3.1 多视角解析：什么是编程

编程就是使用特定的编程语言来编写计算机程序。

那么，怎么理解编程呢？实际上，不同的角色对于编程有不同的理解。

（1）从计算机本质的角度来看，编程就是用软件（编程语言）来控制计算机硬件的行为。

（2）从程序员的角度来看，编程就是对结构化的数据按照特定的算法进行操作。

（3）从哲学家的角度来看，编程是一种思维方式——计算思维。

实际上，编程一种用软件来控制计算机硬件的行为。编程是将用户需求映射到计算机的硬件指令。实际上，广义的编程在人们的日常生活中随处可见。比如通过遥控器控制电视机时，遥控器上的各种控制按钮相当于一种可编程的界面。我们通过音量控制键来调整音量，而实际上是计算机中的音频功率电路在调整相应的驱动电压和电流。我们通过选台按钮来选择频道，实际上是在调整不同的信号接收频率。有了遥控器，我们不用打开电视机的内部，不用通过螺丝刀去调节电路，就可以改变电视机的内部状态。从这个角度讲，我们使用遥控器就是一种广义的编程行为。遥控器上的按键可以看作一种可视化编程界面。我们在按键的时候，实际上是改变了电视机内部的电路状态，包括驱动电流、接收频率等，如图 1-1 所示。

图 1-1 编程的本质就是用软件来改变硬件

编程就是使用一种软件的方式（编程语言）来改变计算机的硬件行为。所以，在编程时，虽然是在用计算机编程语言来编制程序，但最后真正起作用的却是计算机芯片中的复杂电路。

编程是一种思维和方法论。编程培养的是一种计算思维，即按照程序员的思维方式来解决一个具体的问题。现在中小学都在提倡计算思维，并且都设置了相应的信息基础课程，包括最近很火的少儿编程，其实也是在培养一种计算思维。所以，编程是一种思维方式。

在日常生活中，当需要解决某一个具体问题时，经常会用到以下两种思维模式。

（1）如果这个问题非常复杂，涉及方方面面的配合，就会把这个复杂的问题分成很多小问题，然后逐个击破。比如一个公司会分成很多不同的部门，各部门有不同的分工，每个部门负责不同的职责。这就是计算思维中的一种分解思维。

(2) 在日常生活中解决一个问题的时候,经常会把这个问题分成很多步骤进行操作,而且不同的步骤还会有一些判断,会引导我们进入不同的处理分支。比如去政府办公服务大厅办理业务的时候,我们会按照区号排队→提交资料→资料审核→人脸识别→个人签字等很多步骤来完成服务。如果资料审核不通过,可能还会被要求去重新准备资料。

实际上,在现实生活中解决一个问题的时候,其实会不自觉地用到很多计算思维。计算思维是运用计算机科学的基础概念进行问题求解、系统设计,以及人类行为理解等涵盖计算机科学之广度的一系列思维活动,由周以真于 2006 年 3 月首次提出。具体来讲,计算思维可以分成分解思维、抽象思维、算法思维、调试思维、迭代思维、泛化思维这 6 大部分,如图 1-2 所示。

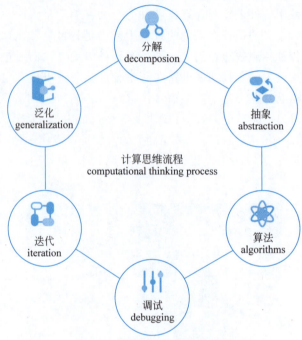

图 1-2 计算思维的构成与流程

在解决现实生活中的具体问题时,以及在学习 C 语言的过程中,要有意识地去培养和应用计算思维,计算思维的 6 大部分与现实生活和 C 语言学习的映射关系,如表 1-1 所示。

表 1-1 计算思维的 6 大部分与现实生活和 C 语言学习的映射关系

现实问题的解决方式	计算思维	C 语言中对应的知识点
将复杂的问题拆分成若干小问题	分解思维	函数
对过去解决的不同问题进行归纳,应用到新的问题上	抽象和泛化思维	变量、指针、宏
将复杂的问题划分成若干步骤和流程	算法思维	排序、计算、查找、遍历等
对问题解决进度进行跟踪、调整和优化	调试思维	代码调试:语法错误和运行错误
对于复杂的问题,先解决最基本的问题,再逐步优化	迭代思维	函数递归调用

1.3.2 创世纪：机器指令与机器语言

毋庸置疑的是，今天的数字生活是美好而丰富的。我们的办公室桌面上放着超薄酷炫的笔记本计算机，手上摆弄着最新型时髦的智能手机和 Pad，手上戴着智能手环……利用这些便携轻巧的数字产品，人们每天都在处理大量的信息。但是早期的计算机并不是这么友好。让我们穿越回盘古开天的洪荒年代，看一看那些摆放在实验室里面的庞然大物，人们是怎么给这些大家伙下指令的。

第一台数字电子计算机 ENIAC 是一个如同科幻电影中走出来的电子怪兽，庞大笨拙的身躯中插满了各种各样的导线和管子，每一次工作都要呼哧呼哧地。要驾驭这样一个电子怪兽，可不是一件容易的事情，只有当时少数的顶尖科学家和工程师才能使用它来完成科学计算。

早期的计算机时代，尚未有高级编程语言这一便捷工具，人们不得不直接借助复杂的机器指令与计算机进行沟通，这一过程既烦琐又低效。而今，当我们轻松按下遥控器，瞬间从中央一套切换到娱乐节目电视频道时，这一操作的直观与便捷令人难以想象早期计算机操作的烦琐。我们无须再像那个时代般，费力地打开计算机机箱，去手动调整内部的电容、电阻、电压或频率等复杂参数，只需简单几个按钮，便能享受科技带来的无限便利与乐趣。

早期的编程使用的是原始的机器语言，但这并不意味着工程师和程序员们必须每天带着装满扳手和螺丝刀的工具箱，每次编程都要像电工一样去调整计算机中的电阻、电容和三极管。其实，任何计算机的 CPU（中央处理器）被设计出来以后，都有一套自己的指令系统。而指令系统就是计算机硬件和软件之间的分界线。我们通过计算机的指令系统中的具体指令，来操作和使用计算机。

指令是让计算机完成某个操作所发出的基本操作命令，就像军训时，教官给我们下的"稍息""立正""向右看齐"。

再比如开车时，我们怎么给汽车下指令，让汽车前进、后退、加速、刹车呢？汽车给我们提供了相应的指令，如图 1-3 所示。

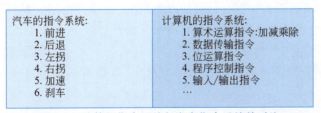

图 1-3　计算机指令系统与汽车指令系统的对比

使用计算机指令系统中的机器指令也是一种计算机的编程语言，一般称为机器语言。机器语言是一种非常原始、晦涩、枯燥的计算机语言，从形式上看，就是一堆由 0 和 1 构成的冗长的数字串。

1.3.3 第一次符号化：汇编语言

完全由二进制数字 0 和 1 构成的机器指令实在是太难以使用了，主要的原因就是这些数字从形式上看就像一个个谜语一样，不能直观地让程序员感知到它的意思。

这就好像这样一个场景：程序员小白晚上加班回来，想好好冲个热水澡后继续修改代码。但是热水器却不能成功打火，屏幕上显示错误码为 E4。小白完全不知道这个错误码的意思，只有找到热水器的说明书，才能找到 E4 对应的错误信息是：温度探头故障。但是这个提示太专业了，小白需要懂热水器的内部硬件结构才能知道温度探头在哪里。累了一天的小白只能放弃洗澡，含泪直接开始加班了。

实际上，早期的程序员在使用机器语言编程时，就是面临这样一个窘境。为了实现一条加法指令，程序员小白需要查看硬件手册，找到加法指令对应的二进制操作码。然后，在编写指令时，程序员还要考虑两个相加的数放在什么地方？运算的和放在什么地方？运算会不会溢出？等等。小白只想简简单单地做一次加法，有必要这么为难他吗？

怎么解决机器语言存在可读性太差的问题呢？有一个非常直接的办法，就是替代法，如果能用有意义的英文单词来代替枯燥的数字，程序的可读性就好多了。

所以，汇编语言就是对机器语言的符号化。这里的符号化包含以下两部分内容。

(1) 操作码的符号化。

(2) 操作数的符号化。

符号化提升了程序编写的舒适性、可读性和可维护性，但是还存在一个问题，计算机的硬件能直接识别的只能是二进制的机器指令，并不能直接识别和执行符号化后的汇编语言源程序，怎么办呢？这就需要引入一个翻译官，由翻译官充当中介，将汇编语言编写的程序翻译成机器指令，交给计算机解释和执行。

充当这个翻译官角色的程序叫作汇编器。汇编器将符号化的汇编语言转换成特定计算机的 CPU 对应的机器指令，交给 CPU 执行。

1.3.4　面向用户：更加友好的高级语言

人工智能和机器学习是当前信息技术的最热点方向之一，人工智能有一个非常重要的研究领域就是自然语言处理(NLP)。现在的机器翻译、语音助手、语音合成、智能搜索都是 NLP 的应用场景。实际上，人们一直希望能够以一种更加本能、更加自然的方式与计算机进行沟通和交互。高级编程语言也是这样，如果我们能够直接用人类日常生活中使用的自然语言来编写程序，当然是最完美的体验，而如果真有这么一天那估计大部分的程序员都会下岗了。但是，直接用人类的自然语言进行编程目前还不太可能普及和大规模应用，因为人类的自然语言与机器语言之间的差距和鸿沟巨大，很难有编译器直接能完成两者之间的映射。

现代的应用软件业务逻辑非常复杂，代码架构也呈现分布式，很难直接通过人类的自然语言就完整地描述出所有的数据结构和算法。

但是有一点是肯定的，高级编程语言的发展趋势肯定是越来越接近人类的自然语言，越来越适配人类的使用习惯，更加友好、亲切，更聚焦于应用本身而不是计算机知识和硬件细节，具有更好的可读性和可维护性。

所以高级语言从诞生的那一天开始，就尽量来讨好程序员而不是讨好机器。相对于机器语言和汇编语言，高级语言的设计应该致力于满足以下几点。

(1) 人类使用和学习语言的习惯，语法上应该更加自然。所以高级语言的语法构成主要由人们熟悉的英文字母、运算符(＋、－、*、/等)、常用符号(；括号等)构成。而由英文字母构成的关键字和标识符应该能够见文知义,让设计出的程序具有良好的可读性。

(2) 屏蔽底层的硬件细节,设计出的代码具有良好的可兼容性和可移植性。

(3) 能良好地组织、复用和维护代码,方便构建大规模、超大规模的软件,能基于软件工程来设计和开发商业软件。

高级编程语言虽然不能像人类的自然语言一样可以随心所欲地表达和书写,但是其本身却是可读的、友好的、易于学习的。

1.3.5 变成机器码的两种方式:编译与解释

首先必须要有一个常识,现在的计算机只能够直接处理二进制的数据和指令,这是因为使用电路来表示两种状态是非常容易的。高电压和低电压、打开开关和闭合开关、强电路和弱电流,在电路中设计出两种状态来分别代表数字 1 和数字 0 是手到擒来的事情。当然,除了使用电路,现代计算机也使用磁和光的技术来进行信息存储,如磁盘和光盘。磁盘中使用有磁性和无磁性来分别表示 1 和 0,光盘中的亮点和暗点用来代表 0 和 1。

二进制是现代数字计算机最基本的原理之一,早在 1946 年计算机之父冯·诺依曼在 ENIAC 的设计报告中就明确指出:计算机采用二进制。这就意味着,所有需要计算机处理的信息,不管是文字、声音、图片、视频,还是虚拟现实中的眼动信息、手势、皮肤肌电信号,甚至是脑机接口中的脑电波,任何形式的信息,不管多么原始或者多么高级,只要需要计算机处理,就必须先把它变成二进制的数字信号,这就是数字化。

同样,对于计算机的编程语言,其归宿也是一样的。不管是用 HTML 制作的精美网页,还是用 Java 编写的 App,抑或是用 Python 设计的游戏,最后必须要被转换成 0 和 1 构成的机器指令,交给 CPU 来读取和执行。CPU 可完全体会不到网页是多么精美,游戏是多么有趣,它只会从内存里把机器指令一条条地取出来,然后分析执行。这就是冯·诺依曼提出的存储程序的概念,也是同二进制一样的,现代计算机必须遵循的最基本的法则。

人们非常熟悉的可执行文件,其实其内容就是指令的机器码,所以我们双击可执行文件,程序可以直接执行,就是因为 CPU 可以直接取出里面的指令,让硬件直接执行。

可执行文件的内容就是二进制的机器码,所以双击后可以直接执行。任何高级语言编写的源程序,最后都只有一个归宿:变成二进制的机器码。变成机器码有两种方式:编译和解释。

(1) 解释:对源程序一边翻译,一边执行,不产生目标程序。

解释器的功能相当于同声传译。在同声传译的时候,为了保证翻译的实时性,是说一句,翻译一句。解释器也是一条条地解释源程序中的代码,为每条源程序单独生成机器码并运行。所以,每次执行程序,都需要一条条解释,性能并不高。

(2) 编译:将高级语言所编写的源程序翻译成等价的用机器语言表示的目标程序。

编译器的功能相当于翻译外国小说。一次将全部的小说内容翻译成中文,后面只需要重复印刷就可以了。编译器在编译高级语言编写的源程序时,也是一次将所有的源代码全部翻译成机器码,然后执行。所以,编译器是一次编译,多次运行。C 语言就是一种编译型的语言,是一次生成机器码,多次运行。第一次可能会慢些,后面的速度就会很快,因为机器码已经全部生成了。

1.4　C语言的过去、现在和未来

1.4.1　C语言的产生背景

提到C语言的诞生地，不得不提到大名鼎鼎的贝尔实验室。很多信息科学和通信的基础研究成果、关键技术和关键产品都诞生于贝尔实验室。第一台电话、晶体管、UNIX操作系统、蜂窝通信设备等，贝尔实验室集中了科学界和工程界顶尖的科学家和工程师，产生了累累硕果，推动了信息科技革命和技术创新。但是，由于发展战略等原因，贝尔实验室没落了。

近年来，中国也非常重视基础学科和IT底层核心技术的研究，包括芯片设计和工艺、操作系统、数据库等，未来的中国，也会出现像贝尔实验室这样的顶尖科研机构，中国的顶尖科研人员也会拥有很多的核心技术专利、技术标准和话语权，在信息产业的蓝图中能看到更多的中国智慧和中国制造。

在C语言诞生之前，贝尔实验室已经创造了B语言，并开始使用B语言编写UNIX操作系统。但是B语言总存在着这样或那样的问题，所以工程师们计划在B语言的基础上开发出一门更加优秀的编程语言。

B语言存在的主要问题还是跟机器硬件结合得太紧了，其本身还没有数据类型的概念，程序员使用的还是字节和字这样的数据，而且还是通过内存地址再操作内存。站在程序员的角度，应该需要一种更加抽象的语言，支持更加丰富的数据类型，如整数、小数、字符等，并能够通过特定的名字来标记和访问内存地址。

Dennis Ritchie，这位伟大的计算机科学家，他非常敏感地挖掘到了B语言存在的一些问题，他尝试着在B语言的基础上进行改进，创建一个对程序员更加友好的编程语言，于是C语言诞生了。

1.4.2　C语言的发展

我们在学习一门外语时，会学习很多的语法标准和知识。计算机编程语言也是一样，必须对它的语法进行标准化。只有全球的程序员使用相同的C语言标准，编写的软件才能兼容和互通。而且，所有的技术人员都可以基于同样的技术标准进行交流，产生统一规范的技术文档，该编程语言才能规范地、可持续地发展，拥有好的生态链。

美国国家标准协会负责对C语言进行标准化，先后发布了C89、C90、C99、C11等多个标准。各个标准之间在语法上会有一些修改、补充与完善。C18标准是2018年通过的C程序语言的国际最新标准。

各个C语言标准之间会有少量的语法差异，例如，相对于C89标准，C99标准增加了复数的数据类型，支持变长数组。在编写和调试代码时，要清楚自己的编译器支持的是哪个标准的C语言。特别是在复制和移植代码时，要特别注意不同标准之间的差异。

C语言在不断发展的过程中，除了标准在不断完善以适应新的程序设计需求，C语言的第三方库也在不断地丰富和增加。例如，各种图形库、人工智能、机器学习的库，可以帮助技术人员构造更加复杂的应用程序。

1.4.3 C语言的应用场景

C语言当然是一门高级编程语言,但它在高级语言中的地位非常特殊,C语言经常被形象地称为高级语言中的低级语言,或者低级语言中的高级语言。因为与其他高级语言相比,C语言可以直接访问和操作计算机的底层硬件,后面将要学到的指针、位运算等知识点,其实都是C语言直接操作内存空间、比特位等硬件。

正是因为C语言可以直接操作计算机的底层,所以用C语言写出来的程序也是高效、高性能的。所以,目前使用C语言的场合具有以下特点。

(1) 需要直接操作硬件的场合,如编写驱动程序,编写操作系统等。

(2) 对程序执行效率和性能要求更高的场合,如嵌入式软件开发、系统软件开发(操作系统、编译器、浏览器等),当然也包括一些要求更高的应用软件,如3D图形渲染程序等。

(3) 科学研究和仿真。因为C语言是计算机专业的学生学习的第一门编程语言,所以它的普遍性和覆盖性很广,也被很多的科研工作者、博士研究生等用来作为科学研究的算法设计和仿真。

实际上,C语言是一门比较古老的、朴实无华的语言,它的学习门槛可能没有Python那么低,也一般不用来像Java一样开发绚丽多彩的网站和手机App,但是它的优点也是任何其他语言无法取代的。直至今天,在嵌入式开发领域,C语言仍然是主流的开发语言,如果遇到对性能要求更加严苛的场景,也是使用C语言加汇编语言的混合开发模式。由于C语言得天独厚的优势,在其走出贝尔实验室已经40多年后,在今天的编程语言世界中仍然占有重要的一席之地,具有不能取代的特殊地位。如图1-5所示是2023年某权威机构统计的主流编程语言排行榜,如图1-4所示。

图1-4　2023年某权威机构统计的主流编程语言排行榜

1.5　C语言的特点与语法构成

1.5.1　C语言的特点

在所有的编程语言中,C语言确实是最与众不同的,其地位相当于中国篮球的骄傲——

小巨人姚明。姚明身高2.26m，司职中锋，在中国职业篮球联赛、美国职业篮球赛和世界篮坛都拥有绝对的实力和傲人的战绩。其实姚明的身高在篮球场上并不是最高的，但是比他高大的没有他灵活，比他灵活的又没有他高大，所以在任何篮球比赛中姚明都是一个Bug级的存在。面对比自己矮小的球员，他可以直接干拔跳投，而对于比自己还要高大的中锋，他可以利用灵活的梦幻脚步让对手分分钟怀疑人生。

C语言在实力上比不过汇编语言，毕竟汇编语言直接操作的是机器指令和机器硬件，短平快。C语言可能在颜值上比不上一些高级语言如Python，毕竟高级语言拼的就是简洁好用低门槛。但是论综合实力，没有任何编程语言敢于挑战C语言的霸主地位。

相对于更直接的汇编语言，C语言尽管确实在速度和性能上要稍微差一点，但它的代码可读性要好多了，毕竟C语言是一个高级语言，用起来还是得心应手的，比起那些枯燥乏味的机器指令要赏心悦目多了。而实际上，有专家做过测算，C语言生成的目标代码在效率上只比汇编语言低20%左右，牺牲这么一点速度和性能来换取高颜值和高体验还是相当划算的。现在的计算机在CPU速度和内存性能方面都有了大幅度的提高，硬件和算力已经不是问题，那么这区区20%的效率差异在用户体验上也是很难体现出来的。

就像百米田径比赛中零点几秒的差距，需要通过高科技手段才能测量和确定，但普通人是很难感觉到这种差距的。但是，有时候也确实存在一些很极端的应用场景，如一些对于性能和实时性要求非常苛刻的嵌入式系统（CPU和内存资源非常有限和宝贵），还有一些如驱动程序等需要更直接操作底层硬件的场合，这个时候就需要采用C语言和汇编语言混合编程的方式来解决问题。就像对于一个患有精神类疾病的病人，如果一般的打针吃药没有办法缓解病情的话，可能就需要进行电击或者更直接的脑部神经手术了。所以，汇编语言和机器语言是编程中的最后一根稻草，不到万不得已是不会直接用机器指令来进行编程的。

而相对于其他高级语言，C语言的效率和性能反而成为它的最大优势，因为它可以直接操作底层的硬件，如寄存器、内存地址、二进制位等，这就让C语言在编程效率和速度性能上超越了所有的高级语言。所以现在的高级语言如Python，不管如何宣扬其代码简洁、书写美观、学习门槛低等，但是没有谁敢鼓吹其在编程效率和速度、性能上能与C语言平起平坐。所以，在嵌入式开发、图形渲染、底层驱动开发、复杂数学运算中，C语言还是具有不可取代的作用。

与任何其他编程语言相比，C语言拼的就是综合实力，它就是田忌赛马中的二号马，性能上不及汇编语言，可读性不及某些高级语言，但是综合实力却是最强的，是集颜值和实力于一身的一门编程语言。

除了能够直接操作底层硬件以外，C语言在语法和体系设计上还有一些独到之处，主要体现在：

（1）较少的关键字。

（2）书写紧凑。

（3）面向过程、结构化编程。

1.5.2 语法的构成要素

如果我们要写一篇通顺优美的文章，在确定了文章的主题后，肯定会用一个结构将文章有条不紊地组织起来。比如将文章分成3段，第一段要用到5个完整的句子。每个句子中要设计特定的名词、动词、形容词等构成主谓宾的语法结构。

其实,C语言的语法也是这样的,C语言中的语法构成基本要素包括英文字母、数字、特殊符号。

在C语言中,最基本的语法元素是变量,变量是运算的基本单元,它的值会根据运算的结果进行改变,变量通过运算符参与基本运算。在一个C语言的算法中,运算的初始值、中间结果和最后结果都要放在变量中。例如,要计算任意两个数的最大公约数,程序员需要定义变量来表示这两个数,而通过算法得到的最大公约数又需要放在另外一个变量里面。所以,变量是所有高级语言语法学习中最基础的内容,第2章就从C语言的变量开始进入C语言的语法。

变量之间的运算构成表达式,表达式的组合构成语句。例如,以下就是一条完整的C语言语句。

```
a=(1+2*3);
```

该语句将右边的复合运算的结果,即7赋值给变量a。C语言中的任何一条语句必须以分号结束。该条语句执行后,变量a的值就等于7。

语句是C语言中具有完整功能的最基本单位,通过简单语句可以组成复合语句、控制语句,甚至可以将实现一个特定功能的语句块封装成一个独立的模块,称为函数,这些都是后面要介绍的非常重要的内容。

1.5.3　C语言的结构

试想一下,如果要编写一个计算机程序,让计算机帮助我们完成一个特定的任务,一般的处理流程总体上分为以下三步。

(1) 输入数据。

(2) 数据计算与处理。

(3) 输出结果。

所以,一个完整的C语言程序从逻辑上也分为输入、计算、输出这三部分。

另外,一个完整的C语言程序是由很多条语句构成的。计算机在执行程序时,到底从哪一条语句开始执行呢?就像我们进入景区的时候,要从入口进去一样,C语言的程序有一个唯一的入口,这个入口就是主函数main()。一个完整的C语言程序可以由多个函数构成,但是只有一个唯一的主函数。这如同从成都开车到北京去旅游,驾车这个行为就是主函数,是唯一的。但是在自驾游中途,可能会调用服务器提供的休息功能去休息,调用加油站的函数去进行加油。

所以,从逻辑上,一个完整的C语言程序包括输入、运算、输出三部分;从结构上,一个完整的C语言程序由若干个函数构成,但是只有一个主函数main(),主函数也是C语言执行时唯一的入口。

1.5.4　走进一个完整的C语言程序

如下C语言程序是用来判断一个数的奇偶性,该程序只包含一个主函数main,也是程序执行的唯一的入口。程序通过scanf输入一个整数,通过%操作判断该数除以2后余数是否为 0，产生两个分支：分别打印该数是奇数还是偶数。

```
1    #include  <stdio.h>
2    int main()
3    {
4        int  a;                              /*定义一个变量a来保存整数
5        printf("Please input a integer:");   /*提示用户输入
6        scanf("%d", &a);
7        if(a%2==0)                           /*判断用户输入的回答*/
8        {
9            printf("This is a odd num!\n");
10       }
11       else
12       {
13           printf("This is a even num!\n");
14       }
15       return 0;
16   }
```

1.6 C语言的学习方法

方言是人类生活中不可或缺的一部分,学会了四川话就可以在成都的菜市场和小摊贩们"摆龙门阵"(聊天),学会了非洲某部落的语言,就可以去深入了解他们独特的部落文化和日常生活。学习一门新的计算机编程语言也是一件很有趣和有意义的事情,特别是C语言是很多人进入计算机编程学习接触到的第一门语言,良好的C语言基础将是学习其他编程语言的坚固基石。实际上,从语法角度上来讲,大部分的高级语言都是相似和相通的,所以在C语言中的学习效果如何,是会直接影响到学习其他编程语言的。而C语言可以直接访问硬件的独特性,又是其他高级语言望尘莫及的。

学习C语言可以打下坚实的语法学习基础:机器语言和汇编语言的主角是机器,程序员看到的都是一堆冷冰冰的二进制数字和不算太友好的符号,而所有的高级语言都是围绕着人的使用习惯进行设计,所以在语法上都是相似和相近的。如很多高级语言都有if…else这样的选择分支结构,有一点英文基础的人看到这两个单词就可以联想到这是一种如果…否则的逻辑结构,可以产生一个两条路径的分支选择。所以,对于第一次学习高级编程语言的同学来说,一定要在C语言的语法学习上打下坚实的基础,这样在后面学习和切换到其他编程语言时,可能就是简单地学习一下它们之间的语法细节差异。

学习C语言可以深入了解计算机的底层工作机制:C语言是一门非常特殊的高级编程语言,因为它融合了高级语言和低级语言的特点,而这是任何其他编程语言都无法与之媲美的。C语言真正的是"进得厅堂,入得厨房",它可以像汇编语言一样直接和高效,同时作为高级语言又是那么友好和易于理解。C语言的这种独特性,使它一直在计算机的发展中一枝独秀。即使经过了40多年的岁月蹉跎,C语言依然青春无敌,在很多软件开发领域,如系统软件开发和嵌入式软件开发中,依然无可取代。在每年权威机构公布的编程语言排行榜中,C语言仍然占有一席之地。

有同学可能会有这样的疑问和困惑：既然高级语言的产生就是为了给程序员隐藏和屏蔽计算机底层的硬件细节，那么为什么又要强调可以通过 C 语言的学习来理解计算机的底层工作机制呢？

实际上，这是一种辩证统一的关系。计算机编程语言的发展是希望尽量地屏蔽底层硬件的细节，让越来越多的人能够使用计算机编程语言，例如现在的 Python 编程语言，因为入门门槛比较低，不需要有足够的专业背景就能够学习和使用该编程语言。现在的少儿编程软件 Scratch，提供一种可视化的更加直接的方式来进行编程。现在还有一种低代码的编程趋势，是希望通过一些弹性的编程框架，让更多非专业的人，能够编写更少的代码来实现软件开发。但是，另一方面，要想成为一个高级的、系统级的软件工程师，又需要深入理解和掌握很多计算机的底层知识，如内存的堆区与栈区、函数调用的上下文、多线程并发编程等。这些需要对计算机的底层工作机制有很深的理解，而 C 语言的学习正好可以很好地提供这样一个平台。

1.6.1 语法学习：规则的重要性

在日常生活中进行语言交流时，主要的目的是让通话的双方能彼此理解对方要表达的意思。

(1) 必须严格、精确地遵循语法规则。计算机编程语言不能像人类日常的交流那样随意和模糊，必须精准、严格，只有这样编译器才能识别并将其转换成机器指令。

(2) 有些语法规则与人们的习惯并不一样，例如，"＝"在日常的书写中表示等号，而在 C 语言中是一个赋值运算符，如 a＝8 在 C 语言中表示将 8 的值赋给变量 a，这条语句执行后，变量 a 的值就等于 8。

(3) 在不确定规则的情况下，使用最稳妥的书写方式。例如，C 语言中的不同运算之间有不同的优先级，如果不能 100％确定这些优先级，最好的方式就是加上括号，如 a＝(1＋2×3)/4。

(4) 理解规则背后的本质，知其然并知其所以然，能更好地掌握语法。

(5) 多调试代码，熟悉和经历各种语法错误。

1.6.2 算法学习

很多资深的软件工程师都会说：编程语言只是一门工具，重要的是算法。确实，在日常生活中，语言也仅仅是人们交流和表达的一个基本工具。在表达一个基本事实时，可以用中文，也可以用英文、法语等，甚至可以画一幅漫画来表达信息。但是不管使用什么语言载体，都要能准确地、无歧义地表达出客观事实。在欣赏文学作品如诗歌时，可以欣赏李白的七言绝句《将进酒》，也可以陶醉于现代诗人徐志摩的《再别康桥》。在欣赏任何诗歌和文学作品时，我们陶醉于其中的是诗歌的意境和美好的情感，而不是文字本身。对于程序来说，真正核心的是数据结构和算法。例如，在人脸识别时，最重要的是如何对一幅图像的像素进行复杂的运算、处理，甚至通过机器学习和神经网络来建模，帮助机器识别出图像中的人脸。而识别人脸的步骤中复杂的数学运算，就是程序设计的核心：算法。

所以，在学习 C 语言时，在掌握了基本的语法规则后，要重点学习一些基本的算法。学习算法需要掌握以下方法和特点。

(1) 站在计算思维的角度，理解算法的本质和特点。

(2) 通过特定的调试手段,跟踪算法实现的过程细节。我们使用的集成开发环境中都提供了很多调试手段,如单步调试、打断点等。

(3) 通过形式化的方法来展现算法。

(4) 比较不同的算法在执行时间和占用空间上的性能比较和区别。

1.6.3 代码的跟踪与调试

程序员在 IDE 中编写完程序的源代码后,源程序要经过编译、链接后才能编程可执行的目标程序。

在日常生活中经常说好事多磨,实际上,编写好的程序往往也不是直接就能顺利运行的,即使运行也不一定能百分百地达到程序设计的目的。程序在执行过程中可能会出现以下三种错误。

语法错误:这是 C 语言初学者最容易犯的一类错误。计算机的编程语言虽然逐渐接近于人类自然使用的语言,但是当前的高级编程语言还是与人类自然语言有很大的区别。人类在日常交流时,往往不需要按照非常严格的语法来进行口头交流,而是经常使用一些缩略语和简洁实用但是语法并不标准的语句,来进行人与人之间更加自然、高效的交流。但是,计算机编程语言是一门非常严格和标准的语言,必须严格按照高级语言的语法进行源程序的书写。对于初学者,在初次编程时,很容易出现与语法规则不一致的情况,如变量没有声明就直接使用,语句结束没有使用分号,等等。只要源代码的书写与语法规则有不适配的地方,IDE 中的编译器就会识别出来,然后在错误和消息区域中用红色等警示性的文字提示程序员,程序员可以逐条进行检查、修改和再编译。对于初学者,最开始可能是一个比较痛苦的过程,因为一旦在错误警告区域出现较多的红色(语法错误),而且这些错误信息都是用英文描述的,可能对于初学者不是那么好理解。

所以,初学者对于初次编程出现的语法错误一定要有耐心,认真对照学习到的 C 语言语法知识来对照和检查自己的源代码,慢慢熟悉语法规则后,后面书写代码时就能避免再次出现语法书写错误。另外,需要说明的是,语法错误是编译器检查出来的,这个时候程序员书写的源代码并没有生成目标的机器码,也就是说,程序并没有被执行。就相当于,你写的文章目前还在审核阶段,编辑正在认真检查文章的错别字和语法错误,文章还没有出版和发行。所以,语法错误是一种编译时错误。

编程常见的错误还包括以下两种。

运行时错误:程序通过了语法检测,但是运行过程中出现了访问越界、内存泄漏、非法运算等错误,这种错误本身在编译时是检查不出来的,只有程序跑起来才会暴露错误。如某程序要求用户输入两个数,然后进行除法运算。如果用户输入被除数=0,就会出现运算错误。我们的计算机经常出现的蓝屏死机等,很多都是运行时错误,如访问了非法的地址空间等。

功能性错误:程序没有语法错误,也没有运行时错误,但是功能没有实现。例如:一个订单查询程序,能够支持用户输入条件进行查询,没有任何报错,但是查出来却是空的信息(而实际上该订单是存在的),这种错误通常是程序员在算法设计和实现中出现了逻辑错误。

1.7　编程规范：高颜值 C 语言程序

在当今社会，颜值、打扮、发型和各种形象包装也是一个人的一张社交名片，颜值正义和形象得体的人总是给人一种赏心悦目的感觉。在 C 语言代码的书写过程中，高颜值也是各位软件工程师应该积极追求的一个目标，C 语言也是一个"看脸"的编程语言。

高颜值的 C 语言应该具有以下特点。

（1）清晰，简洁，结构紧凑。一般建议一条语句对应一行，这样看起来代码更清晰，如以下伪代码，明显左边的代码更清晰，可读性更好，如图 1-5 所示。

```
if(考研分数过线)                    if(考研分数过线)
{                                 {
    请客庆祝;                          请客庆祝; 联系导师; 准备
    联系导师;                          复试;
    准备复试;                      }
}                                 else
else                              {
{                                     总结失败原因; 准备简历;
    总结失败原因;                      准备工作面试;
    准备简历;                      }
    准备工作面试;
}
```

图 1-5　代码格式比较 1

（2）良好的缩进和层次结构。如以下代码，明显左边的代码层次结构更加清晰，通过良好的缩进和对齐让代码的可读性更好。右边的代码虽然功能上可能没有问题，但是完全看不出来代码的层次逻辑关系，如图 1-6 所示。

```
if(考研分数过线)                    if(考研分数过线)
{                                 {
    请客庆祝;                          请客庆祝;
    联系导师;                                      联系导师;
    准备复试;                          准备复试;
}                                 }
else                                      else
{                                 {
    总结失败原因;                      总结失败原因;
    准备简历;                          准备简历;
    准备工作面试;                                  准备工作面试;
}                                 }
```

图 1-6　代码格式比较 2

（3）规范、有意义的命名和良好的注释性。例如，变量 Stu_N0 一看名字就知道是学生学号，Stu_Name 是学生姓名，First_Name 是姓。代码中，所有需要命名的地方，应该能够见名知义。有一部非常著名的拉美世界名著小说《百年孤独》，虽然小说非常精彩，但是书中的人名太长了，确实影响了中国读者的阅读体验。

1.8　IDE 的使用

就像平时上班需要一个办公桌一样，这个办公桌上可以放置计算机、文件夹、一盆多肉植物，以及一杯刚泡好的咖啡。当然，中午的时候你可以趴在桌子上睡个美容觉。我们的程序员在工作的时候，也几乎不会直接在记事本和 Word 上面编写代码的，因为像记事本这样的文本编辑工具提供给程序员的帮助太有限了。简单地说，比如你在编程的过程中突然忘记了某个语法，记事本是不会给你任何提示、联想和帮助的。所以，程序员需要一个更加友好的、懂程序员的、提供多种帮助的集成工作环境，这就是软件编程工作中的集成开发环境（IDE）。

集成开发环境是程序员工作的一个多功能的办公桌面，可以帮助程序员管理项目、编辑代码、调试跟踪代码、发布程序等。C 语言有很多集成开发环境，如 Code::Blocks、Visual Studio 等，如图 1-7 所示。

图 1-7　两种常用 IDE

Visual Studio 2022 的开始界面如图 1-8 所示。

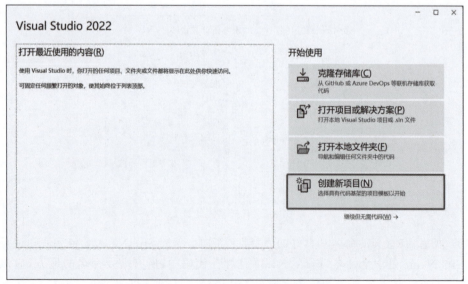

图 1-8　Visual Studio 2022 的开始界面

在 Visual Studio 中，所有的开发工作都要从创建一个项目开始，如图 1-9 所示，创建一个空项目。

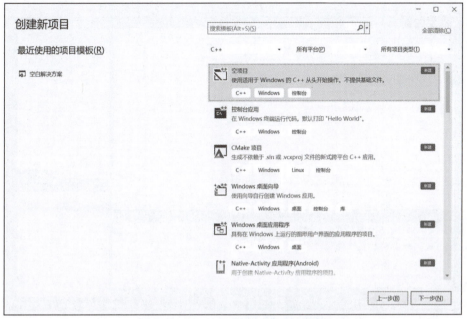

图 1-9　Visual Studio 创建新项目界面

创建好项目后，进入 Visual Studio 创建源文件的界面，如图 1-10 所示。

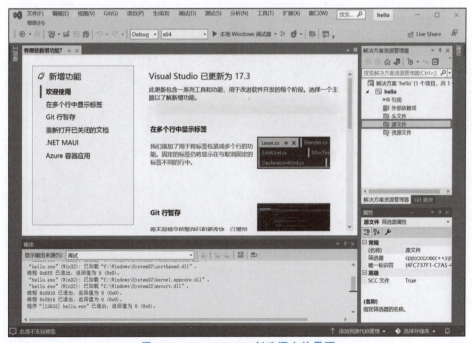

图 1-10　Visual Studio 创建源文件界面

在新建的项目下，可以增加源代码文件，如图 1-11 所示，是在 hello 项目中增加源文件 Main.cpp。

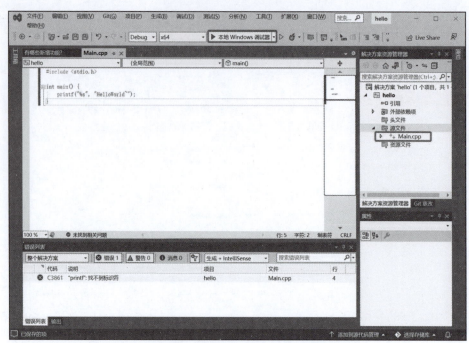

图 1-11　Visual Studio 编写代码界面

编译成功后,就可以通过菜单执行该源程序,执行结果如图 1-12 所示。

图 1-12　Visual Studio 运行结果界面

1.9　本章小结

本章全面介绍了 C 语言的基础知识,包括其在国家信息化战略中的重要性、与硬件操作的紧密联系、发展历史、标准化进程以及在多个领域的广泛应用。学习了 C 语言的特点、语法构成要素、程序结构,并探讨了有效的学习方法,包括语法规则的遵循、算法的掌握和代码调试技巧。此外,还强调了编写高质量 C 语言程序的规范,以及集成开发环境(IDE)在编程中的重要作用。

1.10 课后习题

1.10.1 单选题

1. 计算机能直接执行的是(　　)。
   A. 高级语言编写的源程序　　　　B. 汇编语言编写的源程序
   C. CPU 机器指令编写的程序　　　D. C 语言编写的源程序
2. C 语言被执行时的入口是(　　)。
   A. 程序中的第一条语句　　　　　B. main 函数
   C. 第一条注释　　　　　　　　　D. 第一个变量定义语句
3. C 语言编写的源程序,需要经过(　　)翻译成计算机可以直接执行的机器码。
   A. C 语言编译器　　　　　　　　B. C 语言解释器
   C. 操作系统　　　　　　　　　　D. 程序员
4. 下列关于计算思维的说法,正确的是(　　)。
   A. 计算思维是只有程序员才需要具备的编程思维
   B. 计算思维是快速口算的一种思维能力
   C. 计算思维只能应用在计算机科学与工程中
   D. 计算思维是使用分解、迭代、抽象等计算机科学的思维模型来解决各种问题的能力模型

1.10.2 填空题

1. 高级语言编写的源程序,经过编译或者_____,变成计算机硬件可以直接执行的机器码。
2. 计算机程序一般包含三部分:输入数据、数据计算与处理、_____。
3. 相比于汇编语言和机器语言,C 语言的可读性更_____,可移植性更_____。
4. 一个完整的 C 语言程序由若干函数构成,但是只有一个_____,_____也是 C 语言执行时唯一的入口。

1.10.3 简答题

1. C 语言在 20 世纪 70 年代就已经在贝尔实验室被发明了,为什么经过这么多年,C 语言依然经久不衰?
2. 请从可读性、性能、可移植性这三个角度,来比较机器语言、汇编语言和 C 语言。
3. 嵌入式开发为什么主流采用 C 语言?
4. 使用 C 语言编写程序时,在代码书写上有什么要求?为什么代码的书写格式非常重要?

1.10.4 论述题

1. 小张是一个 C 语言的程序员,他平时书写代码比较随意,不注重格式的美观与规范。

项目经理老王希望他能够按照公司规定的编程规范进行代码编写,但小张理直气壮地说:"长得好看能当饭吃吗?我只要能实现客户要求的功能,就能帮公司赚钱了。程序员重要的是算法,是创新性,没必要搞那么多条条框框吧?"如果你是老王,你将如何说服小张呢?

2. C语言是用来编写程序,让计算机执行特定任务的高级编程语言。请问与人类的自然语言相比,计算机的高级语言有哪些相似点和不同点?

3. 有人说:C语言改变了世界。如何理解这句话?

第 2 章

程序设计基础知识

本章学习目标

- 理解 C 语言的基本概念,包括标识符与关键字、变量与常量、数据类型、运算与运算符等内容。
- 熟练掌握变量的定义、存储方式及注释方法。
- 理解运算符的作用,运算符的分类和优先级。

2.1 标识符与关键字

在认识标识符与关键字的概念之前,先编写一段简单的程序。

【例 2.1】 计算两个整数的和。

```
1    #include<stdio.h>
2
3    int main(void)
4    {
5        int num1 = 1;
6        int num2 = 2;
7        printf("num1 + num2 = %d\n", num1 + num2);
8        return 0;
9    }
```

该程序的输出内容为

```
num1 + num2 = 3
```

现在来认识一下这段程序中的内容,程序的第 1 行:

```
1    #include<stdio.h>
```

是一条预处理命令,通过♯include 引入标准输入/输出库(stdio.h),它包含一系列用于输入/输出的函数和宏定义。这些函数和宏定义提供了与终端窗口或文件交互的方法,使程序能够从用户那里获取输入,并将输出显示给用户,如标准输入函数 scanf()和标准输出函数 printf()。预处理的相关内容不是本章的重点,详细内容将在第 10 章介绍。

接着来看程序的第 3~9 行:

```
3   int main(void)
4   {
5       int num1 = 1;
6       int num2 = 2;
7       printf("num1 + num2 = %d\n", num1 + num2);
8       return 0;
9   }
```

第 3 行代码定义了一个名为 main() 的函数,一般称之为"主函数",主函数非常重要,它是程序的入口点,也是程序的结束点,无论一个 C 语言程序有多大,它都有且仅有一个主函数。关于函数的具体细节,将在第 4 章介绍。

第 5、6 行代码定义了两个变量,其标识符命名为 num1 和 num2,其数据类型为 int,并且分别赋值为 1 和 2。

第 7 行代码使用 printf() 函数输出了一段为"num1 + num2 = 3"的内容,通过加法运算符对变量 num1 和 num2 进行求和,并将结果输出到控制台上。printf() 函数的使用细节将在 2.4 节进行介绍。

第 8 行代码使用 return 关键字,返回 main() 函数的执行结果为 0,结束了全部程序的执行。

通过对例 2.1 程序的认识,了解了变量、标识符、关键字、数据类型、运算符等几个陌生的专业术语。对以上专业术语的理解将贯穿整个 C 语言的学习,下面将对以上专业术语进行详细的介绍。

2.1.1　追根溯源:变量在计算机内部到底是什么

在 C 语言中,变量是用来存储和操作数据的。变量是一个具有特定数据类型和名称的标识符,它在程序中用于引用内存中的一块区域,以存储和操作不同类型的数据。变量是为一个特定的数据类型分配内存空间并赋予一个标识符,以便在程序中使用。

为了更好地理解变量,先从计算机的角度来认识一下什么是程序。在使用计算机时,计算机会运行各种各样的程序,程序的本质是一系列的二进制指令,这些指令告诉计算机在特定情况下执行特定操作,计算机的中央处理器(CPU)能够理解和执行这些指令,从而实现程序中所描述的算法和功能。这些二进制指令包含数据、算术运算、逻辑操作等,在执行二进制指令之前,需要存储在计算机内存(RAM)中。由于二进制的指令是由 0 和 1 构成的,不便于人类理解和操作,于是人们在计算机编程语言中使用变量和关键字来表示二进制指令,并通过标识符命名来描述它们,便于人们的理解。

简而言之,变量是一个可以改变的量,可以用来存储数据,也可以用来表示一个特定的值。标识符是给变量取个名字,用来识别不同的变量。在计算机内存中,每个变量都被分配一块连续的内存空间,该空间的大小取决于数据类型和系统架构,如图 2-1 所示。

2.1.2　取一个好名字:标识符命名与华夏姓氏

在华夏大地上,姓氏承载着源远流长的历史记忆,宛如家族的符号,蕴含着代代传承的血脉联系。几千年的岁月铸就了丰富多彩的华夏姓氏文化,每一个姓氏都像是一本古老的

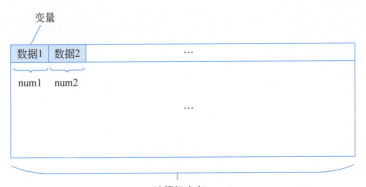

图 2-1 变量的存储

书,记录着家族的兴衰荣辱,见证着时光的变迁。从始祖到后人,华夏姓氏汇聚了个体的身份认同、家族渊源和历史传承,构成了中华文化独特的一部分。

标识符,如同编程领域的姓名,赋予了变量、函数和数据类型等程序元素以独特的身份。这些由字母、数字和下画线组成的标记,在代码中具有重要的意义,如同华夏姓氏一样,传递着信息、目的和历史。一个好的标识符的命名,如同姓氏的选取,需要精心斟酌,旨在准确表达程序的含义,提高代码的可读性和可维护性。

2.1.3 关键字

在 C 语言中,关键字(Keywords)是预先定义的一组特殊单词,具有特殊含义和用途。这些关键字在 C 语言的语法中有着特殊的地位,不能用作标识符(变量名、函数名等)或其他用途。

C 语言的关键字用于表示程序的结构、控制流、数据类型、存储类别等重要概念,它们是构建 C 语言程序的基础。由于这些关键字已经被编译器预先定义,因此在编写 C 语言程序时,不能将关键字用作自定义的标识符。

以下是常见的关键字列表。

auto	double	int	struct
break	else	long	switch
case	enum	register	typedef
char	extern	return	union
const	float	short	unsigned
continue	for	signed	void
default	goto	sizeof	volatile
do	if	static	while

2.2 变量与常量

通过前面的学习,我们已经知道变量是用来存储和操作数据的。在这一节中,将学习如何定义变量,变量的基本类型有哪些,以及常量的概念。

2.2.1 变量

变量的定义满足下面的规则。

> 数据类型　标识符　初始化；

例如：

```
1    int num1 = 3;
2    float num2 = 3.14;
```

num1、num2 分别是两个变量，每一个变量都必须有一个类型（type）。类型用来说明变量所存储的数据的种类。C 语言拥有多种类型。目前，先只了解 int 类型和 float 类型。由于类型会影响变量的存储方式以及允许对变量进行的操作，所以根据实际场景，选择合适的类型是非常关键的。数值型变量的类型决定了变量所能存储的最大值和最小值，同时也决定了是否允许在小数点后出现数字。

int（即 integer 的简写）型变量也叫作整型，其可以存储整数，如 0、1、999 或者-1、-7562。但是，整数的取值范围是受限制的，最大的整数通常为 2 147 483 647，最小的整数是-2 147 483 648，但在某些计算机上最大整数也可能只有 32 767（数据类型的详细介绍见 2.2.4 节）。

float（即 floating-point 的简写）型变量也叫作浮点类型，其可以存储比 int 型变量大得多的数值，而且，float 型变量可以存储带小数位的数，如 3.1415。float 类型的最大数通常为 3.402 823e+038，最小数通常为 1.175 494e-038。但 float 型变量也有一些缺陷，进行算术运算时，float 型变量通常比 int 型变量慢；更重要的是，float 型变量所存储的数值往往只是实际数值的一个近似值。如果在一个 float 型变量中存储 0.1，以后可能会发现变量的值实际为 0.099 999 999 999 999 87，这是舍入造成的误差，这也是初学者在学习数据类型时容易忽略的问题。

以下是查看 int 型和 float 型变量取值范围的程序（输出结果以实际编译器版本为准）。

【例 2.2】 查看 int 型和 float 型变量取值范围。

```
1    #include <stdio.h>
2    #include <limits.h>
3    #include <float.h>
4
5    int main()
6    {
7        printf("INT_MAX: %d\n", INT_MAX);
8        printf("INT_MIN: %d\n", INT_MIN);
9        printf("FLT_MIN: %e\n", FLT_MIN);
10       printf("FLT_MAX: %e\n", FLT_MAX);
11       return 0;
12   }
```

请尝试运行以上程序并观察结果。

接着来学习如何给变量取一个好名字，给变量取名需要遵循以下规则和要求。

(1) 标识符命名规则。
- 变量名由字母(大写或小写)、数字和下画线组成。
- 变量名必须以字母或下画线开头,不能以数字开头。
- 变量名对大小写敏感,例如,myVariable 和 myvariable 是两个不同的变量名。

(2) 标识符长度。

C 语言标准没有规定标识符的最大长度,但通常建议保持标识符简洁和易于理解。一般而言,标识符的长度应该为几个字符到几十个字符。

(3) 关键字冲突。

变量名不能使用 C 语言的关键字(也称为保留字)来命名,如 int、for、if 等,因为这些关键字具有特殊含义,被用于语言的语法和功能。

(4) 合理的命名。

变量名应该具有描述性,能够清晰地表达变量的用途和含义。这样有助于代码的可读性和可维护性。
- 使用有意义的单词或缩写来命名变量,避免使用过于简单或晦涩的名称。

专业的命名方法将在 2.5 节中进行介绍。

以下是一些有效的变量命名示例。

```
int age;
float salary;
char firstName;
double averageScore;
```

以下是一些无效的变量命名示例。

```
int 123var;              //以数字开头,无效
int for;                 //使用关键字,无效
int my variable;         //包含空格,无效
```

2.2.2 常量

顾名思义,常量是指在程序执行期间不能被修改的量。按照类型的不同,可以划分为以下几种类型:整数常量、浮点常量、字符常量和字符串常量等。一些关于常量的实例和解释如表 2-1 所示。

表 2-1 一些关于常量的实例案例

常量类型	实例	备注
整数常量	8,−20,0,077,0x1A	包括正整数、负整数和零在内的所有整数;也可以是十进制、八进制(以 0 开头)或十六进制(以 0x 开头)形式
浮点常量	3.14,−0.21,45.0	表示实数(浮点数)值,通常包括小数点
字符常量	'a','Q','1','8','%'	表示单个字符,用单引号括起来
字符串常量	"Hello", "World!", "zhangsan","M76"	表示一串字符,用双引号括起来

2.2.3 注释

在C语言中,注释是一种用于解释和说明代码的文本形式。它们不会被编译器处理或执行,而是仅供程序员阅读和理解代码时使用。注释在代码中起到了以下几个重要的作用。

(1) 解释代码目的和逻辑。注释可以帮助其他程序员理解代码的目的、逻辑和工作方式。清晰的注释可以减少代码阅读的困难,特别是在处理复杂的算法或逻辑时。

(2) 提供上下文信息。注释可以为代码中使用的变量、函数等提供额外的上下文信息,从而帮助程序员更好地理解代码的含义。

(3) 标识和解释关键步骤。在一段代码中,特别是在涉及复杂操作或算法的情况下,注释可以用来标识和解释关键的步骤、决策或算法的细节。

(4) 版本控制和合作开发。在团队中共同开发代码时,注释可以帮助团队成员理解彼此的工作,并为更好的合作提供支持。注释还有助于在代码版本控制系统中进行更有意义的提交和变更跟踪。

(5) 调试和维护。当出现错误或需要对代码进行修改时,注释可以指导程序员查找问题所在,特别是在代码复杂或时间流逝导致记忆模糊的情况下,注释能提醒你那些可能遗忘的细节。

C语言中的注释有以下两种主要形式。

(1) 单行注释:使用双斜杠(//)开头,后面的文本直到行末都会被视为注释。

例如:

```
int x = 10;           //这里定义了一个整数变量并赋值为10
```

(2) 多行注释:使用斜杠星号(/*)开头和星号斜杠(*/)结尾,之间的所有文本都被视为注释。

例如:

```
1   /*
2   这是
3   多行注释,
4   可以跨越多行
5   */
```

下面为例2.1添加注释。

```
/*
以下程序计算两个整数的和
*/
1   #include<stdio.h>                              //引入标准输入/输出头文件
2
3   int main(void)                                 //程序入口函数
4   {
5       int num1 = 1;                              //定义变量num1并为它赋值为1
6       int num2 = 2;                              //定义变量num2并为它赋值为2
7       printf("num1 + num2 = %d\n", num1 + num2); //计算num1与num2的和
8       return 0;
9   }
```

2.2.4 数据类型和存储方式

经过前面的学习,我们已经接触到 int 和 float 两种数据类型,本节将详细地介绍数据类型的概念。在 C 语言中,数据类型是用来定义不同类型的数据存储在内存中的方式,以及对这些数据执行的操作。

C 语言中的数据类型可以分为基本数据类型(Primitive Data Type)、派生数据类型(Derived Data Type)和枚举类型(Enumeration Type)。派生数据类型和枚举类型将在后面的章节中进行介绍,本节主要学习基本数据类型。

基本数据类型分为整数类型(Integer Type)、浮点类型(Floating-Point Type)和字符类型(Character Type)。

1. 整数类型

整数类型用来存储整数值,包括 int、short、long 等。不同类型具有不同的存储空间和范围;浮点类型用来存储浮点数(带小数点的数值),包括 float、double、long double,它们的精度和范围不同;字符类型用来存储单个字符,通常用 char 类型表示。

整数类型又分为两大类:有符号型和无符号型。

有符号整数如果为正数或零,那么符号位(即最左边的位)为 0;如果是负数,则符号位为 1。因此,最大的 16 位整数的二进制表示形式是 0111 1111 1111 1111,对应的值是 32 767(即 $2^{15}-1$)。而最大的 32 位整数是 0111 1111 1111 1111 1111 1111 1111 1111,对应的数值是 2 147 483 647(即 $2^{31}-1$)。无符号整数是不带符号位的整数,即最左边的位是数值的一部分。最大的 16 位无符号整数是 65 535(即 $2^{16}-1$),而最大的 32 位无符号整数是 4 294 967 295(即 $2^{32}-1$)。

默认情况下,C 语言中的整型变量都是有符号的,也就是说,最左边一位保留为符号位。若要告诉编译器变量没有符号位,需要把它声明成 unsigned 类型。无符号整数主要用于系统编程和底层、与机器直接相关的应用。

C 语言的整数类型有不同的尺寸。int 类型通常为 32 位,但在较老的 CPU 上可能是 16 位。有些程序所需的数很大,无法以 int 类型存储,所以 C 语言还提供了长整型(long)。某些时候,为了节省空间,程序员会选择使用比标准整数类型占用更少内存的数据类型来存储数值,这类数值被称为短整型(short)。为了使构造的整数类型正好满足需要,可以指明变量是 long 类型或 short 类型,signed 类型或 unsigned 类型,甚至可以把说明符组合起来(如 unsigned long int)。然而,合法的组合只有下列 6 种。

```
short int
unsigned short int

int
unsigned int

long int
unsigned long int
```

C 语言允许通过省略单词 int 来缩写整数类型的名字。例如,unsigned short int 可以缩写为 unsigned short，long int 可以缩写为 long。

表 2-2 说明了在 16 位计算机上整数类型通常的取值范围，注意 short int 和 int 有相同的取值范围。

表 2-2 16 位计算机整数类型的取值范围

类 型	最 小 值	最 大 值	字 节 数
short int	−32 768	32 767	2
unsigned short int	0	65 535	2
int	−32 768	32 767	2
unsigned int	0	65 535	2
long int	−2 147 483 648	2 147 483 647	4
unsigned long int	0	4 294 967 295	4

表 2-3 说明了在 32 位计算机上整数类型通常的取值范围，这里的 int 和 long int 有着相同的取值范围。

表 2-3 32 计算位机整数类型的取值范围

类 型	最 小 值	最 大 值	字 节 数
short int	−32 768	32 767	2
unsigned short int	0	65 535	2
int	−2 147 483 648	2 147 483 647	4
unsigned int	0	4 294 967 295	4
long int	−2 147 483 647	2 147 483 648	4
unsigned long int	0	4 294 967 295	4

现在主流的 CPU 都是 64 位，表 2-4 给出了 64 位计算机上整数类型常见的取值范围。

表 2-4 64 位计算机整数类型的取值范围

类 型	最 小 值	最 大 值	字 节 数
short int	−32 768	32 767	2
int	−2 147 483 648	2 147 483 647	4
unsigned int	0	4 294 967 295	4
long int	−9 223 372 036 854 775 808	9 223 372 036 854 775 807	8
unsigned long int	0	18 446 744 073 709 551 615	8

需要注意的是，表 2-2～表 2-4 中给出的取值范围不是 C 标准强制的，会随着编译器的不同而不同。对于特定的实现，确定整数类型范围的一种方法是检查<limits.h>头文件，该头文件是 C 语言标准库的一部分，其中定义了表示每种整数类型的最大值和最小值

的宏。

2. 浮点类型

整数类型并不适用于所有应用。有些时候需要变量能存储带小数点的数,或者能存储极大数或极小数。这类数可以用浮点(因小数点是"浮动的"而得名)格式进行存储。C 语言提供了三种浮点类型,对应三种不同的浮点格式。

(1) float:单精度浮点数。

(2) double:双精度浮点数。

(3) long double:扩展精度浮点数。

当精度要求不严格时(例如,计算带一位小数的温度),float 类型是很适合的类型。double 提供更高的精度,对绝大多数程序来说都够用了。long double 支持极高精度的要求,很少会用到。C 标准没有说明 float、double 和 long double 类型提供的精度到底是多少,因为不同的计算机可以用不同方法存储浮点数。大多数现代计算机都遵循 IEEE 754 标准(即 IEC 60559)的规范,所以这里也用它作为一个示例。

表 2-5 展示了浮点类型的特征(IEEE 标准)。

表 2-5 浮点类型的特征(IEEE 标准)

类 型	最 小 正 值	最 大 值	精 度
float	$1.175\,49 \times 10^{-38}$	$3.402\,82 \times 10^{38}$	6 个数字
double	$2.225\,071\,0 \times 10^{-308}$	$1.797\,691\,0 \times 10^{308}$	15 个数字

在不遵循 IEEE 标准的计算机上,表 2-5 是无效的。实际情况中可以在头<float.h>中找到定义浮点类型特征的宏,通过以下代码查看。

【例 2.3】 查看 float 型、double 型变量取值范围和精度范围。

```
1    #include <stdio.h>
2    #include <float.h>
3
4    int main()
5    {
6        printf("Float 的最小正数值 (FLT_MIN): %e\n", FLT_MIN);
7        printf("Float 的最大正数值 (FLT_MAX): %e\n", FLT_MAX);
8        printf("Float 的有效位数 (FLT_DIG): %d\n", FLT_DIG);
9
10       printf("\nDouble 的最小正数值 (DBL_MIN): %e\n", DBL_MIN);
11       printf("Double 的最大正数值 (DBL_MAX): %e\n", DBL_MAX);
12       printf("Double 的有效位数 (DBL_DIG): %d\n", DBL_DIG);
13
14       return 0;
15   }
```

程序运行结果如下。

```
Float 的最小正数值 (FLT_MIN): 1.175494e-038
Float 的最大正数值 (FLT_MAX): 3.402823e+038
```

```
Float 的有效位数 (FLT_DIG): 6
Double 的最小正数值 (DBL_MIN): 2.225074e-308
Double 的最大正数值 (DBL_MAX): 1.797693e+308
Double 的有效位数 (DBL_DIG): 15
```

3. 字符类型

char 类型，即字符类型。char 类型的值可以根据计算机的不同而不同，因为不同的机器可能会有不同的字符集。当今最常用的字符集是 ASCII(美国信息交换标准码)字符集，它用 7 位代码表示 128 个字符。在 ASCII 中，数字 0～9 用 0110000～0111001 的编码来表示，大写字母 A～Z 用 1000001～1011010 的编码来表示。ASCII 常被扩展用于表示 256 个字符，相应的字符集 Latin-1 包含西欧和许多非洲语言中的字符。

char 类型的变量可以用任意单字符赋值。

```
1    char ch;
2    ch = 'a';
3    ch = 'A';
4    ch = '0';
5    ch = ' ';
```

注意，字符常量需要用单引号括起来，而不是双引号。

4. 字符操作

在 C 语言中字符的操作非常简单，因为存在这样一个事实：C 语言把字符当作小整数进行处理。毕竟所有字符都是以二进制的形式进行编码的，因此无须过多想象就可以将这些二进制编码看成整数。例如，在标准 ASCII 码表中，字符的取值范围是 0000000～1111111，可以看成是 0～127 的整数。字符'a'的值为 97，'A'的值为 65，'0'的值为 48，而' '的值为 32。在 C 语言中，字符和整数之间的关联是非常强的，字符常量事实上是 int 类型而不是 char 类型(这是一个非常有趣的现象，但对我们并无影响)。

当程序中出现字符时，C 语言只是使用它对应的整数值。思考下面这个例子，假设采用 ASCII 字符集。

 【例 2.4】 字符操作。

```
1    #include <stdio.h>
2
3    int main()
4    {
5        char ch;
6        int i;
7        i = 'a';                          /* 相当于 i=97 */
8        ch = 65;                          /* 相当于 ch='A' */
9        printf("i = %c\n", i);
10       printf("ch = %c\n", ch);
11
12       ch = ch + 1;                      /* 相当于 i=98 或 i='B' */
13       printf("ch + 1 = %c\n", ch);
```

```
14
15      ch++;                              /*相当于ch=99或ch='C'*/
16      printf("ch++ = %c\n", ch);
17
18      return 0;
19  }
```

运行结果如下。

```
i = a
ch = A
ch + 1 = B
ch++ = C
```

据此,可以实现大小写字母之间的相互转换。

【例 2.5】 大小写字母之间的相互转换。

```
1   #include <stdio.h>
2
3   int main()
4   {
5       char ch1 = 'E', ch2 = 'g';
6       ch1 = ch1 + ('a' - 'A');           //大写字母转小写字母
7       ch2 = ch2 - ('a' - 'A');           //小写字母转大写字母
8       printf("ch1 = %c\n", ch1);
9       printf("ch2 = %c\n", ch2);
10      return 0;
11  }
```

运行结果如下。

```
ch1 = e
ch2 = G
```

2.2.5 类型转换

通过前面的学习,我们知道每种数据类型都有它的取值范围,如果在使用数据类型定义变量并对其进行初始化时,不小心超出了取值范围,编译器会如何处理呢?通过以下代码进行测试。

【例 2.6】 查看 int 型和 float 型变量的取值范围。

```
1   #include<stdio.h>
2
3   int main(void)
4   {   //有符号 int 测试
5       int signed_num1 = 2147483647;              //有符号 int 的最大值
6       int signed_num2 = 2147483648;              //超出有符号 int 的最大值
```

```
7        printf("signed_num1 = %d\n", signed_num1);
8        printf("signed_num2 = %d\n", signed_num2);
9
10       //无符号 int 测试
11       unsigned int unsigned_num1 = 4294967295;     //无符号 int 的最大值
12       unsigned int unsigned_num2 = 4294967296;     //超出无符号 int 的最大值
13       printf("unsigned_num1 = %u\n", unsigned_num1);
14       printf("unsigned_num2 = %u\n", unsigned_num2);
15   }
```

程序运行结果如下。

```
signed_num1 = 2147483647
signed_num2 = -2147483648
unsigned_num1 = 4294967295
unsigned_num2 = 0
```

要点解析

对于 64 位的操作系统来说，有符号 int 类型的最大值为 2 147 483 647（即 $2^{31}-1$），二进制表示为 0111 1111 1111 1111 1111 1111 1111 1111。程序中的变量 signed_num2 初始化值为 2 147 483 648，超出了有符号 int 类型的最大值，这时编译器是如何处理的呢？其实，在越界情况下，符号位需要多出来一位，对于 int 型，符号位在第 33 位上，然后按照这种形式计算补码。因为正数的原码和补码一致，所以 2 147 483 648 的二进制补码是 0 1000 0000 0000 0000 0000 0000 0000 0000，而 int 型实际只有 32 位，即存储的是后 32 位，也就是－2 147 483 648 的补码。

同理，对于无符号 int 类型，其最大值为 4 294 967 295（即 $2^{32}-1$），二进制表示为 1111 1111 1111 1111 1111 1111 1111 1111，unsigned_num2 初始化值为 4 294 967 296，其补码为 1 0000 0000 0000 0000 0000 0000 0000 0000，因为超出了无符号 int 类型的最大值，最首位的 1 进行丢弃处理，所以 unsigned_num2 最后的输出结果为 0。

1. 类型转换

在执行算术运算时，计算机比 C 语言的限制更多。为了让计算机执行算术运算，通常要求操作数有相同的大小（即位的数量相同），并且要求存储的方式也相同。计算机可以直接将两个 16 位整数相加，但是不能直接将 16 位整数和 32 位整数相加，也不能直接将 32 位整数和 32 位浮点数相加。但是 C 语言允许在表达式中混合使用基本数据类型。在单个表达式中可以组合整数、浮点数，甚至是字符。当然，在这种情况下，C 编译器可能需要生成一些指令将某些操作数转换成其他类型，使得硬件可以对表达式进行计算。例如，如果对 16 位 short 型数和 32 位 int 型数进行加法操作，那么编译器将把 16 位 short 型值转换成 32 位值。如果是 int 型数据和 float 型数据进行加法操作，那么编译器将把 int 型值转换成为 float 格式。这个转换过程稍微复杂一些，因为 int 型值和 float 型值的存储方式不同。

因为编译器可以自动处理这些转换而无须程序员介入，所以这类转换称为隐式转换。C 语言还允许程序员使用强制运算符执行显式转换。首先讨论隐式转换，显式转换将推迟到本节的最后进行介绍。遗憾的是，执行隐式转换的规则有些复杂，主要是因为 C 语言有大量不同的算术类型。

当发生下列情况时会进行隐式转换。

（1）当算术表达式或逻辑表达式中操作数的类型不相同时。（C 语言执行所谓的常用算术转换。）

（2）当赋值运算符右侧表达式的类型和左侧变量的类型不匹配时。

（3）当函数调用中的实参类型与其对应的形参类型不匹配时。

（4）当 return 语句中表达式的类型和函数返回值的类型不匹配时。

本节将讨论前两种情况。

2. 常用算术转换

常用算术转换可用于大多数二元运算符（包括算术运算符、关系运算符和判等运算符）的操作数。例如，假设变量 f 为 float 类型，变量 i 为 int 类型。常用算术转换将会应用在表达式 f+i 的操作数上，因为两者的类型不同。显然，把变量 i 转换成 float 类型（匹配变量 f 的类型）比把变量 f 转换成 int 类型（匹配变量 i 的类型）更安全。整数始终可以转换成为 float 类型；可能会发生的最糟糕的事是精度会有少量损失。相反，把浮点数转换成为 int 类型，将有小数部分的损失；更糟糕的是，如果原始数大于最大可能的整数或者小于最小的整数，那么将会得到一个完全没有意义的结果。

常用算术转换的策略是把操作数转换成可以安全地适用于两个数值的"最狭小的"数据类型（粗略地说，如果某种类型要求的存储字节比另一种类型少，那么这种类型就比另一种类型更狭小）。为了统一操作数的类型，通常可以将相对较狭小类型的操作数转换成另一个操作数的类型来实现（这就是所谓的提升）。最常用的提升是整值提升，它把字符或短整型数据转换成 int 类型（或者某些情况下是 unsigned int 类型）。

执行常用算术转换的规则可以划分成以下两种情况。

任一操作数的类型是浮点类型的情况。按照下面的顺序将类型较狭小的操作数进行提升：

> float→double→long double

也就是说，如果一个操作数的类型为 long double，另一个操作数的类型为 double，那么会把 double 类型的数据转换成 long double 类型。如果一个操作数的类型为 double 类型，另一个操作数的类型为 float，那么会把 float 类型的数据转换成 double 类型。以下是浮点数隐式转换的案例。

【例 2.7】 浮点数隐式转换。

```
1    #include <stdio.h>
2
3    int main()
4    {
5        float a=1.234;
6        double b=3.14159265358979323846;
7        long double c;
8
```

```
 9        printf("a 的字节为:%zu \n", sizeof(a));
10        printf("double:a+b 的字节为:%zu \n", sizeof(a+b));
11        printf("long double:b+c 的字节为:%zu \n", sizeof(b+c));
12
13        return 0;
14   }
```

运行结果如下。

```
a 的字节为:4
double:a+b 的字节为:4
long double:b+c 的字节为:8
```

2.3 运算符与表达式

C 语言的特点之一是更强调表达式而非语句。表达式由变量、常量和运算符组合而成，用于生成一个值。表达式可以用于各种计算、逻辑和数据操作。最简单的表达式是变量和常量。

C 语言提供了丰富的运算符，它们是构建表达式的基本工具。本节将介绍算术运算符、赋值运算符、关系运算符、逻辑运算符和位运算符的用法，并学习复合运算与运算符的优先级。

2.3.1 一切都是运算

在 C 语言中，可以将一切都视为运算，程序的执行过程主要由各种运算操作组成。

C 语言是一种基于运算的编程语言，它提供了丰富的运算符和表达式，用于执行各种计算和操作。这些运算符包括算术运算符(如加法、减法、乘法、除法等)、逻辑运算符(如与、或、非等)、关系运算符(如大于、小于、等于等)、位运算符(如按位与、按位或、按位取反等)等。通过使用这些运算符，可以进行数值计算、逻辑判断、位操作等各种操作。

此外，C 语言还支持赋值运算符、条件运算符、逗号运算符等，它们也是一种形式的运算。例如，赋值运算符用于将值赋给变量，条件运算符用于根据条件选择不同的值，逗号运算符用于分隔表达式并按顺序执行。

除了运算符，C 语言还提供了函数调用、控制流语句(如条件语句、循环语句)等结构，它们也可以被视为一种特殊的运算。函数调用可以执行特定的操作并返回结果，控制流语句可以根据条件或循环决定不同的运算路径。

因此可以说，在 C 语言中，一切都可以被看作运算，无论是数学运算、逻辑运算、位操作、赋值、条件判断还是函数调用等，它们都是程序中的运算操作，用于实现各种功能和逻辑。这种理解有助于我们更好地理解 C 语言程序的执行过程和语言的基本特性。

2.3.2 算术运算符

算术运算是程序设计语言中最基础的运算，这类运算可以执行加法、减法、乘法和除法。表 2-6 列出了算术运算符的详细信息。

表 2-6　算术运算符

一元运算符	二元运算符	
	加/减法	乘/除法
＋正号运算符 －负号运算符	＋加法运算符 －减法运算符	＊乘法运算符 /除法运算符 ％求余运算符

一元运算符,即只需要一个操作数,例如:

```
int a = +1;
int b = -1;
```

实际在 C 语言中,如果想要表示一个正数,可以省略＋。

二元运算符,即这些运算符的使用需要两个操作数。其中,乘法运算符＊和除法运算符/很好理解,陌生的是求余运算符％。i％j 表示 i 除以 j 后的余数,例如,10％4 的值为 2, 13％4 的值为 1,8％2 的值为 0。

【例 2.8】　求一个三位数各个数位上的值。

```
1    # include <stdio.h>
2    int main(void)
3    {
4        int a = 163, a0, a1, a2;
5        a0 = a / 100;                    //获取百位
6        a1 = a % 100 / 10;               //获取十位
7        a2 = a % 100 % 10;               //获取个位
8        printf("a0 = %d, a1 = %d, a2 = %d\n", a0, a1, a2);
9    }
```

程序的运行结果如下。

```
a0 = 1, a1 = 6, a2 = 3
```

在代码的第 5、6 行涉及运算符的优先级的知识,将在 2.3.8 节详细介绍。

2.3.3　赋值运算符

在 C 语言中,"＝"符号不称为等号,而是叫作赋值运算符。赋值运算符是 C 语言中的基本运算符之一,用于将一个表达式的值赋给一个变量。其基本语法如下。

```
变量 = 表达式;
```

其表示将"表达式"的计算结果赋值给"变量",赋值过程是从右向左进行的。
以下是赋值运算符的使用场景。

1. 基本赋值

```
int x = 5;
```

以上代码表示将整数 5 赋值给整型变量 x。

2. 复合赋值

```
int y;
y += 5;
```

在 C 语言中，这是一种常用的赋值方式，"y += 5"等同于"y = y + 5"，表示将 y 加 5 的结果赋给 y。如果程序一开始将 y 初始化为 10，执行"y += 5"操作后 y 的值将变为 15。同样，还有"-=" "*=" "/=" "%="等复合运算符，分别对应减法、乘法、除法和取余数运算，将在 2.3.7 节中具体介绍。

3. 多重赋值

```
int a, b, c;
a = b = c = 10;
```

将整数值 10 赋给整型变量 a、b 和 c。

4. 表达式作为右操作数

赋值运算符的右操作数可以是一个表达式。在这种情况下，表达式会被计算，并将结果赋给左操作数，例如：

```
int x = 5;
int y = 3;
x = x + y;
```

以上代码表示将 x + y 的结果 8 赋给 x。

5. 连续赋值

C 语言允许将多个赋值操作放在同一行，用逗号","分隔它们，称为逗号表达式。这些赋值操作从左到右进行，表达式的结果是最右侧变量的值。例如：

```
int a, b, c;
a = 5, b = 10, c = 15;
```

以上代码为 a、b、c 连续赋值。逗号表达式"a = 5，b = 10，c = 15"的值为 15。

赋值运算符是 C 语言中非常重要的运算符之一，它允许将数据存储到变量中，从而在程序中进行计算、逻辑操作和控制流程。赋值运算符的正确使用对于编写有效和可读的 C 语言代码非常重要。

2.3.4 关系运算符

关系运算符用于在 C 语言中执行不同值之间的比较操作，以确定它们之间的关系。这些运算符返回一个布尔类型（bool）的值（true 或 false），表示比较的结果。

这里需要说明一下，在标准的 C 语言中，没有直接的 bool 类型，但可以使用整数类型来模拟布尔值。其中，0 表示 false，非 0 值表示 true。

下面介绍 C 语言中常见的关系运算符。

(1) 等于(==)运算符：用于检查两个值是否相等。如果两个值相等,返回 true;否则返回 false。

【例 2.9】 比较两个整数是否相等。

```
1    #include <stdio.h>
2    int main(void)
3    {
4        int a = 5;
5        int b = 5;
6        int c = 10;
7        printf("a 和 b 相等, 比较结果为%d\n", a == b);
8        printf("a 和 c 不相等, 比较结果为%d\n", a == c);
9    }
```

程序运行结果如下。

```
a 和 b 相等,  比较结果为 1
a 和 c 不相等, 比较结果为 0
```

(2) 不等于(!=)运算符：用于检查两个值是否不相等。如果两个值不相等,返回 true;否则返回 false。

(3) 大于(>)运算符：用于检查一个值是否大于另一个值。如果第一个值大于第二个值,返回 true;否则返回 false。

(4) 小于(<)运算符：用于检查一个值是否小于另一个值。如果第一个值小于第二个值,返回 true;否则返回 false。

(5) 大于或等于(>=)运算符：用于检查一个值是否大于或等于另一个值。如果第一个值大于或等于第二个值,返回 true;否则返回 false。

(6) 小于或等于(<=)运算符：用于检查一个值是否小于或等于另一个值。如果第一个值小于或等于第二个值,返回 true;否则返回 false。

【例 2.10】 关系运算符的使用：整数之间的大小比较。

```
1    #include <stdio.h>
2    int main(void)
3    {
3        int a = 5;
4        int b = 5;
5        int c = 10;
6        printf("a 和 b 相等, 比较结果为%d\n", a != b);
7        printf("a 和 c 不相等, 比较结果为%d\n", a != c);
8
9        printf("a 和 b 相等,比较结果为%d\n", a > b);
10       printf("c 大于 a, 比较结果为%d\n", c > a);
11
12       printf("a 和 b 相等,比较结果为%d\n", a < b);
13       printf("a 小于 c,  比较结果为%d\n", a < c);
14
```

```
15      printf("a 大于或等于 b, 比较结果为%d\n", a >= b);
16      printf("a 大于或等于 c, 比较结果为%d\n", a >= c);
17
18      printf("a 小于或等于 b, 比较结果为%d\n", a <= b);
19      printf("a 小于或等于 c, 比较结果为%d\n", a <= c);
20   }
```

程序的运行结果如下。

```
a 和 b 相等, 比较结果为 0
a 和 c 不相等, 比较结果为 1
a 和 b 相等, 比较结果为 0
c 大于 a, 比较结果为 1
a 和 b 相等, 比较结果为 0
a 小于 c, 比较结果为 1
a 大于或等于 b, 比较结果为 1
a 大于或等于 c, 比较结果为 0
a 小于或等于 b, 比较结果为 1
a 小于或等于 c, 比较结果为 1
```

2.3.5 逻辑运算符

逻辑运算符是 C 语言中用于处理布尔(Boolean)类型表达式的运算符,它们允许在条件语句和布尔逻辑中执行复杂的操作。逻辑运算符用于将一个或多个布尔表达式组合成更复杂的表达式,并返回一个布尔结果(true 或 false)。

以下是 C 语言中常见的逻辑运算符及其用法。

(1) 逻辑与运算符(&&):当且仅当所有操作数都为真(true)时,逻辑与运算返回真;否则返回假(false)。

【例 2.11】 与运算符(&&)的使用举例。

```
1    #include <stdio.h>
2    int main(void)
3    {
4        int a = 5;
5        int b = 10;
6        printf("a 和 b 都大于 0, 比较结果为%d\n", a > 0 && b > 0);
7        printf("a 和 b 都小于 0, 比较结果为%d\n", a < 0 && b < 0);
8        printf("a 大于 0 且 b 小于 0, 比较结果为%d\n", a > 0 && b < 0);
9    }
```

程序运行结果如下。

```
a 和 b 都大于 0, 比较结果为 1
a 和 b 都小于 0, 比较结果为 0
a 大于 0 且 b 小于 0, 比较结果为 0
```

第 6 行代码中,变量 a 和 b 都满足大于 0 的条件,所以比较结果为 true,输出结果为 1。

第 7 行代码中,与运算符(&&)左边表达式 a < 0 比较结果为 false,根据与运算符(&&)的定义,直接判定整个表达式结果为 false,输出结果为 0。

第 8 行代码中,与运算符(&&)左边表达式 a > 0 比较结果为 true 满足条件,右边表达式 b < 0 比较结果为 false,根据与运算符(&&)的定义,左右表达式没有同时满足都为 true,所以最后结果为 false,输出值为 0。

(2)逻辑或运算符(||):只要至少一个操作数为真(true),逻辑或运算返回真;只有当所有操作数都为假时,它才返回假(false)。

【例 2.12】 逻辑或运算符(||)的使用举例。

```
1    #include <stdio.h>
2    int main(void)
3    {
4        int a = 5;
5        int b = 10;
6        printf("a 大于 0 或 b 大于 0, 比较结果为%d\n", a > 0 || b > 0);
7        printf("a 小于 0 或 b 小于 0, 比较结果为%d\n", a < 0 || b < 0);
8        printf("a 大于 0 或 b 小于 0, 比较结果为%d\n", a > 0 || b < 0);
9    }
```

程序运行结果如下。

```
a 大于 0 或 b 大于 0, 比较结果为 1
a 小于 0 或 b 小于 0, 比较结果为 0
a 大于 0 或 b 小于 0, 比较结果为 1
```

(3)逻辑非运算符(!):用于反转布尔表达式的值。如果操作数为真,逻辑非运算返回假;如果操作数为假,返回真。

【例 2.13】 非运算符(!)的使用举例。

```
1    #include <stdio.h>
2    int main(void)
3    {
4        int a = 5;
5        int b = 10;
6        printf("a 不大于 0, 比较结果为%d\n", !(a > 0) );
7        printf("a 不大于 b, 比较结果为%d\n", !(a > b) );
8    }
```

程序运行结果如下。

```
a 不大于 0,比较结果为 0
a 不大于 b,比较结果为 1
```

注意:在第 6 行代码中,表达式是先计算圆括号中 a > 0 的比较结果,再对其结果取非。这里涉及运算符的优先级知识,将在 2.3.8 节中介绍。

(4) 逻辑运算符的短路原则。

C语言中的逻辑运算符（与运算符 && 和或运算符 ||）具有短路原则。短路原则是指在进行逻辑运算时，如果根据前面的表达式已经可以确定整个表达式的结果，那么后面的表达式将不再被计算。

具体描述如下。

对于与运算符 &&：如果第一个操作数（左操作数）为假（0），则整个表达式结果一定为假（0），此时不会计算第二个操作数（右操作数）。只有当第一个操作数为真（非0）时，才会继续计算并返回第二个操作数的值作为整个表达式的结果。

对于或运算符 ||：要如果第一个操作数（左操作数）为真（非0），则整个表达式结果一定为真（非0），此时不会计算第二个操作数（右操作数）。只有当第一个操作数为假（0）时，才会继续计算并返回第二个操作数的值作为整个表达式的结果。

短路原则的应用可以在编程中带来一些优势。例如，当使用逻辑运算符来判断某个条件是否满足时，可以利用短路原则来减少不必要的计算，提高程序的效率。需要注意的是，短路原则只适用于逻辑运算符 && 和 ||，不适用于位运算符（例如，按位与 & 和按位或 |）。在接下来要讲的位运算中，无论左操作数的值是什么，右操作数都会被计算。

【例 2.14】 短路原则的使用举例。（本案例用到了 if else 语句，将在第 3 章中详细介绍。）

```
1   #include <stdio.h>
2   int main()
3   {
4       int num1 = -1;
5       int num2 = 10;
6   
7       //使用逻辑与运算符(&&)展示短路原则
8       if (num1 > 0 && num2++ > 5)
9       {
10          printf("Both conditions are true.\n");
11      }
12      else
13      {
14          printf("At least one condition is false.\n");
15      }
16      printf("num2: %d\n", num2);            //输出 num2 的值
17  
18      //使用逻辑或运算符(||)展示短路原则
19      if (num1 < 10 || num2++ > 5) {
20          printf("At least one condition is true.\n");
21      }
22      else
23      {
24          printf("Both conditions are false.\n");
25      }
26      printf("num2: %d\n", num2);            //输出 num2 的值
27      return 0;
28  }
```

程序运行结果如下。

```
At least one condition is false.
num2: 10
At least one condition is true.
num2: 10
```

在这个程序中,声明了两个整型变量 num1 和 num2,并赋予它们初始值-1 和 10。接下来,使用逻辑与运算符和逻辑或运算符来展示短路原则。

在第 8 行的条件语句中,首先检查 num1 > 0 是否为真。由于 num1 的值为-1,不大于 0,因此该条件为假。根据短路原则,整个表达式的结果已经确定为假,因此不会计算第二个条件 num2++ > 5。程序将进入 else 分支并输出 "At least one condition is false."。在第 16 行,输出 num2 的值,它仍然是 10。

在第 19 行的条件语句中,首先检查 num1 < 10 是否为真。由于 num1 的值为-1,小于 10,因此该条件为真。根据短路原则,整个表达式的结果已经确定为真,因此不会计算第二个条件 num2++ > 5。程序将进入 if 分支并输出 "At least one condition is true."。在第 26 行,输出 num2 的值,它仍然是 10。

2.3.6 位运算符

位运算符是 C 语言中用于直接操作二进制位的运算符,它们在低级别编程和处理底层硬件时非常有用,可以用于执行位级别的操作,如位掩码、位设置和位清除。与算术运算符不同的是,位运算符在计算时,是对数值的二进制格式进行运算。

以下是 C 语言中常见的位运算符及其用法。

(1) 按位与运算符(&):对两个操作数的每个对应位执行逻辑与操作。只有两个位都为 1 时,结果位才为 1,否则为 0。

【例 2.15】 按位与运算符(&)的使用举例。

```
1    #include <stdio.h>
2    int main(void)
3    {
4        unsigned int a = 5;              //二进制数 0101
5        unsigned int b = 3;              //二进制数 0011
6        unsigned int result = a & b;     //结果为 0001,即 1
7        printf("result = %d\n", result);
8    }
```

程序运行结果如下。

```
result = 1
```

(2) 按位或运算符(|):对两个操作数的每个对应位执行逻辑或操作。只要两个位中至少有一个为 1,结果位就为 1。

【例 2.16】 按位或运算符(|)的使用举例。

```
1    #include <stdio.h>
2    int main(void)
3    {
4        unsigned int a = 5;              //二进制数 0101
5        unsigned int b = 3;              //二进制数 0011
6        unsigned int result = a | b;     //结果为 0111,即 7
7        printf("result = %d\n", result);
8    }
```

程序的运行结果如下。

result = 7

（3）按位异或运算符(^)：对两个操作数的每个对应位执行逻辑异或操作。如果两个位不同,则结果位为 1;如果两个位相同,则结果位为 0。

【例 2.17】 按位异或运算符(^)的使用举例。

```
1    #include <stdio.h>
2    int main(void)
3    {
4        unsigned int a = 5;              //二进制数 0101
5        unsigned int b = 3;              //二进制数 0011
6        unsigned int result = a ^ b;     //结果为 0110,即 6
7        printf("result = %d\n", result);
8    }
```

程序运行结果如下。

result = 6

（4）按位取反运算符(~)：对操作数的每个位执行逻辑取反操作,将 1 变为 0,0 变为 1。

【例 2.18】 按位取反运算符(~)的使用举例。

```
1    #include <stdio.h>
2    int main(void)
3    {
4        int a = 5;                       //二进制数 0000 0101
5        int result = ~a;                 //结果为 1111 1010,即 -6
6        printf("result = %d\n", result);
7    }
```

程序运行结果如下。

result = -6

（5）左移运算符(<<)：将操作数的所有位向左移动指定的位数,右边空出的位用 0 填充。左移操作通常用于乘以 2 的幂次方的快速计算。

【例 2.19】 左移运算符(<<)的使用举例。

```
1  #include <stdio.h>
2  int main(void)
3  {
4      unsigned int a = 5;                 //二进制数 0101
5      unsigned int result = a << 2;       //结果为 010100,即 20
6      printf("result = %d\n", result);
7  }
```

程序运行结果如下。

result =20

(6) 右移运算符(>>):将操作数的所有位向右移动指定的位数,对于无符号数,左边空出的位用 0 填充。对于有符号数,左边空出的位用原符号位(正数为 0,负数为 1)填充。右移操作通常用于除以 2 的幂次方的快速计算。在右侧添加 0(对于无符号数),或者添加符号位(对于有符号数),左侧丢弃超出指定位数的位。

【例 2.20】 右移运算符(>>)的使用举例。

```
1 #include <stdio.h>
2 int main(void)
3 {
4     unsigned int a = 16;     //二进制数 00010000
5     unsigned int result = a >> 2;   //结果为 00000100,即 4
6     printf("result = %d\n", result);
7 }
```

程序运行结果如下。

result =4

2.3.7 复合运算符

复合运算符是 C 语言中的一组特殊运算符,它们结合了赋值运算和算术运算或位运算。这些运算符允许在一条语句中执行多个操作,从而提高代码的简洁性和可读性。

表 2-7 列出了 C 语言中常见的复合运算符以及它们的描述。

表 2-7 复合运算符

复合运算符	描 述	示 例
+=	加法赋值运算符,将右侧值加到左侧变量并赋值	a += 5;将 a 增加 5
-=	减法赋值运算符,将右侧值从左侧变量减去并赋值	b -= 3;将 b 减去 3
*=	乘法赋值运算符,将左侧变量与右侧值相乘并赋值	c *= 2;将 c 乘以 2
/=	除法赋值运算符,将左侧变量除以右侧值并赋值	d /= 4;将 d 除以 4

续表

复合运算符	描述	示例
%=	取模赋值运算符，将左侧变量模右侧值并赋值	e %= 7；将 e 取模 7
&=	按位与赋值运算符，将左侧变量与右侧值按位与并赋值	f &= 0x0F；将 f 的低 4 位保留，其他位清零
|=	按位或赋值运算符，将左侧变量与右侧值按位或并赋值	g|=0x0F；将 g 的高 4 位保留，其他位变为 1
^=	按位异或赋值运算符，将左侧变量与右侧值按位异或并赋值	h ^= 0x10；将 h 后 4 位中的前 2 位翻转
<<=	左移赋值运算符，将左侧变量左移右侧值指定的位数并赋值	i <<= 2；将 i 向左移动 2 位
>>=	右移赋值运算符，将左侧变量右移右侧值指定的位数并赋值	j >>= 3；将 j 向右移动 3 位

2.3.8 运算符的优先级

运算符的优先级指的是在表达式中，不同运算符的执行顺序和优先级。当一个表达式中包含多个运算符时，优先级决定了哪个运算符会先执行。C 语言中有多种运算符，它们具有不同的优先级。正确理解和使用运算符的优先级对于编写正确的代码至关重要。

表 2-8 列出了 C 语言运算符的优先级由高到低排序（1 最高，15 最低）的结果。

表 2-8　C 语言运算符的优先级

优先级	运算符	名称或含义	使用形式	结合方向	说明
1	()	圆括号	(表达式)/函数名(形参表)		—
2	-	负号运算符	-表达式	右到左	单目运算符
	~	按位取反运算符	~表达式		
	++	自增运算符	++变量名/变量名++		
	--	自减运算符	--变量名/变量名--		
	&	取地址运算符	&变量名		
	!	逻辑非运算符	!表达式		
	(类型)	强制类型转换	(数据类型)表达式		—
3	/	除	表达式/表达式	左到右	双目运算符
	*	乘	表达式*表达式		
	%	余数(取模)	整型表达式%整型表达式		
4	+	加	表达式+表达式	左到右	双目运算符
	-	减	表达式-表达式		
5	<<	左移	变量<<表达式	左到右	双目运算符
	>>	右移	变量>>表达式		

续表

优先级	运算符	名称或含义	使用形式	结合方向	说　　明
6	>	大于	表达式>表达式	左到右	双目运算符
	>=	大于或等于	表达式>=表达式		
	<	小于	表达式<表达式		
	<=	小于或等于	表达式<=表达式		
7	==	等于	表达式==表达式	左到右	双目运算符
	!=	不等于	表达式!=表达式		
8	&	按位与	表达式&表达式	左到右	双目运算符
9	^	按位异或	表达式^表达式	左到右	双目运算符
10	|	按位或	表达式|表达式	左到右	双目运算符
11	&&	逻辑与	表达式&&表达式	左到右	双目运算符
12	||	逻辑或	表达式||表达式	左到右	双目运算符
13	=	赋值运算符	变量=表达式	右到左	—
	/=	除后赋值	变量/=表达式		—
	*=	乘后赋值	变量*=表达式		—
	%=	取模后赋值	变量%=表达式		—
	+=	加后赋值	变量+=表达式		—
	-=	减后赋值	变量-=表达式		—
	<<=	左移后赋值	变量<<=表达式		—
	>>=	右移后赋值	变量>>=表达式		—
	&=	按位与后赋值	变量&=表达式		—
	^=	按位异或后赋值	变量^=表达式		—
	|=	按位或后赋值	变量|=表达式		—
14	,	逗号运算符	表达式,表达式,…	左到右	—

【例 2.21】 运算符的优先级别。

```
1  #include <stdio.h>
2  int main(void)
3  {
4      int a = 5, b = 10, c = 15;
5      int result;
6      result = a + b > c && b - a == c || a * b < c;
7      printf("结果:%d\n", result);
8  }
```

程序运行结果如下。

```
result = 0
```

在例 2.21 中,定义了三个整型变量 a、b 和 c,然后使用逻辑、算术和关系运算符构建了一个表达式。该表达式判断了三个条件(a + b > c)、(b - a == c) 和 (a * b < c)。使用逻辑与运算符 && 和逻辑或运算符 || 来组合这些条件,并将结果存储在 result 变量中。最后,使用 printf() 函数打印出表达式的结果。

具体地说,根据变量值 a = 5、b = 10 和 c = 15,可以逐个分析表达式中的条件。
(a + b > c):5 + 10 = 15,15 > 15 为假。
(b - a == c):10 - 5 = 5,5 == 15 为假。
(a * b < c):5 * 10 = 50,50 < 15 为假。

根据逻辑运算符的优先级,逻辑与运算符 && 的优先级高于逻辑或运算符 ||。由于逻辑与运算符的操作数中有一个为假,整个表达式的结果将为假。

2.4 输入与输出

在 C 语言中,输入和输出是与用户交互和显示结果的重要部分。通过合适的输入和输出操作,可以读取用户输入的数据,进行计算和处理,并将结果输出给用户。

scanf() 函数和 printf() 函数是 C 语言编程中使用最频繁的两个函数,它们用来格式化输入和输出。正如前面学习到的事例代码,可以通过 printf() 函数在控制台中打印某些文字内容和变量的值。scanf() 函数则可以接收一个来自控制台输入的值,作为代码中某个变量的值。虽然这两个函数功能很简单,但想要学习好它们却不容易。

本节将对 printf() 函数和 scanf() 函数做一些简单的介绍,要想熟练地使用输入/输出函数还需要大量的编程实践。

2.4.1 printf()函数

printf 是"print formatted"的缩写,它用于将结构化的数据输出到控制台上,该函数原型在标准头文件<stdio.h>中,所以在代码中如果要使用 printf() 函数,需提前进行声明。printf() 函数使用格式化字符串作为第一个参数,并根据格式化字符串中的占位符和后续参数的值进行格式化输出。printf() 函数表达式的语法格式如下。

```
printf(格式串,表达式1,表达式2,…);
```

其中,表达式可以是常量、变量或是一些更加复杂的表达式。以例 2.1 为例,第 7 行代码中"num1 + num2 = %d\n"代表的是格式串,"num1 + num2"代表的是表达式。在格式串"num1 + num2 = %d\n"中,"%d\n"部分称为转换说明,转换说明是用来表示打印过程中待填充的值的占位符,一般以字符%开头。在该例子中,表达式"num1 + num2"的计算结果会传入转换说明"%d\n"中,作为其实际显示结果。

从前面的案例可以知道,转换说明是 printf() 函数的重点。转换说明是用来表示打印过程中待填充的值的占位符。字符%后边的信息指定了把数值从内部形式(二进制)转换成打印形式(字符)的方法,这也就是"转换说明"这一术语的由来。例如,转换说明符 %d 用于格式化输出整数类型的数据。它表示将一个整数值插入格式化字符串中的相应位置。

在格式串中,普通的字符会完全按照字符串中的样式进行显示,而转换说明则需要根据所对应表达式的实际结果进行显示。请思考下面的案例。

【例 2.22】 格式转换的例子。

```
1    #include <stdio.h>
2    int main()
3    {
4        int num1, num2;
5        float num3, num4;
6        num1 = 10; num2 = 65;
7        num3 = 3.1415; num4 = -6.524f;
8        printf("num1 = %d, num2 = %d, num3 = %f, num4 = %f\n",
9            num1, num2, num3, num4);
10       return 0;
11   }
```

程序运行结果如下。

```
num1 = 10, num2 = 65, num3 = 3.141500, num4 = -6.524000
```

以上代码使用 printf() 函数对 4 个变量 num1、num2、num3 和 num4 的值进行了输出,分别使用到%d 和%f 进行格式转换。其中,num1 和 num2 是整型变量,它们的值将分别替换%d 的位置。在格式化字符串中,%f 表示将一个浮点数值插入该位置。在这个例子中,num3 和 num4 是浮点型变量,它们的值将分别替换 %f 的位置。在格式化字符串中,\n 表示一个换行符,用于在输出中插入一个换行符号,使得下一个输出在新的一行显示。

需要注意的是,作为初学者在学习 printf 函数时,会经常犯如下几个错误。

(1) 转换说明和表达式数量不匹配。

不幸的是,如果代码中出现这样的错误,编译器并不会提示错误,只会进行警告,代码还是能正常地编译。

例如,表达式多于转换说明:

```
printf("num1 = %d\n", num1, num2); /** WRONG **/
```

实际的输出结果只有 num1 的值,运行结果如下。

```
num1 = 10
```

又如,转换说明多于表达式:

```
printf("num1 = %d   num2 = %d\n", num1); /** WRONG **/
```

实际的输出结果只有 num1 是一个正确值,而 num2 被赋予了一个随机值,对于我们来说是无意义的,运行结果如下。

```
num1 = 10    num2 = 12853072
```

（2）表达式数据类型与占位符%数据类型不匹配。

C语言编译器不检测转换说明是否适合要显示项的数据类型。如果程序员使用不正确的转换说明，程序将会简单地产生无意义的输出。思考下面的printf()函数调用，其中，int型变量num1和float型变量num3的顺序放置错误。

```
printf("num1 = %f    num3 = %d\n", num1, num3); /** WRONG **/
```

同样，这段代码编译器也不会报错，而是给出一个警告，代码会正常运行。但实际执行结果却差强人意，那是因为printf()函数的输出结果会严格按照格式串的格式进行输出，在该段代码格式串的占位符中，它会先接收一个float类型的数值，再接收一个int类型的数值，但表达式传入的第一个表达式的值num1为int类型，第二个表达式num3的值为float类型，两者的数据类型不匹配，实际的输出结果为随机值，是无意义的，运行结果如下。

```
num1 = 0.000000    num3 = -1073741824
```

除了前面例子中的%d、%f，printf()函数通过转换说明符给程序员还提供了其他的一些输出格式控制方法。

以下是常见的几个转换说明符所代表的含义。

d：表示十进制（基数为10）形式的整数。

f：表示"定点十进制"形式的浮点数。

e：表示指数（科学记数法）形式的浮点数。

c：表示输出字符。

s：表示输出字符串。

g：根据数值的大小和精度输出浮点数。

除了以上常见的转换说明符以外，还有许多其他的说明符，将在后续章节中陆续进行介绍。

在使用printf()函数进行程序内容输出时，输出内容的格式、数值的宽度和精度控制也是printf()函数格式化输出的重要部分。它们允许程序员指定输出字段的格式、宽度和小数点后的精度，以便更好地控制输出的外观。

【例2.23】 数值的宽度、精度控制的例子。

```
1    #include <stdio.h>
2    int main(void)
3    {
4        int i;
5        float x;
6        i = 36;
7        x = 314.1592f;
8        printf("|%d|%4d|%-4d|%5.3d|\n", i, i, i, i);
9        printf("|%8.3f|%-8.3f|%10.3e|\n", x, x, x);
10       return 0;
11   }
```

程序运行结果如下。

```
|36|  36|36  |  036|
| 314.159|314.159 |3.142e+002|
```

在输出时，printf()函数格式串中的字符|只是用来帮助显示每个数所占用的空格数量；下面详细介绍一下例 2.23 中的输出格式。

%d：以十进制形式显示变量 i。

%4d：以十进制形式显示变量 i，且输出至少占用 4 个字符的空间，由于 i 的值为 36，只包含两个字符，所以输出时在左侧(4 为正数)添加了两个空格进行占位，即右对齐。

%-4d：其含义类似%4d，但输出的对齐方式是左对齐(−4 为负数)。

%5.3d：以十进制形式显示变量 i，至少占用 5 个字符的空间且保留 3 位数字。因为变量 i 只有两个字符，所以要添加一个额外的零来保证有 3 位数字。添加 0 后即 036 包含 3 个字符，因此还要在左侧添加两个空格(5 为正数)，即右对齐。

%8.3f：以定点十进制形式显示变量 x，且至少占用 8 个字符空间，其中，小数点后保留 3 位数字。因为变量 x 只需要 7 个字符(即小数点前 3 位，小数点后 3 位，再加上小数点本身 1 位)，所以在变量左面有 1 个空格(8 为正数)。

%−8.3f：含义类似%8.3f，但因−8 为负数，所以采用左对齐。

%10.3e：以指数形式显示变量 x，应占用 10 个字符的空间，其中小数点后保留 3 位数字。

在前面的 printf 案例中，会经常看到"\n"这样的字符，其作用是在输出"\n"的位置进行换行操作，一般将这种格式的代码称为转义字符。转义字符是一种特殊的字符序列，用于表示一些不可打印字符或具有特殊意义的字符。这些字符通常以反斜杠符号(\)开头，后面跟着一个字符，组成一个转义序列。转义字符的目的是允许程序员在字符串中插入那些本来无法直接输入的字符，或者表示一些特殊的控制行为。

以下是一些常见的转义字符以及它们的含义。

\n：换行符，用于在字符串中创建一个新的行(换行)。

\t：制表符，用于在字符串中插入一个水平制表符(Tab)。

\"：双引号，用于在双引号括起的字符串中插入双引号，以避免与字符串的起始或结束冲突。

\'：单引号，类似于双引号，但用于在单引号括起的字符串中插入单引号。

\\：反斜杠符号自身，用于在字符串中插入一个反斜杠符号。

【例 2.24】 转义字符。

```
1   #include <stdio.h>
2   int main(void)
3   {
4       printf("\"Hello\tWorld!\"\tI\tlove\t\nC\t\'program\'");
5       return 0;
6   }
```

程序运行结果如下。

```
"Hello   World!" I       love
C        'program'
```

2.4.2　scanf()函数

在编写C语言程序时,有时需要用户输入一个自定义的值作为某个变量的值。scanf 是 C 语言标准库中的一个输入函数,它用于从标准输入设备(通常是键盘)或其他输入流中读取数据并将其存储到指定的变量中。scanf 函数是根据格式化字符串中的格式说明符进行读取的。

与 printf()函数类似,scanf()函数的格式串也包含普通字符和转换说明两部分。scanf()函数转换说明的用法和 printf()函数本质上是一样的。因此本节只对 scanf()函数做一个简单介绍。

scanf()函数表达式的语法格式如下。

scanf(格式串,表达式1,表达式2,…);

【例 2.25】　scanf()函数的简单使用。

```
1    #include <stdio.h>
2    int main(void)
3    {
4        int a,b;
5        float c,d;
6        scanf("%d%d%f%f", &a, &b, &c, &d);
7        printf("a=%d\tb=%d\nc=%.2f\td=%.3f\n", a, b, c, d);
8        return 0;
9    }
```

运行程序,按以下格式输入。

12 -32 12.3 -3.12

程序运行结果如下。

a=12   b=-32
c=12.30 d=-3.120

从输出结果来看,scanf()函数将输入数据"12 −32 12.3 −3.12"分别赋值给了变量 a、b、c 和 d。在 scanf()函数中,"%d%d%f%f"是格式化字符串,其中包含 4 个格式说明符,用于指定 scanf 应该如何解析输入数据。每个格式说明符对应一个变量,它告诉 scanf 读取的数据类型和变量的位置:%d 表示读取一个整数。在这里,%d 连续出现两次,用于连续读取两个整数值,分别存储到变量 a 和 b 中;%f 表示读取一个浮点数(或双精度浮点数)。同样,%f 连续出现两次,分别用于读取两个浮点数值,分别存储到变量 c 和 d 中。

&a、&b、&c 和 &d 分别表示变量 a、b、c 和 d 的地址,通过在变量名前添加 &(取地址运算符,将这些地址传递给 scanf() 函数,以便 scanf() 函数将输入的值存储到对应的内存地址中。

注意:

(1) & 符号表示取地址符,其详细内容将在后续的指针章节中进行介绍。

(2) 初学者在使用 scanf() 函数时,常忘记在变量前面添加符号 &,这在程序编译中将产生不可预知甚至是毁灭性的结果。程序崩溃是常见的现象。忽略符号 & 是极为常见的错误,一定要小心!

(3) 初学者在使用 scanf() 函数时,容易出现格式说明符的数据类型与表达式不匹配的情况。例如,格式说明符采用%d,对应的变量应该是整型,同学们有时却错误地写成浮点型变量。这也会在程序编译中产生不可预知的后果,一定要小心!

实际上,scanf() 函数的功能远远超出了前面提到的内容。scanf() 函数本质上是一种模式匹配函数,试图将输入的字符序列与转换说明相匹配。

与 printf() 函数类似,scanf() 函数也是通过格式字符串来控制的。在调用时,scanf() 函数从左到右处理字符串中的信息。对于格式字符串中的每个转换说明,scanf() 函数会从输入的数据中定位相应类型的项,并在必要时跳过空格。然后,scanf() 函数会读取数据项,直到遇到无法匹配此项的字符为止。如果成功读取数据项,scanf() 函数会继续处理格式字符串的剩余部分;如果某个项无法成功读取,scanf() 函数将立即停止,并不再查看格式字符串的剩余部分(或者剩余的输入数据)。

在寻找数的起始位置时,scanf() 函数会忽略空白字符(包括空格符、制表符、换页符和换行符)。因此,可以将数字放在同一行或者分散在几行内进行输入。

再次运行例 2.25,输入格式调整为:

```
    12
-32   12.3
     -3.1
a=12    b=-32
```

其输出结果和格式并没有变化。因为 scanf() 函数会把它们看成一个连续的字符流(其中_表示空格,\n 表示换行符):

```
___12_\n-32__12.3\n_____-3.1\n
```

scanf() 函数在寻找每个数的起始位置时会跳过空白字符,直到寻找到数字字符为止。scanf() 函数会"忽略"最后的换行符。

2.5 编程规范:优秀程序员眼中的命名法

在编程中,良好的命名规范对于代码的可读性和可维护性至关重要。优秀的程序员通常能够通过合适的命名方式让他们的代码更容易理解,便于团队合作。本节将介绍一些编程规范中常见的命名方法,并提供一些正反面的案例来帮助读者更好地理解。

1. 驼峰命名法

驼峰命名法是一种用于命名变量、函数、类等标识符的命名约定,其主要特点是将多个单词连接在一起,每个单词的首字母大写,除了第一个单词的首字母,其余字母可以是大写或小写,这通常取决于编程语言的惯例。驼峰命名法分为两种常见的形式:帕斯卡命名法(PascalCase)和小驼峰命名法(camelCase)。

1) 帕斯卡命名法(PascalCase)

(1) 每个单词的首字母都大写。

(2) 通常用于命名类名、结构体名、接口名等类型标识符。

例如:

```
MyClass
PersonInfo
CalculateTotalAmount
```

2) 小驼峰命名法(camelCase)

(1) 第一个单词的首字母小写,后续单词的首字母大写。

(2) 通常用于命名变量、函数、方法、属性等非类型标识符。

例如:

```
myVariable
calculateTotalAmount
getUserInfo
```

驼峰命名法的采用具有以下几个重要的优势和意义。

(1) 可读性强。驼峰命名法使标识符的结构更清晰,单词之间的首字母大写有助于标识每个单词的边界,使代码更易读和理解。

(2) 一致性。在项目中一致地使用驼峰命名法有助于提高代码的一致性,使整个项目看起来更加协调和整洁。

(3) 规范性。许多编程语言和开发社区采用了驼峰命名法作为官方或推荐的命名约定,因此使用驼峰命名法有助于遵循编程规范,与其他开发者的协作更加流畅。

(4) 与编程语言兼容。许多编程语言,特别是面向对象的语言,如 Java、C♯、Python等,鼓励或要求使用驼峰命名法来命名类、方法和属性。因此,使用正确的命名约定有助于编写与编程语言兼容的代码。

(5) 自我注释性。良好的命名约定可以充当代码的自我注释,提供关于标识符用途和含义的信息,减少了对注释的依赖。

2. 下画线命名法

也称为蛇形命名法,是一种用于命名变量、函数、文件名等标识符的命名约定。其特点是使用小写字母和下画线(_)来连接单词,通常所有字母都小写。

下画线命名法具有以下主要特点和规则。

(1) 小写字母:所有字母都采用小写形式,这有助于标识符在不同编程语言之间的一致性。

(2) 单词之间使用下画线分隔:每个单词之间使用下画线分隔,这有助于提高标识符的可读性,使单词之间的边界更加清晰。

（3）不使用空格或其他特殊字符：标识符中只能包含小写字母、数字和下画线，不能包含空格、符号或其他特殊字符。

（4）通常用于变量、函数、文件名等：下画线命名法通常用于命名变量、函数、文件名等，而不用于命名类名、类型名等。

例如：

```
user_age
product_price
```

下画线命名法是一种广泛使用的命名约定，它提高了代码的可读性和可维护性，有助于编写高质量的代码，并且在多种编程语言和环境中都有应用。在选择命名约定时，应考虑项目的要求和语言的惯例，以确保代码的一致性和可读性。

好的命名还应注意以下几点。

（1）变量名应该能够清晰地反映其用途和含义。使用有意义的单词或短语而不是晦涩难懂的缩写或简写。

例如，用 customerName 表示顾客姓名，totalSales 表示总销售额，不建议使用 cn、ts 这样的缩写形式。

（2）保持命名的一致性，使用相同的命名约定来表示相似的概念，以便于代码的统一性。

例如，getUserInfo、getProductInfo 使用了一致的动名词形式，而 getUserInfo、retrieveProduct 则不建议使用到同一个程序中。

（3）避免在变量名中使用数字后缀，应该通过更具体的名字来区分不同的变量。

例如，不建议使用 order1、order2 来区分不同的订单，使用 orderOne、orderTwo 是更好的命名方式。

（4）避免使用无意义的单词。

例如，不建议将变量命名为 data、temp 等，建议使用 customerData 表示具体的变量含义。

2.6 本章小结

本章深入探讨了程序设计的基础知识，重点介绍了 C 语言的基本概念，包括标识符与关键字、变量与常量、数据类型、运算符等。学习了如何定义变量，理解了变量的存储方式和内存中的表示，掌握了变量命名的重要性以及如何进行合理的命名。此外，还讨论了 C 语言的关键字和它们在语言中的特殊用途。

本章详细解释了不同类型的变量和常量，例如，整型（int）、浮点型（float）和字符型（char），以及它们的取值范围和表示方法。通过示例代码，了解了如何使用 printf() 和 scanf() 函数进行输入和输出操作，并且强调了正确使用这些函数的重要性。

进一步探讨了 C 语言中的运算符，包括算术运算符、赋值运算符、关系运算符、逻辑运算符、位运算符等，以及它们的优先级和结合性。通过实例，演示了如何使用这些运算符构建表达式，并解释了运算符优先级对表达式求值顺序的影响。

此外，本章还介绍了输入/输出函数 printf 和 scanf 的高级用法，包括格式化输出和输入，以及如何使用它们来控制数据的显示格式。

最后，讨论了编程规范，特别是命名法，强调了良好的命名习惯对于提高代码的可读性、可维护性以及团队协作的重要性。通过介绍驼峰命名法和下画线命名法，指导读者如何为变量、函数、类等选择恰当的名称。

通过本章的学习，读者应该能够掌握 C 语言的基本语法和编程技巧，为后续深入学习 C 语言打下坚实的基础。

2.7 课后习题

2.7.1 单选题

1. 对于变量定义 int a,b=0;下列叙述中正确的是(　　)。
   A. a 的初始值是 0,b 的初始值不确定
   B. a 的初始值不确定,b 的初始值是 0
   C. a 和 b 的初始值都是 0
   D. a 和 b 的初始值都不确定

2. 以下选项中,(　　)不是合法的常量。
   A. 38　　　　　B. 038　　　　　C. 3E8　　　　　D. "\38"

3. 以下选项中,(　　)是合法的标识符。
   A. TOM　　　　B. char　　　　C. 1st　　　　D. You&Me

4. 以下运算符中,优先级最高的是(　　)。
   A. <=　　　　　B. !　　　　　C. %　　　　　D. &&

5. C 语言中,要求运算对象只能为整数的运算符是(　　)。
   A. *　　　　　B. /　　　　　C. !　　　　　D. %

6. 用逻辑表达式表示"大于 10 且小于 20 的数",正确的是(　　)。
   A. 10< x < 20
   B. x > 10 || x < 20
   C. x >10 & x < 20
   D. !(x <= 10 || x >= 20)

7. 阅读以下程序,当输入数据的形式为 25,13,10<Enter 键>时,正确的输出结果为(　　)。

```
int main()
{
    int x,y,z;
    scanf("%d%d%d",&x,&y,&z);
    printf("x+y+z=%d\n",x+y+z);
}
```

   A. x+y+z=48　　　　　　　　　　B. x+y+z=35
   C. 48　　　　　　　　　　　　　　D. 不确定的值

8. 已知 ch 是字符型变量,下面不正确的赋值语句是(　　)。

A. ch='a+b' B. ch='\0'
C. ch='7'+'9' D. ch=7+9

9. 判断 char 型变量 ch 是否为大写字母的正确表达式是(　　)。
   A. 'A'<=ch<='Z'
   B. (ch>='A')&(ch<='Z')
   C. (ch>='A') && (ch<='Z')
   D. ('A'<= ch)AND('Z'>= ch)

10. 下列程序运行后的输出结果是(　　)。

```
#include <stdio.h>
main()
{
    int a=3;
    printf("%d\n",a+=a-=a*a);
}
```

A. 9　　　　　B. −12　　　　　C. 0　　　　　D. 3

2.7.2　程序填空题

1. 求两个整数的最大值。

```
#include <stdio.h>
int main() {
    int num1, num2;
    //输入两个整数
    scanf("%d", &num1);
    scanf("%d", &num2);
    int max = _____;        //使用条件表达式判断最大值并输出
    printf("%d", max);
    return 0;
}
```

2. 将数字字符转换成数字：要求填入一个表达式，可将输入的数字字符转换成对应的数字输出。例如，输入数字字符 3，输出数字 3。

```
#include <stdio.h>
int main()
{
    char ch;
    int value;
    scanf("%c",&ch);
    _____;
    printf("%d",value);
    return 0;
}
```

3. 分离正整数：完善程序，实现从键盘输入一个 4 位正整数，分离出它的每一位数字并输出。

```c
#include<stdio.h>
int main()
{
    int n,d4,d3,d2,d1;                    //变量n用于存储输入的正整数
    scanf("%d",&n);
    d1=_____;                          //分离出的个位数存入变量d1
    d2=n/10%10;
    d3=_____;                          //分离出的百位数存入变量d3
    d4=_____;                          //分离出的千位数存入变量d4
    printf("%d %d %d %d\n",d4,d3,d2,d1);  //按照千位、百位、十位、个位的顺序输出
    return 0;
}
```

4. 将时间(单位为秒)转换成时分秒：从键盘输入一个以秒为单位的时间值整数，将其转换成时、分、秒的形式输出。

```c
#include <stdio.h>
int main(void)
{
    int t,h,m,s;                  //变量t用于存储输入的总秒数
    scanf("%d",&t);
    s=_____;                   //秒
    m=_____;                   //分
    h=_____;                   //时
    printf("%d:%d:%d\n",h,m,s);   //时、分、秒之间用英文冒号间隔
    return 0;
}
```

5. 今年最后一天是星期几：用整数1表示"星期一"……整数6表示"星期六"，整数0表示"星期日"，下列程序根据用户输入的年份和该年1月1日是"星期几"，输出该年12月31日是"星期几"。请补充下列程序。

```c
#include <stdio.h>
int main()
{
    int year, firstWeekday;
    scanf("%d %d", &year, &firstWeekday);

    int lastWeekday = _____ ?(firstWeekday + 365) % 7 : _____ ;
    printf("31, December in %d is Weekday No.%d\n", year, lastWeekday);
    return 0;
}
```

2.7.3 编程题

1. 定期存款：客户到银行存1年期的定期存款。请编写程序，输入存款金额和1年期

定期存款利率(百分数)，计算并输出本金、到期利息和本息合计金额。注：存款金额小于 100 万元，利率为百分数，低于 10%。

2. 三角形面积：如图 2-2 所示，请编写程序，输入三角形的底 b 和高 h，计算并输出三角形的面积 a。

3. 华氏温度转摄氏温度：编写一个程序，提示用户输入一个浮点数表示华氏温度值，然后计算并输出对应的摄氏温度值。

4. 求圆柱体的周长、面积和体积：输入一个圆柱体的半径和高度，求圆柱体底面的圆周长、圆面积和圆柱体的体积，请按照周长、面积和体积的顺序输出，每个结果都取小数点后 2 位（π＝3.14）。

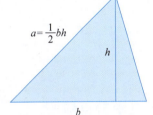

图 2-2　三角形面积示意图

5. 汽车在有里程标志的公路上行驶，从键盘输入开始的里程 L1 和结束的里程 L2，以及时间(以小时 H、分钟 M、秒 S 输入)，计算并输出其平均速度 V(km/h)。

6. 今年高考，小明顺利地考入了自己心仪的大学。妈妈给他发了 n 个红包，每个红包的大小是 m 元。小明为了鼓励弟弟和妹妹努力学习，分别给他们每人发了一个红包，大小是 p 元。请问小明现在还剩多少钱。

7. 在计算机内部，英文字母依 ASCII 码分别由连续的整数来表示。例如，大写英文字母 A 的 ASCII 码值为 65，B 的码值为 66，然后依次递增，Z 的码值为 90。请编程计算：从键盘读取大写字母 Q(代号，其值由具体输入确定)，请问 Q 所代表的大写字母是字母表中的第几个字母(从 1 开始计数，即 A 为第 1 个字母)？

第 3 章

控 制 流 程

本章学习目标

- 熟练掌握三种基本流程结构。
- 了解算法与流程图的绘制。
- 熟练掌握分支语句的使用。
- 熟练掌握循环语句的使用。
- 运用分支和循环结构解决实际问题。

3.1 选择大于努力

华为公司的创始人任正非的故事是一个关于选择的故事,他的成功不仅是努力的结果,更是基于正确的选择和坚定的信念。

在 20 世纪 80 年代末期,中国的电信行业正面临着巨大的变革和开放的机遇。任正非在经历了一段时间的思考和观察后,做出了一个关键的选择:将华为公司的业务重点从传统的电信设备制造转向了通信技术研发和创新。这个选择在当时看起来是冒险的,因为华为当时只是一个小规模的公司,面临着来自国内外大型电信设备制造商的强大竞争。

然而,任正非坚信这个选择是正确的,并且他将公司的发展战略紧密围绕着技术创新和质量提升展开。他鼓励员工进行技术研发,注重产品品质和用户体验,致力于推动通信技术的进步。此外,他还积极引进国际先进的管理理念和方法,使华为逐渐建立起了高效的组织架构和企业文化。

最终证明这个选择是明智的。随着中国经济的快速发展和全球电信行业的变革,华为在通信技术领域取得了巨大的成功。任正非的领导和决策使得华为成为全球领先的信息与通信技术解决方案供应商,业务遍布全球,并在 5G 技术等领域取得了显著的突破。

成功不仅是努力工作的结果,选择和决策同样重要。任正非通过正确的选择和坚定的信念,引领华为在激烈的竞争中脱颖而出,并取得了令人瞩目的成就。激励着人们在面对抉择时要有远见和勇气,相信自己的选择,并为之努力奋斗。然而,在时代的发展中,并不是所有人都能高瞻远瞩,及时做出正确的决策。有人乘风破浪,成为先驱,也有人判断失误,黯然离场。

比起努力,选择更重要。引领这个时代、创造这个风口的,就会成为时代的先驱,如比尔·盖茨、乔布斯、马云等;把握这个时代,利用这个风口的,就能开拓自己的疆土,成就事业。努力重要,但如果方向错了,只会白费力气;而如果紧随时代发展趋势,就能创造无数可能。

3.2　案例：猜数游戏

人生是一种选择，也是一种循环。上帝为每个人的灵魂提供了选择的机会：或是拥有真理或是得到安静。你可以任选其一，但不能兼而有之。当你做出了选择，就需要坚持不懈地重复循环，成功就在不远处。

在程序设计中，也常常会遇到选择和循环。本章将围绕"猜数游戏"案例的分析与解决，逐步提升，最终掌握分支和循环语句。

猜数游戏的具体要求如下。

(1) 制作选择菜单，根据用户选择决定是否进行猜数游戏。

(2) 先由计算机想一个数请用户猜，如果猜对提示"Right!"，否则提示"Wrong!"，并告诉用户所猜的数是大了还是小了。

(3) 用户可以反复猜测，直至猜对该数。

(4) 运行程序可以猜多个数，用户选择是否继续游戏，直至用户选择退出，结束游戏。

程序运行结果如下。

```
************Guess number************
*             1. play              *
*             0. exit              *
*************************************
1
Please guess a magic number:50
Wrong!Too small!
Please guess a magic number:75
Wrong!Too big!
Please guess a magic number:62
Wrong!Too small!
Please guess a magic number:68
Right!
counter = 4
************Guess number************
*             1. play              *
*             0. exit              *
*************************************
```

3.3　算法与流程

生活中常常会遇到这样的问题，比如你买菜时会考虑菜市场的距离，交通是否便利，买菜的金额多少，准备多少人的口粮。最终会计算出你所需要的性价比高的方案。而我们认为算法的本质是解决问题，只要是能解决问题的代码就是算法，性价比高的算法就是好算法。

其实算法无处不在。我们要完成猜数游戏程序，而且要流畅、与用户交互良好，就需要设计好的算法。算法是一门学问，简单说就是输入-运算-输出。有人错误地认为程序就等同于编程语言,学习最新的语言、技术就是捷径。这种想法是舍本逐末,当你学会算法,你就会觉得语言就是工具,万变不离其宗的是那些算法和理论。

3.3.1 算法的概念

一般来说,算法是解决一个特定问题采用的特定的、有限的方法和步骤。利用计算机来解决问题需要编写程序,在编写程序前要对问题进行分析,设计解题的步骤与方法,也就是设计算法。算法的好坏决定了程序的优劣,因此,算法的设计是程序设计的核心任务之一。

从计算机应用的角度来说,算法是用于求解某个特定问题的一些指令的集合。用计算机所能实现的操作或指令,来描述问题的求解过程,就得到了这一特定问题的计算机算法。

计算机算法可分为两类:数值运算算法和非数值运算算法。前者主要用于各种数值运算,例如,线性方程组的求解;后者应用于各类事务管理领域。

3.3.2 算法的描述

1. 自然语言描述法

用人类自然语言(如中文、英文)来描述算法,同时还可插入一些程序设计语言中的语句来描述,这种方法也称为非形式算法描述。

例如,求三个数的最大值问题,用自然语言可以描述为:先将两个数 num1 和 num2 进行比较,找出其较大者,然后再把它和第三个数 num3 进行比较,如果它比 num3 大,则它就是最大数,否则 num3 就是最大数。

这种方法的优点是不需要专门学习,任何人都可以直接阅读和理解,但直观性很差,复杂的算法难写、难读。

2. 伪代码表示法

这种算法很像程序,但它不能直接在计算机上编译运行。上例用伪代码可表示为

```
if num1>num2
   then 把 num1 交给 max
   else 把 num2 交给 max
if max>num3
   then 输出最大值 max
   else 输出最大值 num3
```

这种方法很容易编写、阅读,而且格式统一、结构清晰,专业人员经常用类 C 语言来描述算法。

3. 流程图表示法

这是一种图形语言表示法,它用一些不同的图例来表示算法的流程,流程图表示算法,直观形象,易于理解。其常用符号如图 3-1 所示。

3.3.3 程序结构与流程图

一个算法的功能不仅与选用的操作有关,而且与这些操作之间的执行顺序有关。算法的控制结构给出了算法的执行框架,它决定了算法中各种操作的执行次序。

程序有三种基本结构:顺序结构、选择结构和循环结构。

1. 顺序结构

顺序结构是程序设计中最简单、最常用的基本结构。把计算机要执行的各种处理依次排列起来。程序运行时,便从上向下地顺序执行这些语句,直至执行完所有语句行后停止。顺序结构的流程图如图3-2所示。

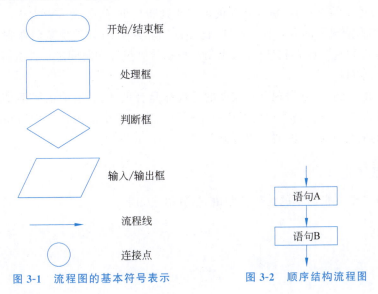

图3-1 流程图的基本符号表示　　图3-2 顺序结构流程图

2. 选择结构

程序不是按照语句的排列顺序来依次执行,而是根据给定的条件成立与否,来决定下一步选取哪条执行路径。选择结构的特点是：在各种可能的操作分支中,根据所给定的选择条件是否成立,来决定选择执行某一分支的相应操作,并且任何情况下均有"无论分支多少,仅选其一"的特性。选择结构的流程图如图3-3所示。

3. 循环结构

算法中有时需要反复地执行某种操作,循环控制就是指由特定的条件决定某些语句重复执行的控制方式。循环结构有当型循环和直到型循环,当型循环是当条件成立时,执行循环体语句,不成立时则结束循环；直到型循环是先执行一次循环体语句,再判断条件,条件成立时再次执行循环体语句,不成立时则结束循环。循环结构的流程图如图3-4和图3-5所示。

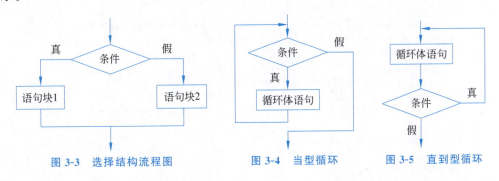

图3-3 选择结构流程图　　图3-4 当型循环　　图3-5 直到型循环

3.4 选择结构

在猜数游戏中,运行程序显示菜单后,需要对用户的选择进行判断是玩游戏还是结束;用户输入猜测的数需要判断是正确、太大或者太小。此外,在很多实际情况下都需要进行判断,比如编写程序判断某学生某门课程是否及格,根据客户存款金额和期限计算利息,搭乘出租车根据行驶里程和时间进行计费,计算今天是这一年的第几天等问题。

根据上面的实例,不难发现有时需要的是选择是否做什么,有时需要两种情况选一,有时需要三种情况选一或者是多种情况选一。所以程序设计中的选择结构语句有 if 语句、if-else 语句、if 的嵌套、if-else 的嵌套以及开关语句 switch 语句。

3.4.1 if 语句

if 语句是 C 语言最简单的流程控制语句,其语法如下。

```
if (表达式)
{
   代码块
}
```

它的含义是:如果表达式的值为真,则执行下面的代码块,否则跳过这个代码块,执行后面的语句,如图 3-6 所示。

表达式值的真假判断原则:非 0 即为真,只有 0 为假。

表达式可以是常量、变量、关系表达式、逻辑表达式或者任何正确合法的表达式。代码块可以是一条语句或多条语句。如果只有一条语句,则包围该代码块的花括号不是必需的,但建议加上花括号。由花括号括起来的语句块称为**复合语句**,复合语句作为一个整体,要么都执行,要么都不执行。

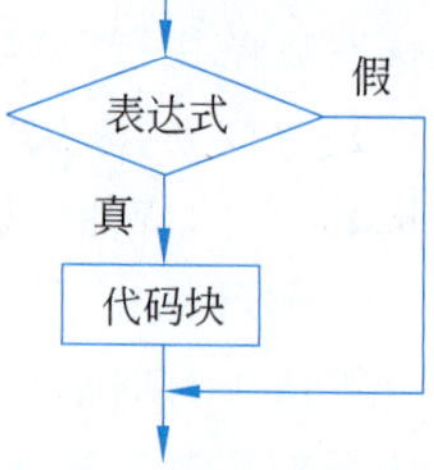

图 3-6 if 语句流程图

【例 3.1】 猜数游戏菜单选择判断。

```
1    #include <stdio.h>
2    int main()
3    {
4        int reply;                              /*保存用户输入的回答*/
5        printf("************Guess number************\n");
6        printf("*           1. play            *\n");
7        printf("*           0. exit            *\n");
8        printf("********************************\n");
9        scanf("%d", &reply);
10       if(reply == 1)                          /*判断用户输入的回答*/
11       {
12           printf("Play game!\n");
13       }
14       return 0;
15   }
```

程序运行结果如下。

```
************Guess number************
*           1. play           *
*           0. exit           *
*******************************
1
Play game!
```

3.4.2 if-else 语句

if-else 语句根据判定条件的真假来执行两种操作中的一种,如图 3-7 所示。

其基本格式为

```
if(表达式)
{
    代码块 1
}
else
{
    代码块 2
}
```

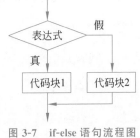

图 3-7 if-else 语句流程图

表达式可以是任意一个合法的表达式,根据这个表达式的求值是真或假来决定选择哪个分支来执行,如果为"真",则执行 if 分支语句块;如果为"假",则执行 else 分支语句块。

注意,这里的分支语句块如果只有一条语句,如一条单独的赋值语句或另一个完整的 if-else 语句,则可以不用花括号;否则分支中的所有语句都需要用花括号括起来,构成复合语句。

【例 3.2】 猜数游戏菜单选择判断。

```
1   #include <stdio.h>
2   int main()
3   {
4       int reply;                          /*保存用户输入的回答*/
5       printf("************Guess number************\n");
6       printf("*           1. play           *\n");
7       printf("*           0. exit           *\n");
8       printf("*******************************\n");
9       scanf("%d", &reply);
10      if(reply == 1)                      /*判断用户输入的回答*/
11      {
12          printf("Play game!\n");
13      }
14      else
15      {
16          printf("Exit!\n");
17      }
18      return 0;
19  }
```

程序运行结果如下。

```
************Guess number************
*            1.play                *
*            0.exit                *
************************************
0
Exit!
```

3.4.3 if-else 嵌套

前两种形式的 if 语句一般用于单分支、双分支的情况。当有多个分支选择时,可采用 if-else 嵌套语句形式,如图 3-8 所示。其一般形式如下。

```
if(表达式 1)
{
    代码块 1
}
else if(表达式 2)
{
    代码块 2
}
...
else if(表达式 n)
{
    代码块 n
}
else
{
    代码块 n+1
}
```

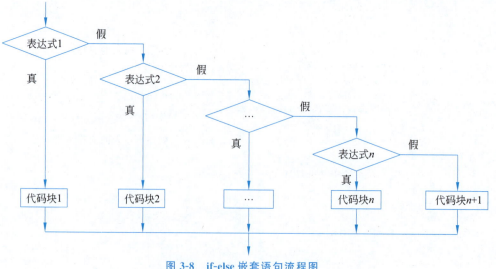

图 3-8 if-else 嵌套语句流程图

注意：在上面的语句中，else 子句不能单独作为语句使用，它必须和 if 配对使用。else 总是与离它最近的未匹配的 if 匹配，可以通过使用花括号来改变匹配关系。

【例 3.3】 猜数游戏中猜数的判断。

```
1   #include <stdio.h>
2   int main()
3   {
4       int reply;                      /*保存用户输入的选项*/
5       int magic = 55;                 /*计算机保存的数*/
6       int guess;                      /*保存用户猜的数*/
7       printf("************Guess number************\n");
8       printf("*            1. play            *\n");
9       printf("*            0. exit            *\n");
10      printf("*********************************\n");
11      scanf("%d", &reply);
12      if(reply == 1)                  /*判断用户输入的选项*/
13      {
14          printf("Please guess a magic number:");
15          scanf("%d",&guess);
16          if(guess == magic)          /*判断用户猜测的数与计算机中数的关系*/
17              printf("Right!\n");
18          else if(guess > magic)
19              printf("Wrong!Too big!\n");
20          else
21              printf("Wrong!Too small!\n");
22      }
23      else
24      {
25          printf("Exit!\n");
26      }
27      return 0;
28  }
```

程序运行结果如下。

```
************Guess number************
*            1. play            *
*            0. exit            *
*********************************
1
Please guess a magic number:50
Wrong!Too small!
```

程序从第 11 行开始执行过程如图 3-9 所示。

代码第 16～21 行，属于三选一的情况，用 if-else 嵌套语句。由于 if 后面只有一条语句，因此省略了花括号。在这里，这个 if-else 嵌套语句又放在第 12 行 if 语句中，根据用户选择是否游戏，如果是则提示用户输入猜测的数，再判断用户猜的数是正确、太大还是太小。

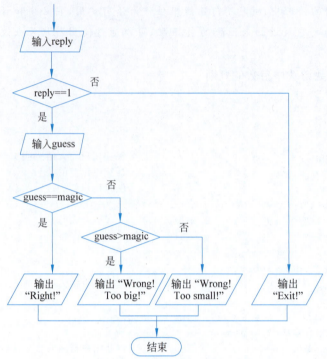

图 3-9 猜数游戏程序关键逻辑执行流程图

由该例题发现,if-else 嵌套语句非常灵活,嵌套语句可以放在 if 后面,也可以放在 else 后面,只要符合解决问题的逻辑。但一定要注意 if 后面可以没有 else,但 else 前面必须有与之匹配的 if。匹配的原则是,与之前最近还未配对的 if 匹配。为了能正确地配对和保持逻辑正确,有时可以通过使用花括号来确保匹配关系。

3.4.4　else 与 if 匹配问题

如果希望在 if 和 else 之间有多条语句,必须使用花括号创建一个代码块。下面程序段的结构违反了 C 语言语法,因为编译器期望 if 和 else 之间只有一条语句(单条的或复合的)。如果超过一条语句必须使用复合语句。

```
1    if(x>0)
2        printf("Incrementing x:");
3        x++;
4    else                              /*将产生一个错误*/
5        printf("x<=0\n");
```

编译器会把第 2 行的 printf() 语句看作 if 语句的部分,将第 3 行语句看作一条独立的语句,而不把它作为 if 语句的一部分。而认为 else 没有 if 与之匹配,这是个错误。应该使用如下形式。

```
1    if(x>0)
2    {
3        printf("Incrementing x:");
```

```
4        x++;
5    }
6    else
7        printf("x<=0\n");
```

if 语句使程序员能够选择是否执行某个动作，if-else 语句使程序员可以在两个动作之间进行选择。当有众多 if 和 else 的时候，编译器是怎样判断哪个 if 对应哪个 else 的呢？例如，考虑下面的程序段：

```
1    if (number > 6)
2        if (number < 12)
3            printf("You're close!\n");
4    else
5        printf("Sorry, you lose a turn!\n");
```

什么时候打印"Sorry，you lose a turn!"，是在 number 小于或等于 6 时，还是在它大于或等于 12 的时候？换句话说，这个 else 对应的是第一个 if 还是第二个 if？当然是对应第二个 if。具体响应如表 3-1 所示。

表 3-1 if-else 执行对应表

number	输出
5	没有任何输出
10	You're close!
15	Sorry，you lose a turn!

上个例子的缩进使得 else 好像是与第一个 if 匹配。但一定要记住，编译器是忽略缩进的。如果真的希望 else 与第一个 if 匹配，可以添加花括号，具体如下。

```
1    if (number > 6)
2    {
3        if (number < 12)
4            printf("You're close!\n");
5    }
6    else
7        printf("Sorry, you lose a turn!\n");
```

所以说有时花括号可以改变 if-else 的匹配，具体操作取决于解决问题的逻辑。现在可以得到如表 3-2 所示的响应。

表 3-2 加花括号后 if-else 执行对应表

number	输出
5	Sorry，you lose a turn!
10	You're close!
15	没有任何输出

3.4.5 switch 语句

用 if-else 方式实现多分支的程序从视觉上看不是很清晰,而且逻辑也容易出错。作为一种替代方式,程序实现多条选择路径的另一种方法是使用 switch 语句,也叫开关语句,它根据一个表达式的多个可能值来选择要执行的代码段,其流程图与 if-else-if 语句相同。其格式如下。

```
switch(表达式)
{
    case 常量表达式 1:  语句块 1;
    case 常量表达式 2:  语句块 2;
        ...
    case 常量表达式 n:  语句块 n;
    default:   语句块 n+1;
}
```

它的含义是:计算表达式的值,并逐个与其后的常量表达式值相比较,当表达式的值与某个常量表达式的值相等时,即执行其后的语句,然后不再进行判断,继续执行后面所有 case 后的语句,直到遇到 break 结束,否则一直执行下去。如表达式的值与所有 case 后的常量表达式均不相同时,则执行 default 后的语句。

switch 后面圆括号中的表达式应该是具有整型值(包括 char 类型)。case 标签后面的常量表达式必须是整型(包括 char)常量或者整型常量表达式。不能用变量作为 case 的标签,当然也不能是其他的关系、逻辑表达式。在 case 后的各常量表达式的值互不相同,否则会出现错误。各 case 和 default 子句的先后顺序可以改变,而不会影响程序执行结果。在 case 子句中虽然包含一个以上的执行语句,但可以不必用花括号括起来,会自动顺序执行本 case 标号后面所有的语句。当然加上花括号也可以。多个 case 标签也可以共用一组执行语句,例如:

```
case 'A':
case 'B':
case 'C':   printf(">60\n");break;
    ...
```

其中,标签'A','B','C'共用同一组语句。其中,default 子句可以省略不用。

【例 3.4】 成绩等级判定。

问题描述

成绩等级判定,即编写程序,让用户输入一个学生的百分制成绩(整型),要求计算机判断并输出该成绩的等级"优秀""良好""中等""及格""不及格",其中,90~100 分为优秀,80~89 分为良好,70~79 分为中等,60~69 分为及格,60 分以下为不及格。

要点解析

该问题属于多分支结构,可以尝试使用 switch 语句来编写程序,但 switch 语句结构规定:case 语句后必须为常量表达式,不能是某一个分数段(或范围),这是编码时需要特别注意的地方。如果 case 语句后的常量表达式直接用 0~100 的分数,那么就有 101 种情况,有

101 个 case，显然这样使用是不合理的。观察"优秀""良好""中等""及格""不及格"分数的特点，发现"优秀"对应的分数为 90～100，十位数是 9 或者 10，"良好"对应的分数为 80～89，十位数是 8……以此类推，可以将分数缩减至 0～10。

程序

```
1   #include<stdio.h>
2   int main()
3   {
4       int score;                          /*定义成绩变量*/
5       printf("输入学生成绩(0-100):");
6       scanf("%d",&score);                 /*获取用户输入的成绩*/
7       switch(score/10)
8       {
9           case 10:
10          case 9:     printf("优秀!\n");break;
11          case 8:     printf("良好!\n");break;
12          case 7:     printf("中等!\n");break;
13          case 6:     printf("及格!\n");break;
14          default:printf("不及格!\n");
15      }
16      return 0;
17  }
```

程序的 6 次测试结果如下。

(1) 输入学生成绩(0-100):100
    优秀!
(2) 输入学生成绩(0-100):91
    优秀!
(3) 输入学生成绩(0-100):80
    良好!
(4) 输入学生成绩(0-100):79
    中等!
(5) 输入学生成绩(0-100):65
    及格!
(6) 输入学生成绩(0-100):30
    不及格!

程序执行过程如图 3-10 所示。

分析与思考

这里使用百分制的分数 score 除以 10 的方式大幅减少了分支，因此，可以让 switch 语句变得简洁。程序执行到第 7 行 switch 语句时，先计算 switch 后圆括号内的表达式 (score/10) 的值，然后自上而下寻找与该值相匹配的 case 常量，找到后则按顺序执行此 case 后的所有语句，若没有任何一个 case 常量与表达式的值相匹配，则执行 default 后面的语句。

根据程序运行结果分析，不难得出这样的结论：若 case 后面的语句省略不写，则表示它与后续的 case 执行相同的语句。例如，程序第 9、10 行，两个 case 语句共用相同的输出语

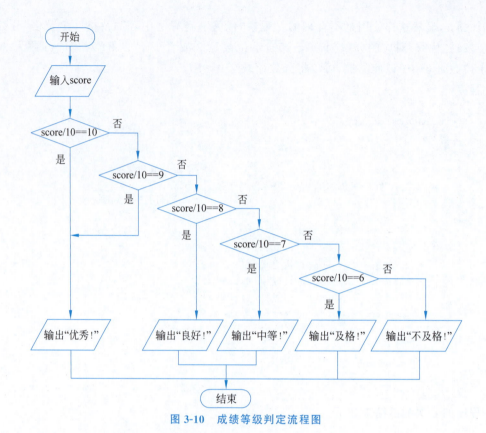

图 3-10 成绩等级判定流程图

句。因此输入 100 或 91，输出的结果都是"优秀！"。

```
9            case 10:
10           case 9:     printf("优秀!\n");break;
```

程序第 10～13 行的 break 语句在本例中是不可缺少的。例如，如果删除第 10 行的 break 语句，那么程序的运行结果为

```
输入学生成绩(0-100):92
优秀!
良好!
```

如果注释掉所有的 break 语句，那么程序的运行结果为

```
输入学生成绩(0-100):92
优秀!
良好!
中等!
及格!
不及格!
```

为什么会出现这样的结果呢？因为用户输入 92，switch 后括号内表达式（score/10）的值为 9，与第 10 行的 case 常量相匹配，程序执行第 10 行 case 后的语句，由于后面的 break 语句注

释掉了,因此程序执行完第 10 行语句后,继续执行第 11~14 行 case 和 default 后面的语句。这说明 case 本身没有条件判断的功能,程序执行相匹配的 case 常量后的语句后,无论后面是否还有其他 case 标号,都会一直执行下去,直到遇到 break 语句或右花括号为止。

因此,只有 switch 语句和 break 语句配合使用,才能形成真正意义上的多分支。也就是说,执行完某个分支后,一般要用 break 语句跳出 switch 结构。

思考一下,如果用户输入的成绩不在 0~100 的范围,程序执行会有怎样的结果?执行程序,如果输入的成绩不在 0~100 的范围,则会输出"不及格"。很显然,这不符合实际,可以在输入成绩后,增加判断成绩是否在合理范围的语句,来处理输入成绩不符合实际的情况,这对于保证程序的健壮性是必要的。

另外,在使用 switch 语句时还应注意以下几点。
(1) 在 case 后的各常量表达式的值不能相同,否则会出现错误。
(2) 在 case 后,允许有多个语句,可以不用{}括起来。
(3) 各 case 和 default 子句的先后顺序可以变动,而不会影响程序执行结果。
(4) default 子句可以省略不用。
(5) 从执行效率角度考虑,一般将发生频率高的情况放在前面。

3.4.6 选择结构实例

【例 3.5】 计算个人所得税。

问题描述

根据个人收入和起征点计算个人所得税。

个人所得税的计算方法是:起征点为 5000,收入 5000 元以内的不收个人所得税;收入超过 5000 元的,超出 5000 元部分缴纳个人所得税,应缴税额的计算公式为

$$应缴纳税费 = 应纳税所得金额 \times 适用税率 - 速算扣除数$$

其中,应纳税所得金额为:个人收入-起征点,具体的每个收入层次应纳税的税率如表 3-3 所示。

表 3-3 税率表

级 数	应纳税所得金额/元	适 用 税 率	速算扣除数
1	不超过 1500	3%	0
2	1500~4500	10%	105
3	4500~9000	20%	555
4	9000~35 000	25%	1055
5	35 000~55 000	30%	2755
6	55 000~80 000	35%	5505
7	80 000 以上	45%	13 505

要点解析

根据税率表知道,缴纳税费分成 7 个档次,还有一种情况是收入低于起征点,不需要缴税。所以分成 8 种情况,解决问题是八选一,又由于某个税率适用的是个人收入属于某个范

围,因此解决该问题适合采用 if-else 的嵌套结构。

程序

```
1   #include<stdio.h>
2   int main()
3   {
4       float income,pay,tax=0;        /*存放个人收入、应纳税所得金额和税费的变量*/
5       printf("Please enter income:");
6       scanf("%f",&income);
7       pay=income-5000;               /*计算应纳税所得金额*/
8       if(pay>80000)
9           tax=pay*0.45-13505;
10      else if(pay>55000)
11          tax=pay*0.35-5505;
12      else if(pay>35000)
13          tax=pay*0.3-2755;
14      else if(pay>9000)
15          tax=pay*0.25-1055;
16      else if(pay>4500)
17          tax=pay*0.2-555;
18      else if(pay>1500)
19          tax=pay*0.1-105;
20      else if(pay>0)
21          tax=pay*0.03;
22      printf("tax:%.2f\n",tax);
23      return 0;
24  }
```

程序的 8 次测试结果如下。

(1) Please enter income:90000
    tax:24745.00
(2) Please enter income:60000
    tax:13745.00
(3) Please enter income: 15000
    tax:1445.00
(4) Please enter income: 12000
    tax: 845.00
(5) Please enter income:10417.5
    tax:528.50
(6) Please enter income:8000
    tax:195.00
(7) Please enter income:6000
    tax:30.00
(8) Please enter income:4900
    tax:0.00

分析与思考

存放税费的变量 tax 初值必须为 0,因为在程序后面的分支语句中并没有包含个人收入不超过起征点 5000 元的情况,因此如果输入的 income 不超过 5000,将不满足所有 if 后面的条件,所有分支都不会执行,因此,存放税费的变量 tax 初值必须为 0。当然,也可以修改代码,在第 20 行最后一个 if 语句后面添加与之匹配的 else,如下。

```
20      else if(pay>0)
21          tax=pay*0.03;
22      else
23          tax=0;
24      printf("tax:%.2f\n",tax);
25      return 0;
26  }
```

程序执行到第 8 行,判断 if 后的条件真假,为真时执行第 9 行然后跳至 22 行执行其后语句,否则判断第 10 行 if 后的条件真假决定是否执行其后语句。7 个 if 语句后面的语句只能根据条件选择其一执行。

思考在第 10 行 if 后面的条件直接用"pay＞55000",并没有用"pay＜=80000 && pay＞55000",是什么原因呢?

因为第 10 行的 if 语句属于该行的 else 后的语句,else 的含义就是对与其匹配的 if 的条件的否定,也就是说,第 8 行 if 的条件是"pay>80000",第 10 行的 else 与其匹配,只要执行到第 10 行 else 这里就已经包含"pay<=80000"的含义,因此第 10 行的 if 不需要写成"pay＜=80000 && pay＞55000",直接用"pay＞55000"就可以了。后面第 12、14、16、18、20 行的 if 语句同理。

另外,在使用 if-else 语句时还应注意以下几点。
（1）else 的匹配原则是与其最近的还未匹配的 if 语句匹配,但花括号的使用不同。
（2）为了避免错误,永远都可以在 if-else 语句后面加花括号,即使只有一条语句。
（3）错误使用"＝＝"和"＝"。在 C 语言中,"＝"是赋值号,而"＝＝"才是关系运算符等于。

例如,if(a＝b)不会直接判断 a 和 b 是否相等,而是直接把 b 的值赋给 a,然后再判断 a 的值的真假,决定是否执行后面的内容(如果 b 不为 0,b 的值赋给 a,a 不为 0,条件为真;如果 b 为 0,b 的值赋给 a,a 为 0,那么对于 if 来说就是条件不成立就不会执行后面的内容)。

3.5 循环结构

在猜数游戏中,用户可以根据提示重复地猜数,直到猜对为止。甚至用户可以玩多轮游戏、猜多个数,直到选择退出游戏结束。此外,在很多实际情况下都需要进行重复操作,比如解决北魏数学家张丘建在《张丘建算经》中提出的"公约数""百鸡百钱"的问题,解决猴子吃桃、Fibonacci 数列、验证哥德巴赫猜想、求素数和水仙花数等问题。

循环结构是程序中一种很重要的结构。其特点是,在给定条件成立时,反复执行某程序段,直到条件不成立为止。给定的条件称为循环条件,反复执行的程序段称为循环体。C 语言中提供了三种常见的循环语句:while 语句、do-while 语句和 for 语句。很多情况下它们可以互相替换,也正因如此,在初学阶段,可以选择一两种熟练使用。

3.5.1 while 语句

while 循环先测试一个条件表达式,当条件表达式的值为真时,则会重复执行循环体,直到条件表达式的值为假。因此,while 循环又称为当型循环,适用于循环次数不确定的情况,其流程图如图 3-11 所示。其语法为

```
while (条件表达式)
{
    循环体语句;
}
```

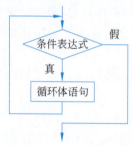

图 3-11　while 循环语句的流程图

其中,条件表达式的返回值为布尔型,循环体可以是单个语句,也可以是复合语句块,复合语句块要用花括号括起来。

while 语句的执行过程是先判断条件表达式的值,若为真,则进入和执行循环体,循环体执行完后再无条件转向条件表达式做计算与判断;当条件表达式的值为假时,跳过循环体执行 while 语句后面的语句。如果在程序执行过程中,while 语句中条件表达式的值始终为 true,则循环体会被无数次执行,进入无休止的"死循环"状态中。这种情况在编写程序时一定要避免。

【例 3.6】　计算 $1+2+\cdots+100$ 的结果。

```
1   #include<stdio.h>
2   int main()
3   {
4       int sum=0;              /*求和变量初始化为 0*/
5       int i=1;                /*循环变量初始化*/
6       while(i<=100)           /*判断循环条件*/
7       {
8           sum+=i;
9           i++;                /*循环变量自增*/
10      }
11      printf("1+2+…+100=%d\n",sum);   /*输出结果*/
12      return 0;
13  }
```

程序运行结果如下。

1+2+…+100=5050

程序执行过程如图 3-12 所示。

程序从主函数开始的地方执行至第 6 行,先判断条件"i<=100"是否为真,为真则执行循环体语句第 8、9 行,然后返回第 6 行再次判断条件真假,依次重复直至条件为假,跳转至第 11 行执行后面的语句。每执行一次第 8 行,就向 sum 中加一个当前 i 的值,由于变量 i 从 1、2、3 变化至 100 都满足第 6 行的条件,所以就将 i 的值 1、2……100 加入 sum 中,求得 1+2+…+100 的值。

代码中,i 作为循环变量,必须给它赋初值,在循环体里必须修改循环变量的值,第 9 行这条语句必须有,否则该循环就是死循环,无法结束。编写代码时,如果无特殊需要,应该尽量避免死循环。另外,累加和变量 sum 也必须赋初值 0,因为第一次执行第 8 行时,将 sum 的值加 i,赋给 sum。这里使用了 sum 的原始值。

思考:当循环结束后,变量 i 的值是多少呢?应该是 101,循环结束的条件是 i 不小于或等于 100,所以当然是 101 了。

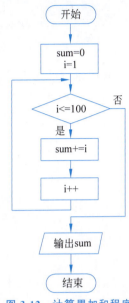

图 3-12 计算累加和程序执行流程图

【例 3.7】 猜数游戏——重复猜测功能。

```
1   #include <stdio.h>
2   int main()
3   {
4       int magic = 55;                      /*计算机保存的数*/
5       int guess;                           /*保存用户猜的数*/
6       printf("Please guess a magic number:");
7       scanf("%d",&guess);
8       while(guess!=magic)                  /*循环判断用户猜的数是否不正确*/
9       {
10          if(guess > magic)
11              printf("Wrong!Too big!\n");
12          else
13              printf("Wrong!Too small!\n");
14          printf("Please guess a magic number:");
15          scanf("%d",&guess);              /*继续猜测数*/
16      }
17      printf("Right!\n");
18      return 0;
19  }
```

程序运行结果如下。

```
Please guess a magic number:50
Wrong!Too small!
Please guess a magic number:75
```

```
Wrong!Too big!
Please guess a magic number:60
Wrong!Too big!
Please guess a magic number:55
Right!
```

程序执行过程如图 3-13 所示。

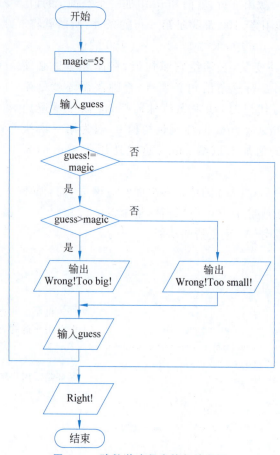

图 3-13　猜数游戏程序执行流程图

程序依次执行至第 8 行,判断 while 后面条件是否成立,若条件成立从第 10 行执行至 16 行,再返回判断第 8 行条件是否成立,若成立继续从第 10 行执行至第 16 行。若条件不成立,则跳至第 17 行执行其后语句。根据执行流程,可以分析出循环体语句第 10～15 行,有可能一次都不执行,具体执行次数取决于 guess 和 magic 的值是否相等。

另外,循环体中第 14、15 行必须有,如果去掉这两行,可能造成死循环,程序将无法结束。思考一下,如果第 7 行用户输入的 guess 不等于 magic,循环体中没有改变 guess 值的机会,那么条件"guess!=magic"永远成立,因而形成了死循环。一般在程序中,没有特殊情况一定要避免死循环。

3.5.2 do-while 语句

while 循环是先判断再执行循环体语句的方式,若事先知道循环体语句至少要执行一次,可以采用 do-while 循环,该语句是先执行循环体中的语句,然后再判断表达式是否为真,如果为真则继续循环;如果为假,则终止循环。因此,do-while 又称为直到型循环,适用于循环次数不确定的情况,其流程图如图 3-14 所示。要注意的是,do-while 循环至少要执行一次循环语句。其语法为

图 3-14 do-while 语句流程图

```
do
{
    循环体语句;
} while (表达式);
```

【例 3.8】 计算 1+2+…+100 的结果。

```
1   #include<stdio.h>
2   int main()
3   {
4       int sum=0;                          /*求和变量初始化为 0*/
5       int i=1;                            /*循环变量初始化*/
6       do
7       {
8           sum+=i;
9           i++;                            /*循环变量自增*/
10      } while(i<=100);                    /*判断是否继续循环的条件*/
11      printf("1+2+…+100=%d\n",sum);       /*输出结果*/
12      return 0;
13  }
```

程序运行结果如下。

```
1+2+…+100=5050
```

使用 do-while 语句时,应注意以下几点。

(1) 在确定循环体语句至少要执行一次时,可以采用该语句。执行过程是先执行花括号里的循环体语句,再判断 while 后面的条件是否成立,成立则继续,否则结束循环。

(2) 第 10 行 while 条件后面的分号必须有,表示 do-while 语句结束。

(3) 一般来说,存放累加和的变量要赋初值 0,存放阶乘的变量要赋初值 1,比如采用循环求 10 的阶乘,方法与求累加和的方法一样,但存放阶乘的变量要赋初值 1。读者可以思考其原因。

3.5.3 for 语句

在 C 语言中,还有一种比较常用且使用最为灵活的循环语句,那就是 for 语句。它的一

一般形式为

```
for (表达式 1;表达式 2;表达式 3)
{
    循环体语句
}
```

执行过程如下。

(1) 先求解表达式 1。

(2) 再求解表达式 2 并判断其真假,若其值为真(非 0),则执行 for 语句中指定的内嵌语句,然后执行下面第(3)步;若其值为假(0),则结束循环,转到第(4)步。

(3) 求解表达式 3。转回上面第(2)步继续执行。

(4) 循环结束,执行 for 语句后面的语句。

其执行过程可用图 3-15 表示。

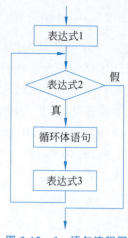

图 3-15 for 语句流程图

【例 3.9】 计算 $1+2+\cdots+100$ 的结果。

```
1    #include<stdio.h>
2    int main()
3    {
4        int sum=0;                      /*求和变量初始化为 0*/
5        int i;                          /*定义循环变量*/
6        for(i=1;i<=100;i++)
7        {
8            sum+=i;
9        }
10       printf("1+2+…+100=%d\n",sum);   /*输出结果*/
11       return 0;
12   }
```

程序运行结果如下。

1+2+…+100=5050

程序执行过程和采用 while 语句的例 3.6 完全一致。

可以将 for 语句中的三个表达式表示成循环的三要素,具体形式如下。

```
for(循环变量赋初值;循环条件;循环变量改变)
{
    循环体语句
}
```

for 语句使用非常灵活,在使用过程中需要注意以下几点。

(1) for 语句中三个表达式在圆括号中都可以省略,但两个分号必须有。如例 3.9 中第 6~9 行可以写成如下形式。

```
i = 1;                              /*循环变量赋初值*/
for(;i<=100;i++)                    /*两个分号必须有*/
{
    sum+=i;
}
```

也可以写成下面的形式。

```
i = 1;                              /*循环变量赋初值*/
for(;i<=100;)                       /*两个分号必须有*/
{
    sum+=i;
    i++;                            /*循环变量改变*/
}
```

还可以写成这样:

```
i = 1;                              /*循环变量赋初值*/
for(; ;)                            /*两个分号必须有*/
{
    if(i<=100)
        break;                      /*跳出循环*/
    sum+=i;
    i++;                            /*循环变量改变*/
}
```

(2) 在大部分情况下, for、while、do-while 语句可以互换。for、while 语句是先判断条件再执行循环;而 do-while 语句是先执行循环再判断条件,因此 for、while 语句循环体可能一次都不执行,do-while 语句至少执行一次循环体语句。

3.5.4 跳转语句

在前面介绍的控制结构中,有时候还需要在结构中改变程序的执行,比如在例 3.9 的 for 语句中要跳出循环,在 switch 语句中使用了 break 语句。此外,还可能在某种条件下跳出循环或进入下一轮循环。为了使程序员能自由控制程序的执行,C 语言提供了 4 种转向语句:break、continue、goto 和 exit 语句。

1. break 语句

break 语句通常用在循环语句和开关语句中。break 在 switch 中的用法已在前面介绍开关语句时的例子中碰到,详见 3.4.5 节,这里不再举例。

当 break 语句用于 for、while、do-while 循环语句中时,可使程序终止 break 所在层的循环,通常 break 语句总是与 if 语句连在一起,即满足条件时便跳出当前所在循环。

可见,break 语句实际上是一种有条件的跳转语句,跳转的语句位置限定为紧接着循环语句后的第一条语句。若希望跳转的位置就是循环语句后的语句,则可以用 break 语句代替 goto 语句。

【例 3.10】 判断素数。

素数又称为质数。所谓素数是指除了 1 和它本身以外,不能被任何整数整除的数,例如 17 就是素数,因为它不能被 2～16 中的任一整数整除。

思路:判断一个整数 m 是否是素数,只需把 m 被 2～$m-1$ 的每一个整数去除,如果都不能被整除,那么 m 就是一个素数。其实,m 不必被 2～$m-1$ 的每一个整数去除,只需被 2～m 的平方根之间的每一个整数去除就可以了。因为如果 m 能被 2～$m-1$ 中任一整数整除,其两个因子必定有一个小于或等于 m 的平方根,另一个大于或等于 m 的平方根。

具体代码如下。

```
1   #include <stdio.h>
2   #include <math.h>                    /*使用平方根数学函数所需的库*/
3   int main()
4   {
5       int m,n,i;
6       scanf("%d",&m);
7       n=sqrt(m);                       /*计算 m 的平方根*/
8       for(i=2;i<=n;i++)
9       {
10          if(m%i==0)
11              break;                   /*跳出循环*/
12      }
13      if(i>n)
14          printf("Yes!\n");
15      else
16          printf("No!\n");
17      return 0;
18  }
```

程序的三次测试结果如下。

(1) 17
    Yes!
(2) 15
    No!
(3) 101
    Yes!

程序执行过程如图 3-16 所示。

程序第 2 行包含头文件 math.h,因为在程序中用到数学函数时必须包含它;第 7 行调用 sqrt 函数计算 m 的平方根;第 10、11 行判断只要 m 能被某一个 i 整除,就表示 m 不是素数,执行 break 语句直接结束循环。

无论 m 是否是素数总能执行到第 13 行,此时如何判断 m 是否是素数呢?如果 m 能被某个 i 整除,直接跳出循环,此时 i 一定小于或等于 n;相反,m 不能被所有的 i 整除,i 必定会大于 n。

当然,还有其他的方式判断 m 是否是素数。读者可以思考并实现代码。

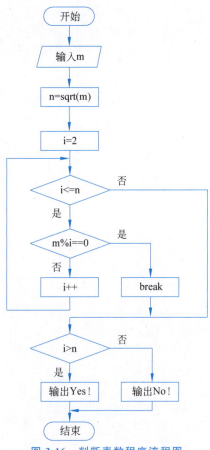

图 3-16　判断素数程序流程图

2. continue 语句

有时在程序中需要跳过某些特定的数据,这时就可以使用 continue 语句。在循环体内遇到 continue 语句时,将跳过本层循环体内 continue 语句之后的部分循环体,并开始下一轮循环,即只结束本轮循环。continue 语句也通常和 if 语句配合使用,以控制在特定的条件下仅执行循环体的一部分。

【例 3.11】　计算数列 1＋2＋3＋5＋6＋7＋9＋…＋99 的结果(不包括 4 的倍数)。

```
1   #include <stdio.h>
2   int main()
3   {
4       int i;
5       int sum=0;           /*定义求和变量*/
6       for(i=1;i<=99;i++)
7       {
8           if(i%4==0)       /*等价于 if(!(i%4))*/
9               continue;    /*如果 i 是 4 的倍数,不进行累加,直接进入下一轮循环*/
10          sum+=i;
11      }
12      printf("1+2+3+5+6+7+9+…+99=%d\n",sum);
```

```
13      return 0;
14  }
```

程序运行结果如下。

```
1+2+3+5+6+7+9+…+99=3750
```

程序执行过程如图 3-17 所示。

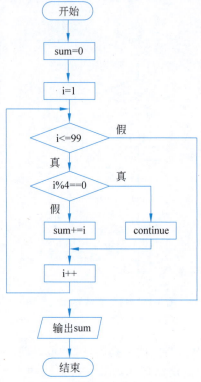

图 3-17　求和程序执行流程图

需要强调的是，在多重循环语句中使用 continue 语句时，一个 continue 语句只能结束当前循环中的本次循环。另外，应注意 break 语句与 continue 语句的区别。break 语句用于跳出当前循环，而 continue 语句用于结束本次循环进入下一轮循环。

3. goto 语句

goto 语句是一种无条件转移语句，它既可以向下跳转，也可以往回跳转。其一般格式如下。

```
goto 语句标号；
…
语句标号:…
```

其中，语句标号是一个有效的标识符，这个标识符加上一个":"一起出现在函数内某处，执行 goto 语句后，程序将跳转到该语句标号处并执行其后的语句。另外，语句标号必须与

goto 语句同处于一个函数(第 4 章中将详细介绍)中,但可以不在一个循环层中。

goto 语句通常与条件语句配合使用。可用来实现条件转移、构成循环、跳出循环体等功能。但是,在结构化程序设计中一般不主张使用 goto 语句,以免造成程序流程的混乱,使理解和调试程序都产生困难。

4. exit 语句

exit 语句的功能是用来终止程序的执行并作为出错处理的出口。其一般格式如下。

```
exit(n);
```

当执行 exit(n)函数时,如果当前有文件在使用,则关闭所有已打开的文件,结束运行状态,并返回操作系统,同时把 n 的值传递给操作系统。一般情况下,exit(n)函数中 n 的值为 0 表示正常退出,而 n 的值为非 0 时表示该程序是非正常退出。

例 3.11 的主函数中第 13 行使用 return 语句结束程序,也可使用 exit(0)退出。但在 VC6.0 的环境中使用 exit 语句时,需要加入头文件 stdlib.h。

【例 3.12】 猜数游戏——产生随机数。

问题描述

由系统生成一个[1,100]的随机数,让用户猜测,直至用户猜对为止。在例 3.7 的猜数游戏中,是将一个固定的数存放在 magic 中,希望运行程序每次产生某个范围的随机数,而不是事先存放的数。

要点解析

(1) 随机数生成。

生成随机数需要使用 rand()函数,其作用是返回 0 至某个范围的伪随机整数。rand()函数在头文件 stdlib.h 中,使用示例如下。

```
v1 = rand() % 100;              /* v1 是 0~99 的数 */
v2 = rand() % 100 + 1;          /* v2 是 1~100 的数 */
v3 = rand() % 30 + 1985;        /* v3 是 1985~2014 的数 */
```

该随机数由算法生成,该算法在每次调用时返回一系列明显不相关的数字。

由于函数 rand()会记录上一次的结果,如果希望每次运行程序产生的随机数不同,需要对它进行初始化,需要用到函数 srand()。函数 srand()通常初始化为一些独特的运行时间,如函数 time()返回以秒计算的日历时间。这足以满足大多数琐碎的随机需求。

综上,初始化随机种子为 srand((unsigned int)time(0));这里需要注意的是,使用 time 函数时必须引用头文件 time.h。

因此,生成一个[1,100]的随机数,实现方法如下。

```
srand((unsigned int)time(0));
magic = rand()%100+1;
```

(2) 用户重复猜数,直至猜对。

在例 3.7 的猜数游戏中,实现用户重复猜测的功能,采用的是 while 语句。在前面已经介绍过 while、do-while、for 语句在绝大部分情况下都可以互换,do-while 语句是先执行循环体语句再判断,循环体语句至少会被执行一次,在猜数游戏中事先知道用户至少需要猜一次数据,所以该程序更适合采用 do-while 语句。

程序

```c
1   #include <stdio.h>
2   #include <stdlib.h>
3   #include <time.h>
4   int main()
5   {
6       int magic;                          /*保存随机数*/
7       int guess;                          /*保存用户猜的数*/
8       srand(time(0));                     /*产生随机种子*/
9       magic=rand()%100+1;                 /*产生1~100的随机数*/
10      do
11      {
12          printf("Please guess a magic number:");
13          scanf("%d",&guess);
14          if(guess > magic)
15              printf("Wrong!Too big!\n");
16          else if (guess < magic)
17              printf("Wrong!Too small!\n");
18      }while(guess!=magic);               /*循环判断用户猜的数是否不正确*/
19      printf("magic = %d,Right!\n",magic);
20      return 0;
21  }
```

两次测试程序运行的结果如下。
(1) 第一次测试:

```
Please guess a magic number:50
Wrong!Too small!
Please guess a magic number:75
Wrong!Too small!
Please guess a magic number:87
Wrong!Too small!
Please guess a magic number:93
Wrong!Too big!
Please guess a magic number:90
magic = 90,Right!
```

(2) 第二次测试:

```
Please guess a magic number:50
Wrong!Too small!
Please guess a magic number:75
Wrong!Too big!
Please guess a magic number:62
Wrong!Too big!
Please guess a magic number:56
```

```
Wrong!Too big!
Please guess a magic number:53
Wrong!Too small!
Please guess a magic number:54
magic = 54,Right!
```

分析与思考

该程序采用的是 do-while 语句实现,当然也可以采用 while、for 语句,读者可以修改程序试试。

在两次运行程序中,发现这两次产生的随机数是不一样的,原因就是第 8 行,srand()函数每次运行程序的时间不一样,产生的随机种子不同,使得两次运行程序 magic 的值不一样。同学们可以试试去掉第 8 行,多次测试程序,观察输出的 magic 的值是否有变化。

再次仔细观察两次测试,第一次测试猜了 5 次就中,第二次猜测了 6 次就中,在 100 个数中用 5 或 6 次就能猜中,是不是很厉害呢?这是什么原因?每次猜测的数是否有规律?

仔细观察第一次测试中每次猜测的数,第一次猜 50,根据提示就将原来的范围 1~100 缩小到 51~100;第二次猜 75 后又将范围缩小到 76~100;第三次猜 87 后又将范围缩小到 88~100;以此类推,直至猜中为止。每次猜的数都是已知范围正中间的数,这种方法在程序设计中被称为二分(或折半)法,该方法的效率较高,1~100 的整数按该方法猜测,最多 7 次必中,同学们可以多次试试。

3.5.5 嵌套循环

在前面的猜数游戏中,我们运行程序希望可以猜多个数,用户可以玩多轮游戏,直至用户选择退出,游戏才结束。很显然,玩多轮游戏需要用循环实现,一轮游戏可重复猜数也要用循环,因此实现该程序需要嵌套循环。还有很多情况也需要使用嵌套循环,比如求某个范围内的素数、鸡兔合笼问题、打印杨辉三角形、打印具有行和列的图形等。

循环嵌套可以双重、三重,根据具体情况选择嵌套的层次。双重循环指的是在一个循环体内包含另一个完整的循环结构,也称为循环的嵌套。如果内嵌的循环中还有嵌套循环,这就是多重循环。

三种循环即 for 循环、while 循环、do-while 循环可以互相嵌套。

【**例 3.13**】 打印具有行列的图案。

```
*
**
***
****
*****
```

具体实现代码如下。

```
1    #include<stdio.h>
2    int main()
3    {
4        int i,j;                              /*定义循环变量*/
```

```
5        for(i=1;i<=5;i++)
6        {
7            for(j=1;j<=i;j++)                   /*重复i次,打印i个*号*/
8                printf("*");
9            printf("\n");                        /*每行打印完后需要换行*/
10       }
11       return 0;
12   }
```

程序执行过程如图 3-18 所示。

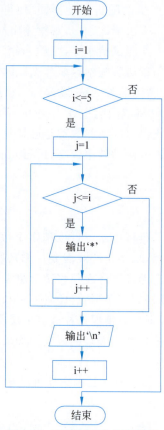

图 3-18　双重循环执行流程图

【例 3.14】 穷举法——换硬币。

将一笔零钱 $x \in (8,100)$，换成 5 分、2 分和 1 分的硬币，要求每种硬币至少有一枚，输出每一种换法，共有几种不同的换法？

具体实现代码如下。

```
1    #include <stdio.h>
2    int main()
3    {
4        int i,j,k,x,count=0;
```

```
 5        scanf("%d",&x);
 6        for(i=x/5;i>=1;i--)
 7        {
 8            for(j=(x-5*i)/2;j>=1;j--)
 9            {
10                k=x-5*i-2*j;
11                if(x==5*i+2*j+k&&k>0)
12                {
13                    printf("fen5:%d, fen2:%d, fen1:%d, total:%d\n",i,j,k,i+j+k);
14                    count++;
15                }
16            }
17        }
18        printf("count = %d",count);
19        return 0;
20    }
```

程序运行结果如下。

```
14
fen5:2, fen2:1, fen1:2, total:5
fen5:1, fen2:4, fen1:1, total:6
fen5:1, fen2:3, fen1:3, total:7
fen5:1, fen2:2, fen1:5, total:8
fen5:1, fen2:1, fen1:7, total:9
count = 5
```

在程序中，第6、8行的两个循环变量的值都是由大变到小。循环变量的值可以由小到大，也可以由大到小，步长可以增加也可以减小，步长可以成倍地增加或减小，使用较灵活，可根据具体情况而定。

循环嵌套的形式也很灵活，例3.13和例3.14都可以改成while语句或do-while语句。

该问题解决采用的是穷举法，又称为枚举法。在进行归纳推理时，如果逐个考察了某类事件的所有可能情况，从而得出一般结论，那么这个结论是可靠的，这种归纳方法叫作枚举法。枚举法是利用计算机运算速度快、精确度高的特点，对要解决问题的所有可能情况，一个不漏地进行检验，从中找出符合要求的答案，因此，枚举法是通过牺牲时间来换取答案的全面性，是一种简单直接解决问题的方法，常常是基于问题的直接描述去编写程序。穷举法依赖的基本技术是遍历，也就是采用一定策略依次处理待求解问题的所有元素，是很重要的算法设计思想。

理论上，穷举法可以解决许多计算领域的问题（只要机器性能足够或者时间开销可承受），并且在一些较为基本的问题的求解中运用十分广泛，比如解决鸡兔合笼的问题、百鸡百钱问题、求素数、背包问题等。

注意，在嵌套循环的情况下，break语句和continue语句只对包含它们的最内层的循环语句起作用，不能用break语句跳出多重循环。若要跳出多重循环，使用break语句只能一层一层地跳出。

3.5.6 循环结构实例

【例3.15】 猜数游戏——猜多个数。

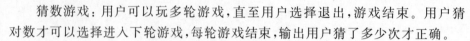

问题描述

猜数游戏：用户可以玩多轮游戏，直至用户选择退出，游戏结束。用户猜对数才可以选择进入下轮游戏，每轮游戏结束，输出用户猜了多少次才正确。

要点解析

很显然，玩多轮游戏需要循环实现，一轮游戏可重复猜数也要循环，因此实现该程序需要嵌套循环。在程序运行之前，并不清楚循环次数，只知道当用户选择退出才结束游戏。

程序

```c
1   #include <stdio.h>
2   #include <stdlib.h>
3   #include <time.h>
4   #define N 100
5   int main()
6   {
7       int magic, guess, counter;
8       int reply;                          /*保存用户输入的回答*/
9       srand(time(NULL));
10      while(1)
11      {
12          printf("************Guess number************\n");
13          printf(" *          1. play            * \n");
14          printf(" *          0. exit            * \n");
15          printf("*************************************\n");
16          scanf("%d", &reply);
17          if(1==reply)
18          {
19              counter = 0;
20              magic = rand() % N + 1;
21              do{
22                  printf("Please guess a magic number:");
23                  scanf("%d",&guess);
24                  counter++;
25                  if (guess > magic)
26                      printf("Wrong!Too big!\n");
27                  else if (guess < magic)
28                      printf("Wrong!Too small!\n");
29              } while (guess!=magic );
30              printf("counter = %d\n", counter);
31          }
32          else if(0==reply)
33              exit(0);                    /*结束程序*/
34          else
35              printf("Input error!\n");
                                            /*如果用户输入选择不是1或0,提示输入错误*/
```

```
36     }
37     return 0;
38 }
```

测试一次程序结果如下。

```
************Guess number************
*             1. play              *
*             0. exit              *
*************************************
1
Please guess a magic number:50
Wrong!Too big!
Please guess a magic number:25
Wrong!Too big!
Please guess a magic number:12
Wrong!Too big!
Please guess a magic number:6
Wrong!Too small!
Please guess a magic number:9
counter = 5
************Guess number************
*             1. play              *
*             0. exit              *
*************************************
1
Please guess a magic number:50
Wrong!Too big!
Please guess a magic number:25
Wrong!Too big!
Please guess a magic number:12
Wrong!Too small!
Please guess a magic number:18
Wrong!Too big!
Please guess a magic number:15
Wrong!Too small!
Please guess a magic number:16
counter = 6
************Guess number************
*             1. play              *
*             0. exit              *
*************************************
2
Input error!
************Guess number************
*             1. play              *
*             0. exit              *
*************************************
0
```

分析与思考

（1）运行结果分析。

进入游戏，询问用户是否玩游戏，选择是，进行猜数，直至用户猜对并输出猜测了几次才对。继续询问用户是否玩游戏，选择是则继续玩。选择退出，则结束游戏。如果用户输入的选择不是菜单提示的选项，则提示用户输入错误，继续要求用户再次输入，直至输入的是菜单提示的选项。

（2）代码分析。

第 4 行宏 N 的作用是配合第 20 行，产生 1～N 的随机数。第 10 行的 while(1)构成了死循环，但是在循环体里面第 32 行判断 reply 的值为 0 时，执行第 33 行，exit 语句的功能是用来终止程序的执行，第 10、32、33 行配合使用使程序能够正常结束。

第 17、32 行，if 语句判断条件写成"1 == reply"和"0 == reply"，这样写有什么好处呢？在判断条件中，将常量写在"等号"的前面，以防万一不小心将等号"=="写成了赋值号"="，C 语法要求赋值号"="左值必须是变量，很显然 1 和 0 不是，编译器直接会提示语法错误，这样就很容易发现错误。如果将"1 == reply"改写成"reply == 1"，又不小心将"=="写成了"="，无语法错误编译器不会提示，但逻辑错了。

第 20 行，产生每轮游戏的随机数，必须放在外层循环的里面，不能放在最外面，这个逻辑应该清楚，自己在写代码时也应该注意这个问题。

整个程序是外层循环采用 while，内层采用 do-while，当然也可以用 for 语句实现。

3.6 常见错误与排错

3.6.1 C 程序常见错误

程序设计很少能够没有错误地一次完成，在编程的过程中由于种种原因，总会出现这样或那样的错误，这些程序的错误也就是常说的"Bug"，而检测并修正这些错误就是"Debug"（调试）。

程序错误可分为三类：语法错误、运行错误和逻辑错误。

1. 语法错误

不符合语法规则就是语法错误，语法错误就是编写的程序里面使用了不规范的关键字或者变量名之类的错误，笼统地说就是编译都无法通过的程序，编译器无法识别程序。

例如，表达式不完整、缺少必要的符号、关键字输入错误、数据类型不匹配、循环语句或选择语句的关键字不配对等。通常，编译器对程序进行编译的过程中，会把检测到的语法错误以提示的方式列举出来。

下面列举一些初学者常见的错误。

（1）可能会见到一些同学经常犯这种错误：scanf("…"，参数 1，参数 2，…)；其中，参数输入是指针类型，以下示例中 b 需要取地址，为什么 char a[100]不用取地址呢？因为 char a[100]可以看作指针，只需要把 a 的首地址写入即可。

```
char a[100];
int b;
scanf("%s%d",a,b);
```

(2) 常见问题。

```
scanf("%d\n",&b);
```

这一句没有语法错误,但是有初学者这样写之后,为什么输入一个数字后回车没有反应的呢?乍一看程序才发现输入中多了一个"\n"。具体原理是这样的:当程序是 scanf("%d",&b)时,输入数字后回车是可以输入的。但是如果变成 scanf("%d\n",&i)就需要回车两次,因为\n需要格式化输入。

```
char c = "a";
```

这里混淆了字符常量与字符串常量,字符常量是使用单引号括起来的单个字符,字符串常量才是使用双引号,正确的写法是 char c = 'a';或者 char * c = "a";。

```
if(i = 0) i++;
```

这也是很多初学者易犯的错误,忽略了＝和＝＝的区别。在 C 语言中,＝是赋值运算符,＝＝是关系运算符,显然这里做的是 i 是否等于 0 的判断,应该改成 if(i == 0) i++;。

```
int i=0
if(i==0)
    i++;
for(i=0;i<10;i++);
    printf("%d\n",i);
```

上面程序段的问题也是初学者容易犯的错误,即不加分号或多加分号。int i = 0 后需要加分号,而 if(i == 0)和 for 循环后面不需要加分号,因为如果加了分号,if 语句就失去判断的作用而 for 就会失去循环的作用,因为";"代表的是结束。

总结一下,学习 C 语言要学会如何找错误,一般有错误都是在编译输出终端里面找,会提示哪一行出错或者错的是什么。学会找出问题所在再去解决它才是我们真正需要学习的。

2. 运行错误

运行错误是指程序在运行过程中出现错误。例如,变量未赋初值、进行除法运算时除数为 0、数组下标越界、文件无法打开等。这类错误只出现在运行过程中,在程序编译时一般是无法发现的。例如:

```
while(i < n)
{
    sum = sum + i;
    i++;
}
```

以上代码,在循环开始前,未将计数器变量、累加和变量或累乘求积变量初始化,导致运行时错误,运行结果出现乱码。

```
while(n < 100)
{
    printf("n = %d",n);
}
```

上面的代码,在 while 循环语句的循环体中没有改变循环控制条件的操作,在第一次执行循环且循环控制条件为真时,将导致死循环,使得运行时出现错误。

3. 逻辑错误

逻辑错误是指程序运行后,没有得到预期的结果,这类错误从语法上来说是有效的但是程序逻辑上存在缺陷。

例如,使用了不正确的变量类型、选择循环条件不正确、程序设计算法考虑不周等。一般情况下,编译器在编译程序时,不能检查到程序的逻辑错误,也不会产生逻辑错误的提示信息。

3.6.2 C 程序常用的排错方法

常用的排除错误方法有使用调试器进行调试,在代码中添加一些辅助输出信息,检查变量类型等。

1. 使用调试器

大多数集成开发环境(IDE)都提供了调试器工具,使用调试可以帮助我们理解程序执行的流程并查看变量的值。通过逐步执行程序,可以很容易地找到问题所在。

调试的基本步骤如下。

(1) 发现程序错误的存在。
(2) 以隔离、消除等方式对错误进行定位。
(3) 确定错误产生的原因。
(4) 提出纠正错误的解决办法。
(5) 对程序错误予以改正,重新测试。

下面是调试时常用的快捷键。

F5:启动调试,经常用来直接跳到下一个断点处。

F9:创建断点和取消断点。可以在程序的任意位置设置断点,这样就可以使得程序在想要的位置随意停止执行,继而一步步地执行下去。

F10:逐过程调试程序,通常用来处理一个过程,一个过程可以是一次函数调用,或者是一条语句。

F11:逐语句调试程序,就是每次都执行一条语句,但是这个快捷键可以使执行逻辑进入函数内部,这是最常用的。

Ctrl + F5:开始执行不调试,如果想让程序直接运行起来而不调试,就可以直接使用。

下面举一个例子看看调试的过程,观察变量值的变化。

设置断点:在想要调试的一行的行号左侧单击鼠标左键设置断点,如图 3-19 所示。

或者右击需要设置断点的行,选择"断点"→"插入断点",如图 3-20 所示。

添加监视元素:观察变量值的变化。

先按 F11 键,然后添加监视元素,例如,本代码的简单赋值 sum,添加 sum 为监视元素,如图 3-21 所示。

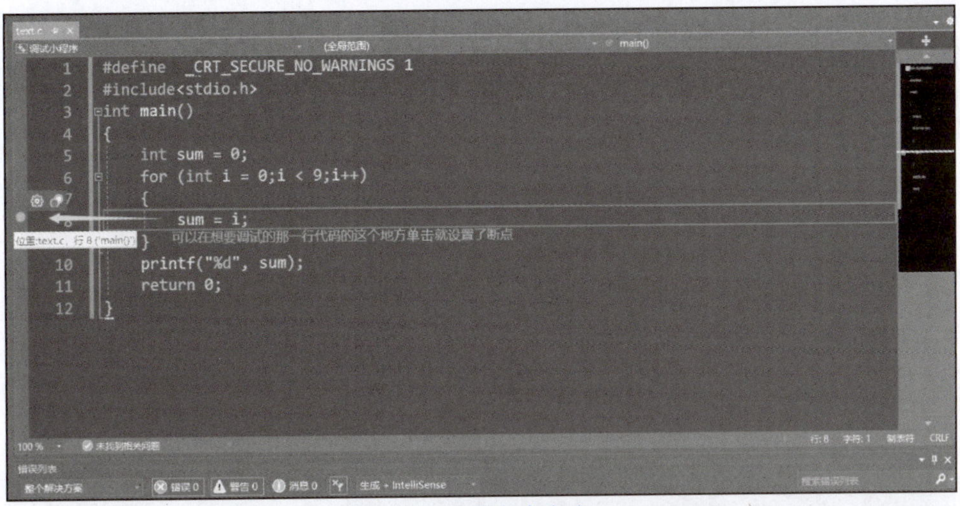

图 3-19 设置断点方法一

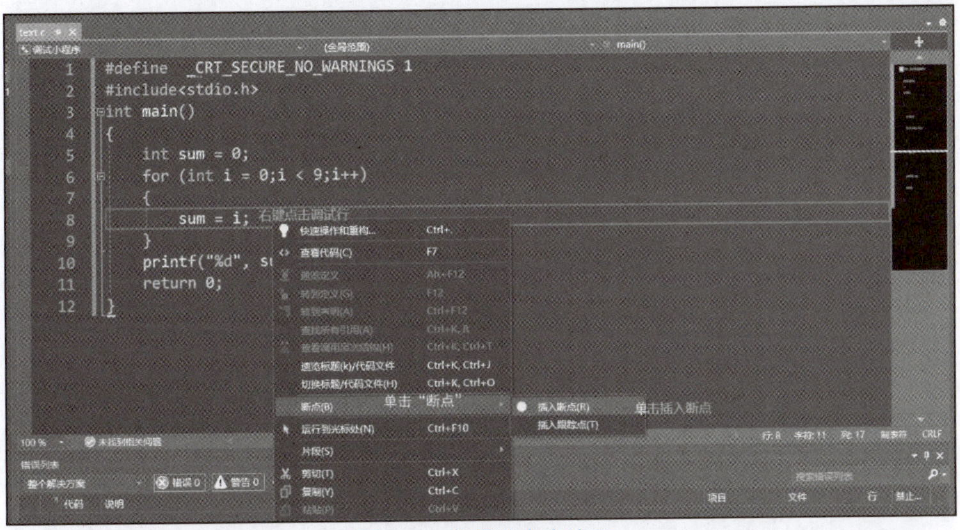

图 3-20 设置断点方法二

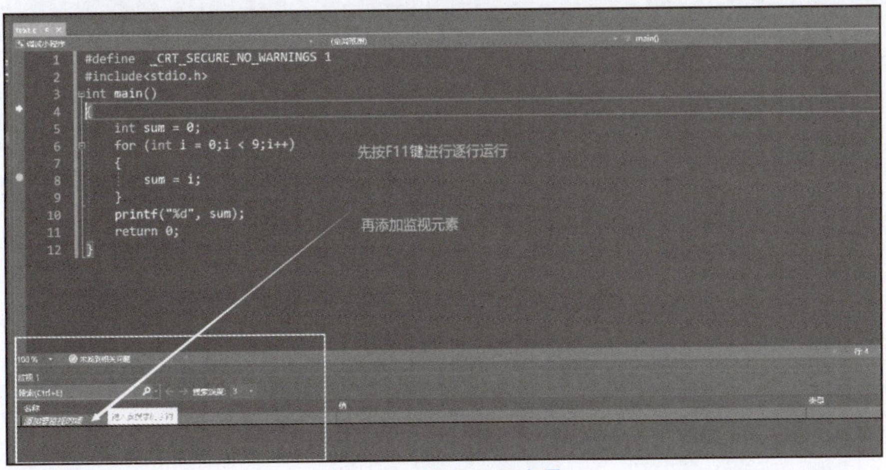

图 3-21 添加监视变量

调试：继续按 F11 键进行逐行运行，注意箭头的位置，就是运行到的位置。然后逐步运行的时候，监视元素的值会有所变化。注意黄色箭头就是程序当前执行到的位置，如图 3-22 和图 3-23 所示。

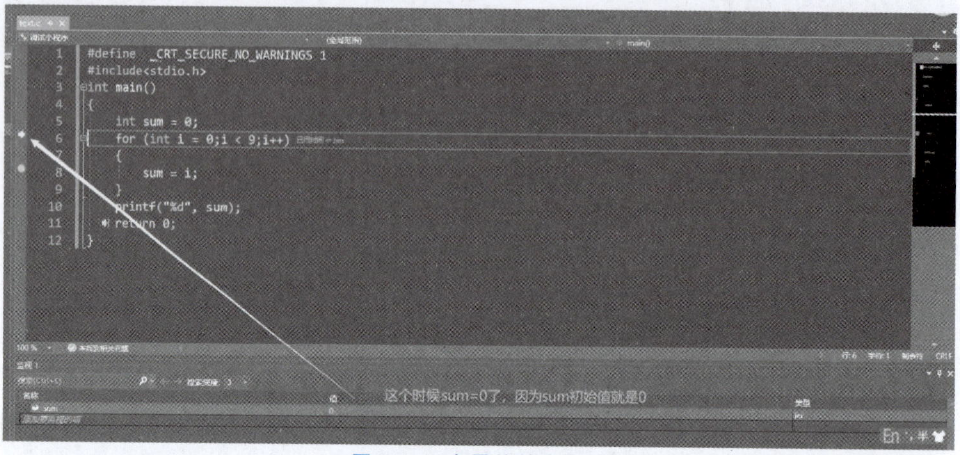

图 3-22　变量值的变化 1

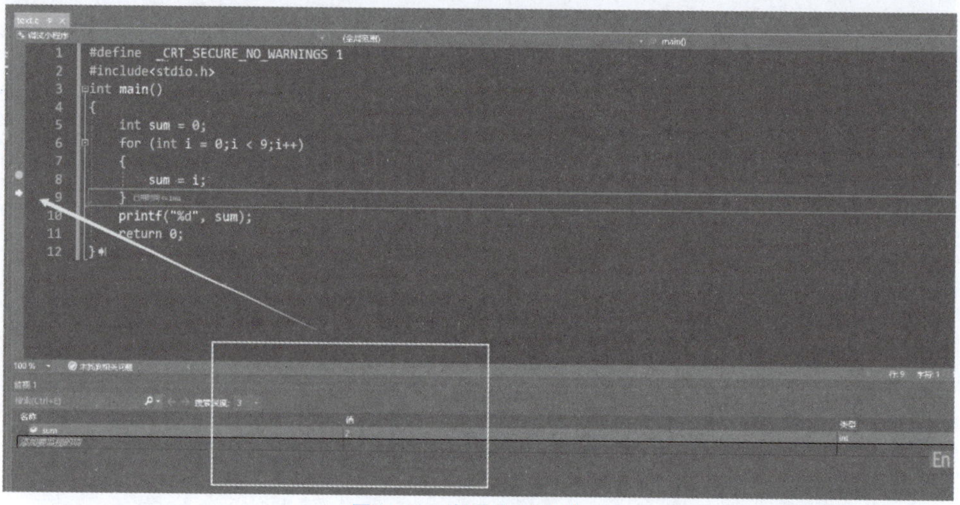

图 3-23　变量值的变化 2

以此类推，继续按 F11 键，观察变量的值会从 0、1、2、3 直至 9，黄色箭头到达第 10 行，循环语句结束。通过单步调试不仅可以理解程序真实的执行过程和观察变量值的变化，而且在执行的过程中还可以发现程序的逻辑是否有问题，和预想的执行过程和变量的值是否正确，依此找到程序逻辑错误的点。当然单步调试的方法不唯一，还可以通过如下方法添加监视元素，如图 3-24 所示。

当然 IDE 中提供的调试功能相当多，这里不再一一介绍。借助调试器进行排错，是程序员必须掌握的一种技能。但只是使用调试工具，盲目地查找不可能有很高的效率，毕竟任何工具都不可能完全代替我们自己的思考。通过排错系统帮助我们发现程序出错的状态是有用的，而在此后，就应该努力地去思考出错的原因，以前是否遇到过这种情况？之后应该如何避免此类问题的出现？

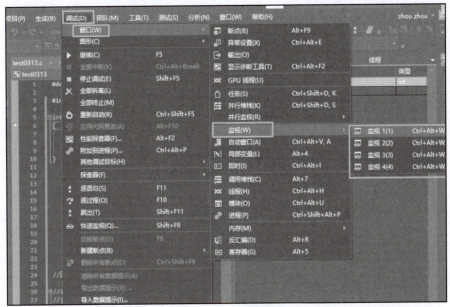

图 3-24 添加监视元素

2. 输出调试信息

在程序执行过程中,可以添加一些打印语句来输出变量值或程序执行到哪个位置。例如:

```
int x = 10;
…
printf("x is %d\n", x);
…
```

如果程序没有输出,则说明它在这个语句之前就出问题了,如果有输出,则观察输出的值是否是预期的结果,可以根据这个信息来确定问题的来源。

3. 检查变量类型

有时候,错误可能是由于变量类型不正确而引起的。例如,在比较字符时,应该使用单引号而不是双引号。例如:

```
char ch = 'A';
if (ch == "A") {
    printf("The character is A\n");
}
```

在这段代码中,if 语句应该是 if (ch == 'A')而不是 if (ch == "A")。

再如,计算 n!,存放阶乘的变量,一定要注意类型。比如求 20 的阶乘,如果将存放阶乘的变量定义成整型,运行结果就会有问题。

调试是编写 C 语言程序的一个重要部分。了解常见的错误类型和排错方法可以让程序员更快地找到问题所在。在开发过程中,还可以使用多种调试工具和技巧,例如,断点调试、日志记录、代码重构等来帮助程序员更快地定位和解决问题。最后,要记得在程序开发前先仔细分析问题,并使用代码风格一致的编程规范,以避免常见的错误。

在实际的开发过程中,经常会遇到各种各样的错误,但是只要充分掌握了 C 语言的调试技巧,就能够在最短的时间内找到问题所在并进行修复。同时,还需要注重程序的可维护性和可读性,以便于后期的维护和开发工作。

3.7 本章小结

本章详细介绍了 C 程序中的程序控制结构,其中包括顺序、分支和循环这三种基本结构。通过学习本章的内容,读者能够熟练掌握各种控制结构语句的编写,从而能够更加灵活地控制程序的执行流程。

顺序结构是程序中最基本的结构,它按照语句的书写顺序依次执行。通过合理地安排顺序结构,可以确保程序按照预期的步骤运行,实现所需的功能。

分支结构允许根据条件的不同选择不同的执行路径。在 C 语言中,通常使用条件语句(如 if 语句和 switch 语句)来实现分支结构。通过灵活地运用条件语句,可以根据不同的条件情况执行不同的代码块,以满足不同的需求和逻辑。

循环结构允许程序重复执行一段代码,直到满足特定的条件为止。在 C 语言中,可以使用循环语句(如 for 循环、while 循环、do-while 循环及它们的嵌套)来实现循环结构。循环结构的应用可以大大简化程序的编写,并实现对重复操作的自动化处理。

通过熟练掌握这些控制结构,读者将能够更加灵活地控制程序的执行流程,实现各种复杂的逻辑和功能。同时,掌握好控制结构的使用也是编写高效、可读性强的代码的重要基础。因此,读者应该认真学习本章的内容,并通过大量的练习来提高自己的编程能力。

3.8 课后习题

3.8.1 单选题

1. 结构化程序设计的三种结构是(　　)。
   A. 顺序结构,选择结构,循环结构　　B. 分支结构,数组结构,循环结构
   C. 顺序结构,分支结构,跳转结构　　D. 分支结构,选择结构,循环结构

2. 为了避免嵌套的 if-else 语句的二义性,C 语言规定 else 总是与(　　)组成配对关系。
   A. 缩排位置相同的 if　　B. 在其之前未配对的 if
   C. 在其之前未配对的最近的 if　　D. 同一行上的 if

3. 若有定义 int a=1,b=2,c=3;,则执行以下程序段后 a,b,c 的值分别为(　　)。

```
if (a<b)
{c=a;a=b;b=c;}
```

   A. a=1,b=2,c=3　　B. a=2,b=3,c=1
   C. a=2,b=3,c=3　　D. a=2,b=1,c=1

4. 下列选项中,能求出 x 和 y 中的较小值,并赋值给 min 的是(　　)。
   A. if(x＞y) min＝x;
   else min＝y;
   B. min ＝ x＜y ? x : y;
   C. if（x＜y) min＝x;
   D. min ＝ x＞y ? x : y;
5. 下列程序段的输出结果是(　　)。

```
int a = 3, b = 5;
if ( a = b ){
    printf("%d = %d", a, b);
}else{
    printf("%d != %d", a, b);
}
```

   A. 5＝5　　　　　B. 3＝3　　　　　C. 3!＝5　　　　　D. 5!＝3
6. for 循环的三个表达式分别是(　　)。
   A. 初始化表达式、条件表达式、更新表达式
   B. 初始化表达式、循环体、更新表达式
   C. 判断表达式、循环体、更新表达式
   D. 判断表达式、更新表达式、循环体
7. 下面程序的运行结果是(　　)。

```
#include<stdio.h>
main()
{
    int num=0;
    while(num<=2)
    {
        num++;
        printf("%d",num);
    }
}
```

   A. 1　　　　　　B. 12　　　　　　C. 123　　　　　　D. 1234
8. 以下程序段的循环次数是(　　)。

```
for (i=2; i==0; ) printf("%d",i--)
```

   A. 无限次　　　　B. 1 次　　　　　C. 0 次　　　　　D. 2 次
9. 要求通过 while 循环不断读入字符,当读入字母 N 时结束循环。若变量已正确定义,下列正确的程序段是(　　)。
   A. while ((ch＝getchar())!='N') printf("％c",ch);
   B. while (ch＝getchar()!＝'N') printf("％c",ch);

C. while（ch=getchar()=='N') printf("%c",ch);
D. while ((ch=getchar())=='N') printf("%c",ch);

10. 以下程序段中说法正确的是（　　）。

```
s = 0;
i = 1;
while(i <= 10){
    s = s + i;
    if(s > 20){
        break;
    }
    i++;
}
```

A. 当 i 大于 10 或者 s 大于 20 时，while 循环体执行 break 语句结束循环
B. 当 i 小于或等于 10 或者 s 大于 20 时，while 循环体执行 break 语句结束循环
C. 当 i 小于或等于 10 并且 s 大于 20 时，while 循环体执行 break 语句结束循环
D. 当 i 大于 10 并且 s 大于 20 时，while 循环体执行 break 语句结束循环

11. 语句 while(！E);中的表达式！E 等价于（　　）。
   A. E == 0　　　　B. E != 1　　　　C. E != 0　　　　D. E == 1

12. 以下程序执行结果是（　　）。

```
a=1;b=2;c=2;
while(a<b<c)
{t=a;a=b;b=t;c--;}
printf("%d,%d,%d",a,b,c);
```

A. 1,2,0　　　　B. 2,1,0　　　　C. 1,2,1　　　　D. 2,1,1

13. 运行以下程序段，输入 65 14<回车>，则输出结果为（　　）。

```
int m, n;
scanf ("%d%d", &m, &n);
while (m != n){
    while (m > n){
        m = m - n;
    }
    while (n > m){
        n = n - m;
    }
}
printf ("m=%d\n", m);
```

A. m=3　　　　B. m=2　　　　C. m=1　　　　D. m=0

14. 下列程序段运行后 m 的值是（　　）。

```
int i,j,m=0;
for(i=1;i<=3;i++)
```

```
for(j=2;j<=4;j++)
m=m+i+j;
```

  A. 33   B. 30   C. 45   D. 27

3.8.2 程序填空题

1. 输入三个整数，输出其中最大的数。

```c
#include <stdio.h>
int main()
{
    int a, b, c, max;
    scanf("%d %d %d", &a, &b, &c);
    max = 0;
    if ( a > b ) {
        if ( a > c ) {
            _____
        } else {
            max = c;
        }
    } else {
        if(_____) {
            max = b;
        } else {
            _____
        }
    }
    printf("%d\n", max);
    return 0;
}
```

2. 输入一个整数，输出其逆序数。要求定义并调用函数 reverse(int number)，它的功能是返回 number 的逆序数。例如，reverse(−12345)的返回值是−54321，reverse(120)的返回值是 21。

```c
int reverse(int number)
{
int digit, flag, res;
    _____
    flag = number < 0 ? -1 : 1;
    if (_____){
        number = - number;
    }
    do{
        digit = number % 10;
        res = _____
        number /= 10;
    }while (number != 0);
```

```
        return flag * res;
}
```

3. 输入一个非负整数,求 $1+1/2!+\cdots+1/n!$。假设变量已正确定义,要求使用嵌套循环编程。

```
scanf("%d", &n);
sum = _____;
for(i = 1; i <= n; i++){
    factor = _____;
    for(j = 1; j <= i; j++){
        factor = factor * j;
    }
    sum = sum + _____;
}
printf("%.8f\n", sum);
```

4. 输入一个正整数 $n(1 \leqslant n \leqslant 9)$,计算并输出 $s=1+12+123+1234+\cdots+12\cdots n$($n$ 位数)的值。假设变量已正确定义。

```
scanf("%d", &n);
s = 0;
_____
for(i = 1; _____; i++){
    _____
    s = s + t;
}
printf("%d\n", s);
```

5. 本程序的功能是输出三位数中的所有完数。如果一个整数 n 等于其所有因子(不含 n 本身)之和,则 n 为完数。例如,6 和 28 都是完数,因为 $6=1+2+3$,$28=1+2+4+7+14$。

```
#include <stdio.h>
int main( )
{
    int n, i, sum;
    for (n=100; n<1000; _____)
    {
        sum = 0;           /*用来保存 n 的因子(不含 n 本身)之和 */
        for (i=1; _____ ; i++)
            if (n%i == 0)
                sum +=i;
        if (_____)
            printf("%5d", n);
    }
    return 0;
}
```

3.8.3 编程题

1. 编写一个程序,接收用户输入的整数,然后判断这个整数是奇数还是偶数,并输出相应的结果。

2. 珍惜粮食,拒绝浪费。本题要求根据某自助餐厅的收费标准计算餐费。具体标准如下。

(1) 6 岁(含 6 岁)以下人群收费 10 元。

(2) 6~12 岁(含 12 岁)半价收费。

(3) 超过 12 岁收全价 78 元。

(4) 为杜绝浪费,吃剩食材每 250g 收取 10 元(不足 250g 不收费)。

输入年龄与吃剩食材重量(整数,单位为 g),输出应付餐费。

3. 输出平年中月份的天数。编写一个程序,输入一个整数表示月份(1~12),然后输出该月份在平年中的天数。输入的月份范围为 1~12 的整数,若输入无效,则输出"输入错误"。

4. 输入三个整数,并以非递增序输出结果。

5. 从键盘输入两个正整数 a 和 b,计算并输出 a~b 中所有奇数的和。

6. 某次比赛中有 7 位评委进行评分,评分规则按照百分制整数进行打分。请设计一个程序,输入 7 位评委的评分,计算其中的最高分并进行输出。

7. 已知不等式 $1!+2!+3!+\cdots+m!<n$,请编程对用户指定的正整数 n 值计算并输出满足该不等式的 m 的整数解。

8. 本题目要求读入两个正整数 A 和 B,然后输出它们的最大公约数和最小公倍数。

9. 冰雹猜想。冰雹猜想的内容是:任何一个大于 1 的整数 n,按照 n 为偶数则除以 2,n 为奇数则乘 3 后再加 1 的规则不断变化,最终都可以变化为 1。

例如,n 等于 20,变化过程为 20、10、5、16、8、4、2、1。编写程序,用户输入 n,输出变化过程以及变化的次数。

10. 古代《张丘建算经》中有一道百鸡问题:鸡翁一,值钱五;鸡母一,值钱三;鸡雏三,值钱一。百钱买百鸡,问鸡翁、母、雏各几何?其意为:公鸡每只 5 元,母鸡每只 3 元,小鸡 3 只 1 元。请用穷举法编程计算,若用 100 元买 100 只鸡,则公鸡、母鸡和小鸡各能买多少只。

11. 哥德巴赫猜想。自然科学的皇后是数学,数学的皇冠是数论;哥德巴赫猜想,则是皇冠上的明珠。

1742 年,德国数学家哥德巴赫发现,每一个大偶数都可以写成两个素数的和,有些偶数可以分解成多对素数的和。例如,10=3+7,10=5+5,即 10 可以分解为两对不同素数的和,但他和欧拉有生之年都不能够证明它。从此,这成了一道难题,吸引了成千上万数学家的注意。两百多年来,多少数学家企图给这个猜想做出证明,都没有成功。

我国著名数学家陈景润先生毕生投身到数学研究中,为中国乃至世界数学的研究做出了杰出的贡献,尤其对哥德巴赫猜想的证明做出了有效的推动。

下面让我们编程来测试一下哥德巴赫猜想。输入一个大于 6 的正偶数 n,编程统计偶数 n 可以分解为多少对不同的素数之和,并输出对应的分解式。

第 4 章

函　　数

本章学习目标

- 了解函数的概念和作用。
- 学习如何定义和调用函数。
- 熟练掌握传递参数和返回值。
- 了解递归函数。
- 了解模块化编程的重要性。

4.1　分而治之（复用）

在一个小镇上，大家筹划建设一项重大的项目，就是需建造一座跨接两岸的桥梁。

项目开始前，工程师们面临着许多挑战。桥梁的设计、施工、安全检查等各个环节都需要精心规划和密切配合。这时，一位资深的工程师提出了一个想法：将整个项目分解为多个子任务，每个子任务就像一个函数，拥有自己的职责和功能，但又相互协作，共同完成整个项目。

这个想法得到了大家的认同。设计团队负责设计桥梁的蓝图，就像是编写一个绘制图形的函数；施工团队根据设计图纸进行施工，就像执行一个构建结构的函数；安全检查团队负责检查每个部分的安全性，就像是调用一个检查错误的函数。

每个人都在自己的岗位上尽职尽责，就像 C 语言中的函数一样，每个函数都有其特定的功能和作用，但是它们通过参数传递信息，通过返回值共享结果，共同协作完成整个程序的运行。

最终，在大家的共同努力下，桥梁建成了，它不仅坚固耐用，而且美观大方，成为小镇的骄傲。这座桥梁见证了团结协作的力量，也象征着每个人在社会主义建设中发挥的作用，共同为实现中华民族伟大复兴的中国梦贡献力量。

通过这个故事可以看到，C 语言中的函数就像小镇上的每个团队一样，它们各自独立，但又相互依赖，共同完成任务。函数的封装性、模块化和调用机制，正是社会主义建设中强调的分工合作、各司其职的体现。

在编写 C 语言程序时，应该学习小镇工程师们的智慧，将复杂的问题分解为一个个小的、可管理的函数。每个函数都应该有明确的任务，通过参数和返回值与其他函数进行交互。这样，我们的程序不仅结构清晰，易于维护，而且效率更高，更易于团队协作。

同时，这个故事也告诉我们，在实现个人价值的同时，要牢记集体主义精神，认识到个人的力量是有限的,只有团结一心,才能克服困难,取得更大的成就。这正是我们学习和工作中应该坚持的社会主义核心价值观。

既然"一个程序由多个小的功能叠加而成",我们就也可按照搭积木的思路来构建程序。

引入函数的目的一是将复杂问题分而治之,二是将程序段重复利用,这也是模块化程序设计的基本思想之一。

传奇极少是由一个人创造的,因而分工合作的思想深入现代管理学、软件工程、程序设计等诸多领域。分而治之的思想就是把一个复杂的问题分解为若干个简单的问题,提炼出公共部分,把不同功能分解到不同的模块中。分而治之是复杂问题求解的基本方法,也是模块化编程的基本思想。没有进行模块化设计的程序既不容易阅读也不容易修改,势必加大程序的出错概率和维护难度,更别提复用了。

函数是构成 C 语言程序的基本模块,是模块化编程的最小单位,是对若干代码行的封装。

一个 C 语言程序通常是由一个或多个源程序文件组成,一个源程序文件由一个或多个函数组成,可以把每个函数看作一个模块(Module),每个模块各司其职,C 语言中的函数往往是独立地实现了某项功能。这充分体现了模块化编程的思想。

C 语言中的函数大致分为两类:库函数和自定义函数。

C 语言在发布时已经封装好了很多函数,它们被分门别类地放到了不同的头文件中,使用函数时引入对应的头文件即可。这些函数都是专家编写的,执行效率极高,并且考虑到了各种边界情况,可放心使用。

C 语言自带的函数称为库函数(Library Function)。库(Library)是编程中的一个基本概念,可以简单地认为它是一系列函数的集合。C 语言自带的库称为标准库(Standard Library),其他公司或个人开发的库称为第三方库(Third-Party Library)。

除了库函数,还可以编写自己的函数,拓展程序的功能。自己编写的函数称为自定义函数。自定义函数和库函数在编写和使用方式上完全相同,只是由不同的机构来编写。

其实函数在一开始就在使用了,例如,我们见到过的第一个 C 语言程序:

```
int main()                              //这是定义函数
{
    printf("Hello World!");             //直接通过函数名称(参数…)的形式调用函数
    return 0;
}
```

其中,主函数 main()就调用了标准库函数 printf()。

将程序"函数化",即采用模块化程序设计的好处可以归纳如下。

(1) 分而治之使得软件开发过程更加容易管理。诸葛亮那种"鞠躬尽瘁,死而后已"的敬业精神虽然值得我们学习,但其事无巨细、事必躬亲的工作方法或许并不可取。按照现代管理学的观点,"诸葛亮"式的领导方式,不利于充分发挥群众的才智,甚至还可能抑制下属的工作积极性。

(2) 提高程序的可读性(Readability),使程序结构更清晰。在分析抽象层次较高的模块时,对较低层次的各个模块只需了解其做什么。函数封装就是把函数内的实现细节对外隐藏,对外只提供一个接口(包括参数和返回值),使外界对函数的影响仅限于函数参数,而函数对外界的影响仅限于返回值,这样更便于实现信息隐藏和函数的复用。将一段具有特定功能的程序代码封装成函数后,在需要这个功能的地方只写上函数调用语句就可以了,这样就避免了相同的代码在程序中多次出现,节省了源程序所占用的存储空间,使程序更加简洁。

(3) 提高程序的可维护性(Maintainability)和可靠性(Reliability)。程序的局部修改不影响全局,可以使错误局部化,防止错误在模块间扩散。现实中的大多数程序在开发完成后都会持续使用很多年,其间还会随着需求的变更对程序做一些代码重构和功能完善。将程序模块化后,程序中的错误通常只会影响一个模块,修改和维护一个模块比修改和维护全部代码更容易。在某种意义上,程序的维护好比汽车的维修,修理轮胎时应该只更换轮胎,而无须换发动机。关注可维护性,而不只是关注功能和性能,是一名程序员成长为一名软件工程师的开始。软件工程师需要保证软件的可持续性,必须考虑时间维度对软件产生的影响。这种时间维度的影响可能包括:几个月后,你自己再看到这段代码时,是否能够马上理解?你离开团队以后,别人接手时是否容易看懂你的代码?在新增需求时,这段代码是否容易修改和容易测试?在其依赖发生变化时,这段代码是否还能正确地工作?如果没有考虑这些,代码的可维护性通常会很差。可维护性差的影响也许并不会立即被人感知,就像温水煮青蛙,这种长期的、缓慢的影响可能危害性更大。

(4) 提高程序的可复用性(Reusability)。模块分解后,开发人员能够各司其职,按模块分配和完成子任务,实现并行开发。在一个开发团队内部,每个开发人员可以基于现成的函数采用"搭积木"的方法来开发新的程序,既可以复用别人编写的函数,也可以让别人共享自己编写的函数。这不是懒惰的表现,而是智慧的表现。软件开发和管理活动中的任何成果(如思想、方法、程序、文档等)都可以被复用,这样在构建一个新的软件系统时,就不必从零做起。直接使用已有的、经过反复验证的软件库中现成的模块或组件,将其组装或加以合理修改后成为新的系统,这有利于缩短软件开发的周期,提高软件开发的效率和程序的质量。软件每天都在变化,软件开发人员每天都在写不同的代码,相当于制造互不相同的机器零件,而且每天都要把这些新零件安装到运行中的软件系统上。显然,如果制造的机器零件是可重用的,势必会加快软件的生产效率。

(5) 提高程序的可测试性(Testability)和可验证性(Verifiability)。模块分解使得每个模块可以独立测试或验证。

4.2 案例:用函数优化猜数游戏

通过函数的思想来重构和提升之前的猜数游戏例程,可以让大家更深入地理解函数的概念和作用。下面是一个使用函数思想重构的猜数游戏例程,其中包含函数的定义、调用和模块化设计。

【例 4.1】 升级版猜数游戏。

```
1    #include <stdio.h>
2    #include <stdlib.h>
3    #include <time.h>
4    //函数声明
```

```c
5   void initializeGame();
6   int generateSecretNumber();
7   int getGuessFromUser();
8   int compareGuesses(int guess, int secretNumber);
9   void announceResult(int guess, int secretNumber);
10  //主函数
11  int main()
12  {
13      //初始化游戏
14      initializeGame();
15      //游戏循环
16      do {
17          int guess = getGuessFromUser();              //获取用户的猜测
18          int secretNumber = generateSecretNumber();   //生成秘密数字
19          announceResult(guess, secretNumber);         //宣布结果
20      } while (guess != secretNumber);                 //直到猜中为止
21      printf("恭喜你,猜对了!\n");
22      return 0;
23  }
24  //初始化游戏
25  void initializeGame()
    {
26      //设置随机数种子
27      srand(time(NULL));
28      printf("欢迎来到猜数游戏!\n");
29      printf("我已经想好了一个1~100的(整数)数字,你能猜到是什么吗?\n");
30  }
31  //生成秘密数字
32  int generateSecretNumber()
33  {
34      return rand() % 100 + 1;                         //生成1~100的随机数(整数)
35  }
36
37  //获取用户的猜测
38  int getGuessFromUser()
39  {
40      int guess;
41      printf("请输入你的猜测:");
42      scanf("%d", &guess);
43      return guess;
44  }
45  //比较猜测和秘密数字,并给出提示
46  int compareGuesses(int guess, int secretNumber)
47  {
48      if (guess > secretNumber)
49      {
50          printf("猜测太高了!请再试一次。\n");
51      } else if (guess < secretNumber)
52      {
53          printf("猜测太低了!请再试一次。\n");
```

```
54        }
55        else
56        {
57            return 1;                    //猜对了
58        }
59        return 0;                        //猜错了
60  }
61  //宣布结果
62  void announceResult(int guess, int secretNumber)
63  {
64        if (compareGuesses(guess, secretNumber))
65        {
66            printf("你已经猜了%d次。\n", guess);
67        }
68  }
```

在这个重构的猜数游戏例程中,我们将游戏的每个环节都封装成了独立的函数,提高了代码的可读性和可维护性。每个函数都有明确的职责。

- initializeGame():初始化游戏,设置随机数种子,并打印欢迎信息。
- generateSecretNumber():生成1～100的随机数作为秘密数字。
- getGuessFromUser():获取用户的猜测,并返回猜测值。
- compareGuesses():比较用户的猜测和秘密数字,并给出相应的提示信息。如果猜对了,返回1;否则返回0。
- announceResult():宣布猜测结果,告知用户已经猜了多少次。

通过这样的模块化设计,不仅让代码结构更加清晰,也使得游戏的逻辑更加易于理解和修改。这样的编程实践有助于学习者更好地掌握C语言函数的使用和程序设计的基本思想。

如果不模块化,随着程序规模的变大,main函数会变得相当冗杂,程序复杂度不断提高,代码前后关联度高,修改代码往往牵一发而动全身。另外,为了在程序中多次实现某功能,不得不重复多次写相同的代码。在实际的程序设计中,常常利用模块化的思想,通过函数来使最顶层的main()函数变得清晰明了。

自底向上(Bottom-Up)的程序设计方法是先编写出基础程序段,然后逐步扩充和升级某些功能,实际上是一种循序渐进的编程方法。之前的"猜数"游戏就是按照不断升级的任务要求,采用自底向上的方法设计的程序。

本节将基于此前"猜数游戏"的案例,进一步提升更规范的程序写法,最终让读者养成用函数分而治之解决程序问题的习惯。

下面介绍自顶向下、逐步求精的结构化程序设计方法,自顶向下的程序设计方法是相对自底向上的方法而言,是其逆方法。自顶向下方法是先写出结构简单、清晰的主程序来表达计算机解决问题的整体思路和方法,在此问题中包含的复杂子问题的求解用子程序来实现;若此子问题还包含复杂的子问题,再用另一个子程序或函数来求解,直到每个细节都可以用高级语言表达为止。这里的"上"是指相对比较抽象的层面,"下"是指更为具体的层面,更接近程序设计语言。

解决复杂问题时，人们往往不可能一开始就了解问题的全部细节，通常只能对问题的全局做出决策，设计出较为自然的、很可能是用自然语言表达的抽象算法。这个抽象算法由一些抽象数据及对抽象数据的操作（即抽象语句）组成，仅表示解决问题的一般策略和问题解的一般结构。对抽象算法进一步求精，就进入下一层抽象。每求精一步，抽象语句和抽象数据都进一步分解和精细化，如此继续下去，直到最后的算法能为计算机所"理解"，即将一个完整的、较复杂的问题分解成若干相对独立的、较简单的子问题。若这些子问题还较复杂，可再分解它们，直到容易用某种高级语言表达为止。这种先从最能反映问题体系结构的概念出发，再逐步精细化、具体化，逐步补充细节，直到设计出可在机器上执行的程序的方法，就称为逐步求精方法。简而言之，逐步求精方法就是一种先全局后局部、先整体后细节、先抽象后具体的自顶向下的设计方法。

用逐步求精方法进行问题求解的大致步骤：首先对实际问题进行全局性分析、决策，确定数学模型；然后确定程序的总体结构，将整个问题分解成若干相对独立的子问题，并确定子问题的内涵及其相互关系；最后在抽象的基础上将各个子问题逐一精细化，直到能用确定的高级语言描述。

完全采用自底向上的方法不容易看清全局，可能导致所实现的部分不能很好地与程序的其他部分协同工作。在实现了程序的一部分功能后，为使之能融入整个程序，常需要对其实现方式、使用接口等做一些调整。而采用自顶向下的设计，有助于我们在总体设计时把握全局，尤其在对较大规模的程序进行模块化设计时，更需要这种统领全局的思维方式。其次，实际的程序开发过程通常不是一帆风顺的，即不是纯粹的自顶向下或自底向上，而往往是自顶向下的分解和自底向上的构造两个过程交织进行。例如，有时按某种方案精细化后，在后续的步骤中发现原来那种求精方案并不好，甚至是错误的，此时，必须自底向上对已决定的某些步骤进行修改。要求上层每一步都是绝对正确和最好是不现实的，因此，逐步求精可理解为以自底向上修正作为补充的自顶向下的程序设计方法。

我们将逐步体会到"自顶向下、逐步求精"的程序设计方法的以下两个优点。

（1）用逐步求精方法最终得到的程序是有良好结构的程序，整个程序由一些相对较小的程序子结构组成，每个子结构都具有相对独立的意义，改变某些子问题的求解策略相当于改变相应的子结构的内部算法，不会影响程序的全局结构。

（2）用逐步求精方法设计程序，可简化程序的正确性验证。结合逐步求精过程，采取边设计边逐级验证的方法，与写完整个程序后再验证相比，可大幅减少程序调试的时间。

4.3　函数的声明和定义

其实，函数的概念我们并不陌生，C语言中的函数与数学中的函数非常相似，又略有不同。

在计算机科学中的函数又称为子程序，是一个大型程序中的某部分代码，由一个或多个语句块组成。它负责完成某项特定任务，而且相较于其他代码，具备相对的独立性。一个程序由多个函数组成，可以理解为"一个程序由多个小的功能叠加而成"。函数一般会有输入参数并有返回值，提供对过程的封装和细节的隐藏。

函数的英语是"Function"。Function除了有"函数"的意思，还有"功能"的意思，中国人将 Function 译为"函数"而不是"功能",是因为 C 语言中的函数和数学中的函数在使用形式上有些类似,例如,C 语言中有 length = strlen(str),数学中有 $y = f(x)$,你看它们是何其相似,都是通过一定的操作或规则,由一份数据得到另一份数据。不过从本质上看,将 Function 理解为"功能"或许更恰当,C 语言中的函数往往是独立地实现了某项功能。

另外,函数在不同地方有不同的常用别名,在大陆常被称为子程序或子例程,港澳台地区则被称为子程式、副程式、次程式。函数在面向过程语言中最先出现,也是面向对象语言中类(Class)的前身。

C 语言函数取名规则与变量类似,同样要避开 C 语言中的关键字,建议采用动宾结构,最好能望文生义,不看注释都大概能猜到这个函数能完成什么功能。例如:

```
GetMax();                        //由名字可猜到这是求最大值的函数
```

4.3.1 函数的声明

在 C 语言中,函数声明(Function Declaration)是告诉编译器函数的名称、返回类型以及参数列表的一种方式。函数声明是函数使用的前提,它允许在函数定义之前引用该函数,从而实现函数的前向引用。这对于模块化编程和组织大型代码项目非常有帮助。

函数声明的基本语法:

```
返回类型 函数名(参数类型1 参数名1, 参数类型2 参数名2, …);
```

例如:

```
int add(int a, int b);    //声明一个名为 add 的函数,用于计算两个整数的和,其中 a 和 b 分
                          //别为两个相加的整数参数,并返回一个 int 类型的值。
```

1. 注意事项

(1) 函数声明中不需要提供函数体,只需要列出参数类型和返回类型。

(2) 函数声明可以出现在代码文件的任何位置,通常建议将它们放在代码文件的顶部或者头文件中。

(3) 函数声明是可选的,但如果在调用函数之前没有提供相应的声明或定义,编译器将无法识别该函数。

2. 函数声明的作用

(1) 使函数可以在声明之前被调用,即实现前向引用。

(2) 有助于模块间的接口定义,以提高代码的可读性和可维护性。

(3) 有助于编译器进行类型检查,确保函数调用时参数类型和数量的正确性。

在函数定义前提供函数原型(声明)可以提高代码的可读性和可维护性,函数原型告诉编译器函数的名称、返回类型和参数列表。

4.3.2 函数的定义

函数定义(Function Definition)是实际编写函数功能的代码块,包括函数的声明和函数

体。函数定义是实现函数功能的核心部分,它描述了当函数被调用时应该执行的操作。

函数定义的基本语法:

```
返回类型 函数名(参数类型 1 参数名 1, 参数类型 2 参数名 2, …) {
    //函数体
    //执行语句
    return 返回值;
}
```

例如:

```
int add(int a, int b) {          //定义一个名为 add 的函数
    int sum = a + b;             //计算两数之和
    return sum;                  //返回计算结果
}
```

1. 注意事项

(1) 函数定义必须包含函数的返回类型、函数名、参数列表和函数体。

(2) 函数定义可以包含多个语句,用于实现具体的功能。

(3) 函数定义中的 return 语句用于返回函数的结果,其返回值的类型必须与函数的返回类型一致。

(4) 函数定义通常放在代码文件的底部或者单独的源文件中,以避免在声明前被调用。

2. 函数定义的作用

(1) 实现函数的具体功能。

(2) 提供了函数调用时执行的代码。

(3) 通过函数定义,编译器能够理解函数的具体实现,并在程序运行时调用它。

4.4 函数的参数和返回值

在 C 语言中,函数参数是用于向函数传递数据或信息的机制。函数参数允许我们将数据从函数调用的地方传递给函数的内部。

并不是所有的函数都是执行完毕就结束了,可能某些时候需要函数告诉我们执行的结果如何,这就需要获取函数返回值。C 语言函数的参数和返回值是实现函数功能和数据传递的重要机制。

函数可以接收零个或多个参数,用于传递数据给函数。在函数声明和定义中被指定,并在函数调用时被实际值替代。参数可以是基本数据类型(如整数、浮点数等),也可以是后续讲到的指针、数组、结构体等复杂数据类型。在函数内部,可以使用参数的值进行计算、操作和返回结果。C 语言函数可以有多个参数,它们用逗号分隔。函数的参数列表定义了函数接收的参数的数量和类型。当调用带有多个参数的函数时,需要按照声明时的顺序提供相应的实际参数,在这种情况下,参数传递是按照从右到左的顺序进行的。也就是说,最右边的参数首先被计算,然后依次向左计算,并将计算结果传递给函数。C 语言函数也可以没有参数,这种函数被称为无参函数。无参函数在声明和定义时不需要指定参数列表,函数内部

可以直接使用。

函数可以返回一个值，该值可以被函数调用者使用。返回值可以是基本数据类型，也可以是指针、结构体甚至是函数指针等复杂数据类型。在函数定义中，使用关键字 return 后跟要返回的值来指定返回值。函数调用者可以使用赋值语句来获取函数的返回值。函数返回值的类型必须与函数声明时指定的返回类型匹配。如果函数声明了返回值，但在函数体中没有使用 return 语句返回一个值，或者 return 语句没有返回一个与声明类型匹配的值，将会导致未定义的行为。

总之，C 语言函数的参数和返回值提供了一种便捷的方式来传递数据和获取结果。合理使用函数参数和返回值可以使代码更模块化、可读性更强，并且具有更好的可维护性和可重用性。

4.4.1　形式参数和实际参数

1. 形式参数

（1）形式参数也称为函数参数或函数的输入参数。

（2）它们是在函数声明或定义中定义的变量，用于接收函数调用时传递的实际参数的值。

形式参数在函数定义中出现的参数可以看作一个占位符，它没有数据，只能等到函数被调用时接收传递进来的数据。

2. 实际参数

（1）实际参数也称为函数调用参数或函数的实参。

（2）它们是在函数调用时提供的具体的值或变量。

（3）实际参数的数量、类型和顺序必须与函数调用中的函数定义或声明中的形式参数相匹配。

实际参数是函数被调用时给出的参数，包含实实在在的数据，会被函数内部的代码使用。

3. 传递参数的方式

（1）值传递（Pass by Value）：将实际参数的值复制给形式参数，即函数的参数是函数调用处的实际值的一份副本，而不是原始值本身。在函数内部对参数的修改不会影响函数调用处的原始值。

（2）引用传递（Pass by Reference）：通过传递指针或引用的方式，使函数可以操作实际参数的内存地址，从而改变实际参数的值。即支持通过指针参数来实现对实参的修改，以达到在函数内部改变实参的目的。指针参数允许通过传递内存地址来传递指向变量的指针，这样函数可以通过指针访问和修改该变量的值（指针也是 C 语言的重难点，后续有专门的章节讲解，本节暂不展开讲解）。

形参和实参的功能是传递数据，发生函数调用时，实参的值会传递给形参。

【例 4.2】　形式参数和实际参数的使用示例。

```
1    #include <stdio.h>
2    //函数定义,接收两个整数作为形式参数
```

```
3    void add(int num1, int num2)
4    {
5        int sum = num1 + num2;
6        printf("The sum is: %d\n", sum);
7    }
8
9    int main()
10   {
11       int a = 5;
12       int b = 3;
13       //函数调用,传递 a 和 b 作为实际参数
14       add(a, b);
15       return 0;
16   }
```

在上述示例中,函数 add()接收两个整数作为形式参数 num1 和 num2,并计算它们的和再打印输出。在 main()函数中,定义了两个整数 a 和 b 作为实际参数传递给 add 函数,从而将它们的值传递给了形式参数,使得函数能够计算这两个值的和再输出。

如果把函数比喻成一台机器,那么参数就是原材料,返回值就是最终产品;从一定程度上讲,函数的作用就是根据不同的参数产生不同的返回值。C 语言函数的参数会出现在两个地方,分别是函数定义处和函数调用处,这两个地方的参数是有区别的。

(1) 形参变量只有在函数被调用时才会分配内存,调用结束后,立刻释放内存,所以形参变量只有在函数内部有效,不能在函数外部使用。

(2) 实参可以是常量、变量、表达式、函数等,无论实参是何种类型的数据,在进行函数调用时,它们都必须有确定的值,以便把这些值传送给形参,所以应该提前用赋值、输入等办法使实参获得确定值。

(3) 实参和形参在数量上、类型上、顺序上必须严格一致,否则会发生"类型不匹配"的错误。当然,如果能够进行自动类型转换,或者进行了强制类型转换,那么实参类型也可以不同于形参类型。

(4) 函数调用中发生的数据传递是单向的,只能把实参的值传递给形参,而不能把形参的值反向地传递给实参。换句话说,一旦完成数据的传递,实参和形参就再也没有瓜葛了,所以,在函数调用过程中,形参的值发生改变并不会影响实参。

【例 4.3】 形参的值发生改变并不会影响实参。

```
1    #include <stdio.h>
2    #include <stdio.h>
3    //计算从 m 加到 n 的值
4    int sum(int m, int n)
5    {
6        int i;
7        for (i = m+1; i <= n; ++i)
8        {
9            m += i;
10       }
11       return m;
```

```
12  }
13  int main()
14  {
15      int a, b, total;
16      printf("Input two numbers: ");
17      scanf("%d %d", &a, &b);
18      total = sum(a, b);
19      printf("a=%d, b=%d\n", a, b);
20      printf("total=%d\n", total);
21      return 0;
22  }
```

运行结果：

```
Input two numbers: 1 100↙
a=1, b=100
total=5050
```

在这段代码中，函数定义处的 m、n 是形参，函数调用处的 a、b 是实参。通过 scanf() 可以读取用户输入的数据，并赋值给 a、b，在调用 sum() 函数时，这份数据会传递给形参 m、n。

从运行情况看，输入 a 值为 1，即实参 a 的值为 1，把这个值传递给函数 sum() 后，形参 m 的初始值也为 1，在函数执行过程中，形参 m 的值变为 5050。函数运行结束后，输出实参 a 的值仍为 1，可见实参的值不会随形参的变化而变化。

以上调用 sum() 时是将变量作为函数实参，除此以外，也可以将常量、表达式、函数返回值作为实参，如下所示。

```
1. total = sum(10, 98);                    //将常量作为实参
2. total = sum(a+10, b-3);                 //将表达式作为实参
3. total = sum( pow(2,2), abs(-100) );     //将函数返回值作为实参
```

（5）形参和实参虽然可以同名，但它们之间是相互独立的，互不影响，因为实参在函数外部有效，而形参在函数内部有效。

【例 4.4】 更改上面的代码，让实参和形参同名。

```
1   #include <stdio.h>
2   //计算从 m 加到 n 的值
3   int sum(int m, int n)
4   {
5       int i;
6       for (i = m + 1; i <= n; ++i)
7       {
8           m += i;
9       }
10      return m;
11  }
12  int main()
13  {
```

```
14        int m, n, total;
15        printf("Input two numbers: ");
16        scanf("%d %d", &m, &n);
17        total = sum(m, n);
18        printf("m=%d, n=%d\n", m, n);
19        printf("total=%d\n", total);
20        return 0;
21    }
```

运行结果：

```
Input two numbers: 1 100
m=1, n=100
total=5050
```

调用 sum() 函数后，函数内部的形参 m 的值已经发生了变化，而函数外部的实参 m 的值依然保持不变，可见它们是相互独立的两个变量，除了传递参数的一瞬间，其他时候是没有瓜葛的。

4.4.2 函数的返回值

在 C 语言中，函数的返回值是指函数执行完毕后返回给调用者的结果。返回值可以是任意类型的数据，包括基本数据类型（如整数、浮点数等）和自定义的数据类型（如后续学习的数组、结构体等）。

在函数声明中，需要指定函数返回值的类型。如果函数不需要返回值，可以使用 void 作为返回类型。

实现函数的具体逻辑及代码是在函数定义中实现的。如果函数定义的返回类型不是 void，则函数内部必须使用 return 语句返回一个相应类型的值。

返回值的使用：在函数调用的地方，可以使用一个变量来接收函数的返回值，或直接使用函数的返回值进行后续的操作。如果函数返回类型是 void，则函数调用语句可以不用接收函数的返回值。

return 语句的一般形式为

```
return 表达式；
```

或

```
return (表达式)；
```

有没有()都是正确的，为了简明，一般也不写()。例如：

```
return max;
return a+b;
return (100+200);
```

对 C 语言返回值的说明如下。

(1) 没有返回值的函数为空类型,用 void 表示。例如:

```
void func(){
    printf("学C语言编程");
}
```

一旦函数的返回值类型被定义为 void,就不能再接收它的值了。例如,下面的语句是错误的。

```
int a = func();
```

为了使程序有良好的可读性并减少出错,凡不要求返回值的函数都应定义为 void 类型。

(2) return 语句可以有多个,可以出现在函数体的任意位置,但是每次调用函数只能有一个 return 语句被执行,所以只有一个返回值(少数的编程语言支持多个返回值,例如 Go 语言)。例如:

```
int max(int a, int b)                    //返回两个整数中较大的一个
{
    if(a > b)
    {
        return a;
    }
    else
    {
        return b;
    }
}
```

如果 a>b 成立,就执行 return a,return b 不会执行;如果不成立,就执行 return b,return a 不会执行。

(3) 函数一旦遇到 return 语句就立即返回,后面的所有语句都不会被执行。从这个角度看,return 语句还有强制结束函数执行的作用。上例的另一写法:

```
int max(int a, int b){                   //返回两个整数中较大的一个
    return (a>b) ? a : b;
    printf("Function is performed\n");   //这行代码会被执行吗?
}
```

这第 3 行代码就是多余的,没有执行的机会。

【例 4.5】 定义一个判断素数的函数。

```
1    #include <stdio.h>
2    int prime(int n)
3    {
4        int is_prime = 1, i;
5        //n一旦小于0就不符合条件,就没必要执行后面的代码了,所以提前结束函数
```

```
6       if(n < 0)
7       {
8           return -1;
9       }
10      for(i=2; i<n; i++)
11      {
12          if(n % i == 0)
13          {
14              is_prime = 0;
15              break;
16          }
17      }
18      return is_prime;
19  }
20  int main()
21  {
22      int num, is_prime;
23      scanf("%d", &num);
24      is_prime = prime(num);
25      if(is_prime < 0)
26      {
27          printf("%d is a illegal number.\n", num);
28      }
29      else if(is_prime > 0)
30      {
31          printf("%d is a prime number.\n", num);
32      }
33      else
34      {
35          printf("%d is not a prime number.\n", num);
36      }
37      return 0;
38  }
```

prime()函数是一个用来求素数的函数。素数是自然数，它的值大于或等于零，一旦传递给 prime()函数的值小于零就没有意义了，就无法判断是否是素数了，所以一旦检测到参数 n 的值小于 0，就使用 return 语句提前结束函数。

return 语句是提前结束函数的唯一办法。return 后面可以跟一份数据，表示将这份数据返回到函数外面；return 后面也可以不跟任何数据，表示什么也不返回，仅用来结束函数。

例 4.5 更改成下面的代码，使得 return 后面不跟任何数据。

```
1   #include <stdio.h>
2   void prime(int n)
3   {
4       int is_prime = 1, i;
5       if(n < 0)
6       {
7           printf("%d is a illegal number.\n", n);
```

```
 8            return;                        //return后面不带任何数据
 9        }
10        for(i=2; i<n; i++)
11        {
12            if(n % i == 0)
13            {
14                is_prime = 0;
15                break;
16            }
17        }
18        if(is_prime > 0)
19        {
20            printf("%d is a prime number.\n", n);
21        }
22        else
23        {
24            printf("%d is not a prime number.\n", n);
25        }
26 }
27 int main()
28 {
29     int num;
30     scanf("%d", &num);
31     prime(num);
32     return 0;
33 }
```

prime()函数的返回值是void，return后面不能带任何数据，直接写分号即可。

4.5 函数的调用

函数调用(Function Call)就是使用已经定义好的函数。函数调用的一般形式为

```
functionName(param1, param2, param3,…);
```

functionName是函数名称，param1，param2，param3，…是实参列表。实参可以是常数、变量、表达式等，多个实参用逗号分隔。

在C语言中，函数调用的方式有多种，例如：

```
//函数作为表达式中的一项出现在表达式中
z = max(x, y);
m = n + max(x, y);
//函数作为一个单独的语句
printf("%d", a);
scanf("%d", &b);
//函数作为调用另一个函数时的实参
printf( "%d", max(x, y) );
total( max(x, y), min(m, n) );
```

函数不能嵌套定义，但可以嵌套调用，也就是在一个函数的定义或调用过程中允许出现对另外一个函数的调用。

【例 4.6】 计算 sum = 1! + 2! + 3! + … + (n−1)! + n!。

```
1   #include <stdio.h>
2   long factorial(int n)
3   {    //求阶乘
4        int i;
5        long result=1;
6   for(i=1; i<=n; i++)
7        {
8            result * = i;
9        }
10       return result;
11  }
12
13  long sum(long n)
14  {    //求累加的和
15       int i;
16       long result = 0;
17  for(i=1; i<=n; i++)
18       {
19           //在定义过程中出现嵌套调用
20           result += factorial(i);
21       }
22       return result;
23  }
24
25  int main()
26  {
27       printf("1!+2!+…+9!+10! = %ld\n", sum(10));   //在调用过程中出现嵌套调用
28       return 0;
29  }
```

分析：可以编写两个函数，一个用来计算阶乘，一个用来计算累加的和。
运行结果：

1!+2!+…+9!+10! = 4037913

sum()的定义中出现了对 factorial()的调用，printf()的调用过程中出现了对 sum()的调用，而 printf()又被 main()调用，它们的整体调用关系为

main()→printf()→sum()→factorial()

如果一个函数 A()在定义或调用过程中出现了对另外一个函数 B()的调用，那么就称 A()为主调函数或主函数，称 B()为被调函数。

当主调函数遇到被调函数时，主调函数会暂停，CPU 转而执行被调函数的代码；被调函数执行完毕后再返回主调函数，主调函数根据刚才的状态继续往下执行。

一个 C 语言程序的执行过程可以认为是多个函数之间的相互调用过程,它们形成了一个或简单或复杂的调用链条。这个链条的起点是 main(),终点也是 main()。当 main()调用完了所有的函数,它会返回一个值(例如 return 0;)来结束自己的生命,从而结束整个程序。

函数是一个可以重复使用的代码块,CPU 会一条一条地挨着执行其中的代码,当遇到函数调用时,CPU 首先要记录下当前代码块中下一条代码的地址(假设地址为 0X1000),然后跳转到另外一个代码块,执行完毕后再回来继续执行 0X1000 处的代码。整个过程相当于 CPU 开了一个小差,暂时放下手中的工作去做点别的事情,做完了再继续刚才的工作。

从上面的分析可以推断出,在所有函数之外进行加减乘除运算、使用 if-else 语句、调用一个函数等都是没有意义的,这些代码位于整个函数调用链条之外,永远都不会被执行到。C 语言也禁止出现这种情况,会报语法错误,请看下面的代码。

```c
#include <stdio.h>
int a = 10, b = 20, c;
//错误:不能出现加减乘除运算
c = a + b;
//错误:不能出现对其他函数的调用
printf("学编程");
int main()
{
    return 0;
}
```

函数的调用是通过函数原型和函数名来实现的。函数原型声明函数的返回类型和参数,它告诉编译器函数的接口。函数原型应该放在函数定义之前或函数调用之前。

```c
int max(int num1, int num2);                //函数定义
int max(int num1, int num2)
{
    if (num1 > num2)
    {
        return num1;
    }
    else
    {
        return num2;
    }
}
//函数调用 int result=max(10,20);
```

在这个例子中,max 函数的原型声明它返回 int,并接收两个 int 参数,max 函数定义实现了求最大值的逻辑。在主函数中,通过 max 函数名和参数列表 10,20 来调用 max 函数。

所以,在 C 语言中通过函数原型声明接口函数定义实现功能,函数调用使用函数名和参数来调用定义好的函数。

4.5.1 函数调用的基本概念

在 C 语言中,函数调用(Function Call)是程序控制流的一个重要特性,它允许程序在执行过程中调用一个函数,并在函数执行完毕后返回到调用点继续执行。函数调用的过程涉及参数的传递、栈的管理和函数执行的上下文切换。

函数调用的基本语法:

```
函数名(参数1, 参数2, …);
```

例如:

```
int result = add(10, 20);                    //调用 add 函数,并将结果存储在 result 变量中
```

函数调用的过程如下。
(1) 程序执行到函数调用时,会将控制权转交给被调用的函数。
(2) 函数的参数按照从右到左的顺序压入调用栈。
(3) 函数体开始执行,局部变量被创建在栈上。
(4) 函数执行完毕后,根据返回类型返回一个值(如果有的话)。
(5) 控制权返回给调用者,并将返回值传递给调用者。

通过深入理解函数调用的基本概念、类型、注意事项以及调用约定,学习者可以更加熟练地在 C 语言程序中使用函数,编写出结构清晰、高效且易于维护的代码。这些知识点是 C 语言函数部分的核心内容,对于掌握 C 语言编程至关重要。

4.5.2 函数调用的类型

C 语言中的函数调用可以根据参数传递方式和调用上下文的不同,分为以下几种不同的类型。

1. 值传递

在值传递中,实际参数的副本被传递给函数。
修改函数内的参数不会影响实际参数的值。
值传递是 C 语言中最常见的参数传递方式。

2. 地址传递

通过指针传递参数,函数可以直接修改实际参数的值。
使用指针参数可以避免大量数据的复制,提高效率。
在进行函数调用时,需要注意以下几点,以确保程序的正确性和效率。
(1) 参数匹配。
函数调用时提供的参数数量和类型必须与函数定义中的参数列表相匹配。如果参数不匹配,编译器可能会发出警告或错误。
(2) 递归调用。
函数可以直接或间接地调用自身,这称为递归。递归函数需要有一个退出条件,否则可能导致无限递归。4.5.3 节将专门讲讲函数的递归调用。

4.5.3　函数的递归调用

一个函数在它的函数体内调用它自身称为递归调用,这种函数称为递归函数。执行递归函数将反复调用其自身,每调用一次就进入新的一层,当最内层的函数执行完毕后,再一层一层地由里到外退出。

递归函数不是 C 语言的专利,Java、C♯、JavaScript、PHP 等其他编程语言也都支持递归函数。

下面通过一个求阶乘的例子,看看递归函数到底是如何运作的。

【例 4.6】　计算 n!。

```
1   #include <stdio.h>
2   //求 n 的阶乘
3   long factorial(int n)
4   {
5       if (n == 0 || n == 1)
6       {
7           return 1;
8       }
9       else
10      {
11          return factorial(n - 1) * n;        //递归调用
12      }
13  }
14  int main()
15  {
16      int a;
17      printf("Input a number: ");
18      scanf("%d", &a);
19      printf("Factorial(%d) = %ld\n", a, factorial(a));
20      return 0;
21  }
```

运行结果:

```
Input a number: 5↙
Factorial(5) = 120
```

factorial()就是一个典型的递归函数。调用 factorial()后即进入函数体,只有当 n==0 或 n==1 时函数才会执行结束,否则就一直调用它自身。

由于每次调用的实参为 n−1,即把 n−1 的值赋给形参 n,所以每次递归实参的值都减 1,直到最后 n−1 的值为 1 时再递归调用,形参 n 的值也为 1,递归就终止了,会逐层退出。

要想理解递归函数,重点是理解它是如何逐层进入,又是如何逐层退出的,下面以 5!为例进行讲解,如图 4-1 所示。

1. 递归的进入

(1) 求 5!,即调用 factorial(5)。当进入 factorial()函数体后,由于形参 n 的值为 5,不

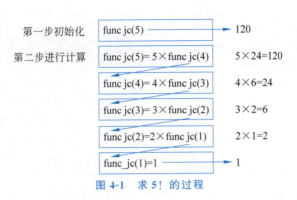

图 4-1 求 5! 的过程

等于 0 或 1，所以执行 factorial($n-1$)×n，也即执行 factorial(4)×5。为了求得这个表达式的结果，必须先调用 factorial(4)，并暂停其他操作。换句话说，在得到 factorial(4) 的结果之前，不能进行其他操作。这就是第一次递归。

（2）调用 factorial(4) 时，实参为 4，形参 n 也为 4，不等于 0 或 1，会继续执行 factorial(n-1)×n，也即执行 factorial(3)×4。为了求得这个表达式的结果，又必须先调用 factorial(3)。这就是第二次递归。

（3）以此类推，进行 4 次递归调用后，实参的值为 1，会调用 factorial(1)。此时能够直接得到常量 1 的值，并把结果 return，就不需要再次调用 factorial() 函数了，递归就结束了。

表 4-1 列出了求 5! 逐层进入的过程。

表 4-1 求 5! 逐层进入的过程

层次/层数	实参/形参	调用形式	需要计算的表达式	需要等待的结果
1	n＝5	factorial(5)	factorial(4) * 5	factorial(4) 的结果
2	n＝4	factorial(4)	factorial(3) * 4	factorial(3) 的结果
3	n＝3	factorial(3)	factorial(2) * 3	factorial(2) 的结果
4	n＝2	factorial(2)	factorial(1) * 2	factorial(1) 的结果
5	n＝1	factorial(1)	1	无

2. 递归的退出

当递归进入最内层的时候，递归就结束了，开始逐层退出，也就是逐层执行 return 语句。

（1）n 的值为 1 时达到最内层，此时 return 出去的结果为 1，也即 factorial(1) 的调用结果为 1。

（2）有了 factorial(1) 的结果，就可以返回上一层计算 factorial(1)×2 的值了。此时得到的值为 2，return 出去的结果也为 2，也即 factorial(2) 的调用结果为 2。

（3）以此类推，当得到 factorial(4) 的调用结果后，就可以返回最顶层。经计算，factorial(4) 的结果为 24，那么表达式 factorial(4)×5 的结果为 120，此时 return 得到的结果也为 120，也即 factorial(5) 的调用结果为 120，这样就得到了 5! 的值。

表 4-2 列出了求 5! 逐层退出的过程。

表 4-2　求 5! 逐层退出的过程

层次/层数	调用形式	需要计算的表达式	从内层递归得到的结果 （内层函数的返回值）	表达式的值 （当次调用的结果）
5	factorial(1)	1	无	1
4	factorial(2)	factorial(1)×2	factorial(1) 的返回值，也就是	12
3	factorial(3)	factorial(2)×3	factorial(2) 的返回值，也就是	26
2	factorial(4)	factorial(3)×4	factorial(3) 的返回值，也就是 6	24
1	factorial(5)	factorial(4)×5	factorial(4) 的返回值，也就是 24	120

至此，已经对递归函数 factorial() 的进入和退出流程做了深入的讲解，把看似复杂的调用细节逐一呈献给大家，即使你是初学者，相信你也能解开谜团。

3. 递归的条件

每一个递归函数都应该只进行有限次的递归调用，否则它就会进入死胡同，永远也不能退出了，这样的程序是没有意义的。

要想让递归函数逐层进入再逐层退出，需要解决以下两个方面的问题：

（1）存在限制条件，当符合这个条件时递归便不再继续。对于 factorial()，当形参 n 等于 0 或 1 时，递归就结束了。

（2）每次递归调用之后越来越接近这个限制条件。对于 factorial()，每次递归调用的实参为 $n-1$，这会使得形参 n 的值逐渐减小，越来越趋近于 1 或 0。

再举另一个适合使用递归的经典例子——斐波那契数列。斐波那契数列是这样的一个序列：0,1,1,2,3,5,8,…，其中从第 3 项开始每个数都是前两个数的和。

```c
#include <stdio.h>
int fibonacci(int n) {                          //斐波那契数
    //基本情况:斐波那契数列的前两个数是 0 和 1
    if (n == 0) {
        return 0;
    } else if (n == 1) {
        return 1;
    }
    //递归步骤:第 n 个斐波那契数是前两个斐波那契数的和
    return fibonacci(n - 1) + fibonacci(n - 2);
}
int main() {
    int index = 10;
    printf("Fibonacci number at position %d is %d\n", index, fibonacci(index));
    return 0;
}
```

在这个例子中，fibonacci 函数计算斐波那契数列中第 n 个数。如果 n 是 0 或 1，函数返回对应的数，这是基本情况。对于更大的 n，函数通过递归调用自身来计算前两个斐波那契数，并将它们相加，这是递归步骤。

通常下面三种情况需要使用递归：

（1）数学定义是递归的，如计算阶乘、求最大公约数；

（2）数据结构是递归的，如单向链表、树等；

(3) 问题的解法是递归的,非数值计算领域存在很多必须用递归法才能解决的经典问题。如汉诺(Hanoi)塔、骑士游历、八皇后问题(回溯法),有兴趣的朋友可在网上搜索相关资源了解一下。

递归是一种强大的编程技术,但也需要谨慎使用,因为不当的递归可能导致栈溢出错误或性能问题。

4.6 变量作用域

在 C 语言中,变量的作用域指的是变量在程序中可见和可访问的范围。C 语言有以下几种作用域。

(1) 局部作用域:局部变量只在声明它的块或函数内部可见。一旦离开该块或函数,局部变量就不再存在。局部变量可以在函数的参数列表中声明,也可以在函数体内部声明。局部变量的作用域仅限于声明它的块或函数。

(2) 全局作用域:全局变量在整个程序中都可见。它们可以在任何函数内部访问,也可以在多个源文件中共享。全局变量的作用域从定义处开始,到文件结束。一般来说,应该尽量避免过多地使用全局变量,因为全局变量会增加程序的复杂性和难以维护。

(3) 块作用域:块作用域是指在代码块(由一对花括号括起来的代码)中声明的变量的作用域。块作用域只在其所属的代码块内部可见,一旦离开该代码块,块作用域变量就不再存在。

需要注意的是,C 语言中的变量作用域是静态的,一旦确定了变量的作用域,它就会一直存在,直到超出作用范围或程序结束。

另外,在 C99 标准中还引入了块作用域变量的延迟初始化概念。即可在代码块的第一个语句中声明变量,并在需要时进行初始化。这样可以提高代码的可读性和维护性。

4.6.1 局部变量和全局变量

C 语言中,变量可以分为局部变量和全局变量。

局部变量是在特定的代码块(如函数或语句块)内定义的变量,只在该代码块内可见。局部变量的作用域仅限于定义它的代码块内部,超出该代码块范围后,该变量就会被销毁。局部变量的优点是可以减少内存的占用,因为它们只在需要时才存在。此外,局部变量可以在不同的代码块中使用相同的名称,因为它们彼此独立。

例如,以下代码展示了一个函数内部的局部变量的使用。

```
#include <stdio.h>
void myFunction()
{
    int x = 10;                              //定义一个局部变量 x
    printf("局部变量 x 的值为:%d\n", x);
}
int main()
{
    myFunction();
    return 0;
}
```

在上述代码中,变量 x 是在 myFunction() 函数内定义的局部变量。只有在 myFunction() 函数内部,才能访问和使用变量 x。

相比之下,全局变量是在函数之外定义的变量,在整个程序中可见。全局变量的作用域从定义处开始,直到程序结束。全局变量会占用更多的内存空间,因为它们始终存在于程序的整个执行过程中。

以下是一个使用全局变量的示例。

```c
#include <stdio.h>
int globalVar = 20;                        //定义一个全局变量
void myFunction()
{
    printf("全局变量 globalVar 的值为:%d\n", globalVar);
}
int main()
{
    myFunction();
    return 0;
}
```

在上述代码中,变量 globalVar 是在函数之外定义的全局变量。可以在 main() 函数和 myFunction() 函数中访问和使用它。

需要注意的是,在程序中过多地使用全局变量可能会导致代码维护和调试困难,因此建议尽可能地使用局部变量。全局变量在需要共享数据时才应被使用,而不是滥用。

当涉及变量的作用域时,局部变量和全局变量还有一些其他方面的差异。

初始化和默认值:局部变量可以不被初始化,它们的值在定义之前是不确定的。而全局变量会被自动初始化为 0 或空值,除非显式地赋予其他值。

变量名的重复使用:在不同的代码块中,可以使用相同的变量名作为局部变量,它们之间互不干扰。然而,全局变量需要避免与其他全局变量或局部变量重复。

共享性:局部变量只能被定义它们的代码块内部访问,无法直接在其他代码块中使用。而全局变量可以被整个程序的各个代码块访问,具有共享性。

存储位置:局部变量通常存储在栈上,函数结束后会自动释放内存。而全局变量存储在静态存储区,程序在运行期间一直存在。

生命周期:局部变量的生命周期与其所在的代码块相匹配,当代码块执行完毕时,局部变量被销毁。全局变量的生命周期与整个程序的执行周期相同,只有在程序运行结束后才会被销毁。

请注意,全局变量的使用应谨慎。过度依赖全局变量会导致代码的可读性和可维护性降低,增加了程序的复杂性。因此,在编写代码时,请优先考虑使用局部变量,并将全局变量限制在必要的情况下使用。

当局部变量和全局变量同名时,局部变量会覆盖同名的全局变量。这意味着在同一作用域内,如果存在局部变量和全局变量同名,那么在该作用域内使用该变量时,将使用局部变量而不是全局变量。

以下是一个示例。

```c
#include <stdio.h>
int globalVar = 20;                        //定义一个全局变量
void myFunction()
{
    int globalVar = 10;                    //定义一个同名的局部变量
    printf("局部变量 globalVar 的值为:%d\n", globalVar);
}
int main()
{
    myFunction();
    printf("全局变量 globalVar 的值为:%d\n", globalVar);
    return 0;
}
```

在上述代码中,函数 myFunction()内部定义了一个同名的局部变量 globalVar,它覆盖了全局变量 globalVar 的值。当在 myFunction()函数内使用 globalVar 时,输出的值为局部变量 globalVar 的值,而在 main()函数中使用 globalVar 时,输出的值为全局变量 globalVar 的值。

这种同名变量的覆盖可以使我们在特定情况下灵活地使用不同的值,但建议在代码中避免同名变量的混淆使用,在命名变量时要注意合理命名,以提高代码的可读性和可维护性。

当在函数中使用全局变量时,不需要显式地传递该变量作为参数。全局变量在整个程序中都可见,可以被任何函数直接引用和修改。

```c
#include <stdio.h>
int globalVar = 20;                        //定义一个全局变量
void myFunction()
{
    globalVar = 30;                        //直接修改全局变量的值
    printf("在函数内部,全局变量 globalVar 的值为:%d\n", globalVar);
}
int main()
{
    printf("在函数调用前,全局变量 globalVar 的值为:%d\n", globalVar);
    myFunction();
    printf("在函数调用后,全局变量 globalVar 的值为:%d\n", globalVar);
    return 0;
}
```

在上述代码中,函数 myFunction()内部直接修改了全局变量 globalVar 的值,而无须传递该变量作为参数。在 main()函数中调用 myFunction()之前和之后,在输出语句中可以观察到全局变量 globalVar 的值的变化。

需要注意的是,由于全局变量具有共享性,当多个函数都修改同一个全局变量时,可能会引发并发访问的问题。为了保证线程安全性,应谨慎使用全局变量,或者使用线程同步机制来协调对全局变量的访问。

当涉及全局变量时,有以下几种常见的最佳实践和注意事项。

(1) 限制全局变量的使用：全局变量可以在程序中的任何地方访问，这使得代码的可读性和可维护性较差。为了避免滥用全局变量，应尽可能减少其使用，并将其保留在必要的情况下使用。

(2) 使用全局变量前声明：在使用全局变量之前，应该在代码的开头部分显式地进行声明，以确保其他部分的代码可以正确引用全局变量。

(3) 避免全局变量的滥用：尽量使用局部变量来存储函数和代码块内部需要的数据，这样会提高代码的模块化程度，并减少命名冲突和并发访问的问题。

(4) 命名全局变量时要有意义：为全局变量选择有意义的名称，并遵循一致的命名约定，以提高代码的可读性和可维护性。避免使用容易与其他变量冲突的通用名称，可以为全局变量添加前缀或使用全局变量命名约定。

(5) 寻找替代方案：在某些情况下，使用全局变量可能并不是最佳选择。可以考虑使用其他方法，如函数参数传递、返回值、静态函数等，来实现代码之间的数据传递和共享。

综上所述，尽管全局变量在一些特定的情况下是必要的，但要小心使用并遵循最佳实践和注意事项，以确保代码的可读性、可维护性和线程安全性。

4.6.2　动态存储与静态存储

在 C 语言中，变量的存储可以分为动态存储和静态存储。这两种存储方式决定了变量的生命周期和访问方式。

(1) 动态存储：动态存储是通过使用动态内存分配函数（如 malloc()和 calloc()）在程序运行时分配内存。动态存储的变量可以在程序的任意位置进行访问，并且它们的生命周期可以由开发者根据程序的需要进行管理，即可以手动释放分配的内存。动态存储的变量在程序结束或被释放之前会一直存在。使用动态存储可以有效地管理大量数据。

(2) 静态存储：静态存储是在程序编译阶段就分配好内存空间的存储方式。静态存储的变量在程序的整个执行过程中都存在，并且它们的生命周期与程序的执行周期相同。静态存储的变量分为以下两种类型。

① 全局静态变量：全局静态变量在程序的任意位置都可以访问，但作用域仅限于定义它的源文件。全局静态变量在程序启动时就被分配内存，并在程序结束后自动释放。

② 局部静态变量：局部静态变量也只能在定义它的代码块内部访问，但与全局静态变量不同的是，局部静态变量在程序的整个执行过程中都保持存在，且仅初始化一次。局部静态变量的作用域仅限于定义它的代码块内部，但它的生命周期超出了代码块的范围。

使用静态存储的主要优点是变量的生命周期比较长，对于需要在程序的不同部分之间共享数据的情况很有用。然而，静态存储也增加了程序的内存占用，并且可能导致命名冲突或数据共享的混乱，因此需要谨慎使用。

下面再通过三个简单的示例来比较理解一下 C 语言中的动态存储和静态存储。

静态存储分配的变量具有静态存储期，这意味着它们的生命周期贯穿整个程序的运行过程。静态存储的变量包括全局变量和静态局部变量。

全局变量：定义在所有函数外部的变量，它们在程序的整个执行期间都存在，并且在程序的任何地方（只要作用域允许）都可以访问。

全局变量示例代码：

```c
#include <stdio.h>
int globalVar = 42;                        //全局变量
int main()
{
    //访问全局变量
    printf("Global Variable: %d\n", globalVar);
    return 0;
}
```

静态局部变量：在函数内部定义，但使用 static 关键字。这样的变量只会在第一次调用函数时初始化，之后的函数调用会保留上一次的值。例如，可用于统计此子函数被调用的次数。

静态局部变量示例代码：

```c
#include <stdio.h>
void staticTest()
{
    static int staticVar = 0;              //静态局部变量
    printf("Static Variable: %d\n", staticVar);
    staticVar++;                           //每次调用函数时，staticVar 的值会增加
}
int main()
{
    for (int i = 0; i < 5; i++)
    {
        staticTest();                      //每次调用都会看到 staticVar 的值递增
    }
    return 0;
}
```

动态存储分配的变量则具有自动存储期，它们的生命周期仅限于创建它们的块（通常是函数）的执行期间。当控制流离开这个块时，这些变量的生命周期就结束了。例如，在函数内部定义的变量，它们在函数被调用时创建，在函数执行结束时销毁。

动态存储的局部变量示例代码：

```c
#include <stdio.h>
void autoTest()
{
    int localVar = 10;                     //自动存储的局部变量
    printf("Local Variable: %d\n", localVar);
    //localVar 在这里的生命周期结束
}
int main()
{
    autoTest();                            //调用函数，局部变量创建并打印
    return 0;
}
```

从上述三个示例中可以发现，globalVar 是一个全局变量，它在 main 函数执行之前就已经存在，并在 main 函数执行之后仍然存在。staticVar 是一个静态局部变量，它在 staticTest 函数第一次被调用时初始化，并在之后的调用中保持其值。而 localVar 是一个局部变量，它只在 autoTest 函数的执行期间存在。理解这些存储类别对于掌握 C 语言的内存管理和作用域规则非常重要。

另外需要注意的是，动态存储和静态存储通常用于不同的目的。

动态存储通常用于以下情况。

- 需要在运行时动态地分配内存，以适应不确定的数据量或大小需求。
- 需要在不同的函数之间共享大量数据。
- 需要创建动态数据结构，如链表、树等。

静态存储通常用于以下情况。

- 需要在程序的整个运行周期内保持数据的持久性。
- 需要在多个函数或不同的源文件中共享数据。
- 需要在程序的各个部分之间维护全局状态。

总体来说，动态存储和静态存储都有各自的用途和优缺点，开发者需要根据具体的需求和程序的要求来选择适当的存储方式。合理地使用动态存储和静态存储可以提高程序的可扩展性、灵活性和效率。

除了动态存储和静态存储之外，还有一种存储方式称为自动存储。

自动存储：自动存储是 C 语言中最常见的存储方式，默认情况下，所有局部变量都是自动存储的。自动存储的变量在程序的执行过程中根据控制流的进入和离开代码块而自动创建和销毁。自动存储的变量在定义它们的代码块内部有效，一旦代码块执行完毕，变量就会被销毁，释放内存。

使用自动存储的主要优点是变量的生命周期和作用域与代码块紧密相关，不需要手动进行内存管理，也不会造成内存泄漏。自动存储的变量适合用于临时存储和局部计算，但不适合在不同代码块或函数之间共享数据。

需要注意的是，默认情况下，静态变量和全局变量的存储类别是静态存储，而局部变量的存储类别是自动存储。使用关键字 static 可以将变量的存储类别由自动存储改为静态存储，使其在函数调用之间保持持久性。

4.6.3 用 extern 声明外部变量

当在一个源文件中声明一个变量时，它的作用范围通常限于该源文件中。但有时需要在其他文件中访问这个变量。这时可以使用 extern 关键字来声明外部变量。

extern 声明在一个文件中表示该变量在其他文件中定义，并且该文件希望访问该变量。它告诉编译器该变量在其他地方定义，不需要在当前文件中分配存储空间。

下面是一个具体的示例。

在文件 A.c 中定义外部变量：

```
int x;                          //定义一个外部变量 x,在本文件中可以正常访问
```

在文件 B.c 中访问外部变量：

```
extern int x;                        //声明外部变量x,告诉编译器该变量在其他地方定义
```

需要注意的是,extern 只是声明变量的存在,而不是定义变量,因此在外部变量的定义处不需要使用 extern 关键字。在文件 B.c 中,如果没有定义变量 x,编译器会在链接阶段报错。

使用 extern 关键字可以让多个源文件共享同一个全局变量,这在大型项目中非常有用。

当我们在一个源文件中使用 extern 关键字声明外部变量时,可以将该声明放在任何位置,一般放在全局作用域中。这样可以让其他文件中的函数或代码块访问外部变量。

下面这个示例,展示了如何使用 extern 声明外部变量。

文件 A.c:

```
int x;                              //定义外部变量x
int main()
{
    //对变量x进行操作
    x = 10;
    printf("x = %d\n", x);
    return 0;
}
```

文件 B.c:

```
extern int x;                        //声明外部变量x,告诉编译器该变量在其他地方定义
void printX()
{
    //访问并打印变量x的值
    printf("x = %d\n", x);
}
```

在上面的示例中,文件 A.c 定义了外部变量 x,并在 main() 函数中对其赋值和打印。文件 B.c 中使用 extern 关键字声明外部变量 x,并在 printX() 函数中访问并打印 x 的值。

通过编译并链接这两个文件,可以在打印 x 的值时确保其与文件 A.c 中赋值的值相同。

使用 extern 声明外部变量可以帮助我们在不同的源文件中共享数据,并提供一种灵活的组织代码的方式。这在大型项目中非常有用,使得不同的模块可以相互访问和修改共享的变量。

当使用 extern 声明外部变量时,需要注意以下几点。

extern 关键字只是用于声明外部变量的存在,并不分配内存空间。因此,在使用 extern 声明外部变量后,需要确保在某个源文件中对该变量进行了定义;否则,在链接阶段会报错。

外部变量的定义应该只出现在一个源文件中。如果在多个文件中都对外部变量进行定义,会导致重复定义的错误。

一般情况下,extern 声明应该放在头文件中,并在需要访问该外部变量的源文件中包含

该头文件。这样可以确保所有相关文件都能正确地访问外部变量。在使用外部变量时，需要保证所引用的外部变量已经被初始化；否则，如果在使用之前没有对外部变量进行赋值，可能会导致未定义的行为。如果外部变量需要在多个文件中进行修改，则需要考虑线程安全性和数据同步的问题。

总体来说，使用 extern 关键字能够帮助我们在多个源文件中共享变量，提供了一种灵活的组织代码的方式。但是在使用时需要注意声明和定义的一致性、重复定义的问题，并保证外部变量的正确初始化和数据同步。

4.7 本章小结

本章深入探讨了 C 语言中的函数概念，阐述了函数的定义、声明、调用以及参数传递和返回值机制。我们了解到函数是实现模块化编程的核心构件，它有助于将复杂问题分解为可管理的小任务，并能够复用代码以提高开发效率。

本章首先通过一个升级版的猜数游戏案例，展示了如何使用函数来优化程序结构，使代码更清晰、更易于理解和维护。每个函数都有其单一职责，通过参数和返回值与其他函数交互，体现了封装性和模块化的设计思想。

进一步，本章详细讨论了函数的声明和定义，包括函数名、返回类型、参数列表和函数体。解释了形式参数和实际参数的区别，以及值传递和引用传递两种参数传递方式。此外，还介绍了函数返回值的概念，说明了如何通过 return 语句从函数返回数据。

本章还涵盖了函数调用的过程，包括参数匹配、递归调用和变量作用域等概念。递归作为函数调用的一种特殊形式，允许函数在执行过程中调用自身，但需要恰当的退出条件以避免无限递归。

最后，本章讨论了变量的作用域和存储类别，包括局部变量、全局变量、静态存储和动态存储，以及如何使用 extern 关键字在不同源文件中声明和访问外部变量。

4.8 课后习题

4.8.1 单选题

1. 在 C 语言中，函数的返回类型可以是下列哪种？（　　）
   A. int　　　　　　B. void　　　　　　C. char　　　　　　D. 以上都可以
2. 下面哪个语句可以用来调用一个函数？（　　）
   A. return 函数名；　　　　　　　　B. 函数名；
   C. int 函数名；　　　　　　　　　　D. 调用 函数名；
3. 下面哪种方式可以传递参数给函数？（　　）
   A. 通过值传递　　　　　　　　　　B. 通过引用传递
   C. 通过指针传递　　　　　　　　　D. 以上都可以
4. 在 C 语言中，函数的定义通常包括以下哪些部分？（　　）
   A. 函数名、返回类型和参数列表

B. 函数名、参数列表和函数体
C. 参数列表、函数名和函数体
D. 返回类型、参数列表和函数体

5. 在 C 语言中，下面哪个关键字用于定义函数？（　　）
   A. func   B. def   C. function   D. 以上都不是
6. 某个函数的形参列表为"int a，float b"，下面哪个选项中的函数调用是正确的？（　　）
   A. funcName()   B. funcName(10，3.14)
   C. funcName(10，"string")   D. funcName("abc"，3.14)
7. 在 C 语言中，函数的声明通常包括以下哪些部分？（　　）
   A. 返回类型、函数名和参数列表
   B. 返回类型、参数列表和函数体
   C. 参数列表、函数名和函数体
   D. 参数列表、返回类型和函数体
8. 在函数定义中，下面哪个关键字用于指定函数返回的值？（　　）
   A. return   B. break   C. continue   D. sizeof
9. 在 C 语言中，下列哪个选项用于在程序中调用标准库函数时提供定义？（　　）
   A. #define   B. #pragma   C. #include   D. #ifdef
10. 在 C 语言中，下列哪个选项用于在函数中提前结束循环或返回？（　　）
    A. return   B. break   C. continue   D. exit()

4.8.2 程序填空题

1.

```
#include <stdio.h>

_____                              //填空处(1)：声明函数原型
int main() {
    int num = 5;
    _____;                         //填空处(2)：调用函数并打印返回值
    return 0;
}
_____                              //填空处(3)：定义函数
{
    _____;                         //填空处(4)：函数实现
}
```

2.

```
#include <stdio.h>

_____                              //填空处(1)：声明函数原型
int cube(int);
int main() {
    int num = 5;
    _____;                         //填空处(2)：调用函数并打印返回值
```

```
        printf("The cube of %d is %d\n", num, cube(num));
        return 0;
}
_____                            //填空处(3):定义函数
int cube(int x)
{
        _____;                   //填空处(4):函数实现
        return x * x * x;
}
```

3.

```
#include <stdio.h>
_____                            //填空处(1):声明函数原型
int add(int x, int y);
int main() {
        int result;
        int a = 6, b = 3;
        _____;                   //填空处(2):调用函数并保存返回值至 result
        result = add(a, b);
        printf("The result is: %d\n", result);
        return 0;
}
_____                            //填空处(3):定义函数
int add(int x, int y)
{
        _____;                   //填空处(4):函数实现
        return x + y;
}
```

4.

```
#include <stdio.h>
_____        //填空处(1):在此处声明函数原型,函数名为 addition,参数为两个整数
int main() {
        int result;
        int x = 8, y = 5;
        _____;   //填空处(2):调用函数并将返回值赋给 result
        printf("The sum is: %d\n", result);
        return 0;
}
_____        //填空处(3):在此处定义函数 addition,接收两个整数参数,返回它们的和
{
        _____;   //填空处(4):在此处补充函数体
}
```

5.

```
#include <stdio.h>
```

```
_____                //填空处(1):在此处声明函数原型,函数名为absoluteValue,参数为一个整数
int main() {
    int num, result;
    num = -10;
    _____;                           //填空处(2):调用函数并将返回值赋给result
    printf("The absolute value is: %d\n", result);
    return 0;
}
_____        //填空处(3):在此处定义函数absoluteValue,接收一个整数参数,返回其绝对值
{
    _____;                           //填空处(4):在此处补充函数体
}
```

4.8.3 编程题

1. 将26个英文字母分别按正序和逆序打印输出,正序时小写输出,逆序时大写输出。
2. 写出一个函数,返回输入正整数对应二进制中1的个数。
3. 检查整数是否为素数。
4. 编写一个递归函数,计算斐波那契数列的第 n 个数。
5. 写一个判断是否是质数的子函数,在主函数中输入一个整数,输出是否为质数的信息。
6. 写两个子函数,分别求两个整数的最大公约数和最小公倍数,用主函数调用这两个函数,并输出结果。
7. 编写一个函数,计算一个整数 n 的平方根(保留整数部分)。
8. 编写一个函数实现 n 的 k 次方,使用递归实现。
9. 编写一个函数,计算 n 的阶乘的尾部0的个数。
10. 编写一个函数,验证哥德巴赫猜想:任何一个大于2的偶数都可以分解为两个素数的和。

数 组

本章学习目标

- 建立一维数组的概念，以及其在编程中的应用。
- 建立二维数组的概念，以及其在编程中的应用。
- 建立三维及多维数组的概念，以及其在编程中的应用。
- 掌握数组在函数中的应用。
- 熟悉数组在多个常见算法中的使用。
- 能够使用数组实现基本的程序。

5.1 数组产生的背景

数组在信息存储、信息传输、科学计算、信息安全等领域有着广泛的应用。

数组作为一种逻辑上的对类型一致的多个数据存放的方式，在信息安全中占有重要的地位。利用数组，有多种方法可以对其元素进行加密/解密。下面简介几种常见的算法。

（1）置换加密。首先，确立一个密钥，该密钥也是一个数组。按照密钥规定次序来改变明文的元素在其数组中的位置，如此来实现加密数据。这样使得明文数组中各元素的位置被打乱，只有知道置换密码的人才能解密。这种算法的优点是简单易实现，但使用的密钥的安全性对加密效果有很大的影响。

（2）异或加密。首先也是确立一个基于数组形式的密钥。然后将明文数组的每个元素与密钥的对应元素进行异或运算。这种算法也是简单高效，但密钥的选择对加密结果有重要影响。

在信息化极其发达的今天，各种对数据的攻击、窃取、恶意修改等事件日益繁多。对于数组这样一种常见的存储数据的格式，要运用各种加密手段来保护数据的完整性和正确性，由此来保护国家和个人所拥有的数据的安全。因为如今，有时候数组就代表着银行的账号、股票的户头、房产证的序列号，等等。

综上所述，数组作为一种基本的数据存储方式，在当今信息社会的方方面面都有着重要的基石性的作用。

5.2 人以群分、物以类聚

"人以群分、物以类聚"，这是中国的一个成语，也是我们经常所见到的现象。举一个例子,某军事艺术院校为了迎接建军节,要举办一个盛大的文艺晚会。学校有这么大,学员又这么多,要表演的节目花样繁多,从上百人的合唱到两个人的相声都有,怎么组织学员来表演节目呢?

这里可以把学员按性别来归类。男学员一类,女学员一类。表演一个武装斗争的戏剧,就到男学员这一类中找演员。表演一个优美的歌舞剧,就到女学员这一类中找演员。这就归好类了。假如今晚要排练武装斗争的戏剧,就发通知给男学员。明早要排练歌舞剧,就发通知给女学员。很方便。

假如要准备一个大合唱的节目。在男学员中,根据身高来将他们分为三类:身高在 1.7m 以下的为一类;身高为 1.7~1.8m 的为一类;身高在 1.8m 以上的为一类。然后安排 1.7m 以下的男学员站在合唱团的前面部分,1.7~1.8m 的站在合唱团的中间部分,1.8m 以上的站在合唱团的后面部分。这样,一旦需要彩排或者演出,学员们站位就很简单。每个人都能很快地找到自己的位置。又如,合唱团一般都有声部的划分。类似于刚才的安排,划分起来也容易。例如,前面第一排为高声部,第二排为中声部,等等。假如要练习高声部,那么第一排的出列,然后找个教室,专心练习高声。

所以,"人以群分、物以类聚",通过合适的分类,我们的工作得到简化,管理变得简单,也大大减少了出错的机会。

案例引入:加解密程序

这里,在 5.1 节的基础上,继续对数组在信息安全中的作用做较深入的探讨。首先,数组可以用来存储待加密的数据。数组的每个存储单元存储待加密数据中的一个。另外,如 5.1 节所述,定义一个密钥数组。

一个例子是对称加密算法。首先使用密钥,这里是存放在一个(一维)数组中。密钥数组对原始数据,也就是待加密数据,进行加密,生成密文。这时生成的密文被命名为 encrypted。这里的密文也可看作一个(一维)数组。然后密文被传输到接收方。在接收方进行解密时,使用与加密时相同的密钥来计算。接收方进行解密后的数组命名为 decrypted。这里加密、传输、解密流程至少需要三个数组的参与,分别是原文数组、密钥数组、密文数组。数组的常用操作如读、写等都有应用。

另一个例子是对数组进行非对称加密。可以把发送者的数据看作一个"流",或者说是一个(一维)数组,命名为 encrypted;而接收者收到的数据经过解密,也是一个"流",或者说是一个(一维)数组,命名为 decrypted。加密、解密的工作就是在这两个"流"上面进行的。加密时还需要一个(一维)数组公钥的参与,任何人都可以用公开的这个公钥来加密数据,然后把加密后的数据公开传输给接收方。接收方用自己的私密的私钥来解密收到的数据,也即解密时还需要一个(一维)数组私钥的参与。所以说,整个加密、传输、解密流程共需要至少 4 个数组的参与,分别是原文数组、公钥数组、密文数组、私钥数组。

encrypted 和 decrypted 这两个数组,在加密、解密时分别是计算后的中间结果(encrypted),以及计算后的最终结果(decrypted)。

在加密解密中,二维数组也有应用。AES 算法将明文分成一组一组的,每组长度相同,每次加密一组数据,直到整个明文加密完成。最后将一块一块的密文块拼接起来,形成密文。这里加密后的密文就可以看成一个二维数组(后面会专门讲到)。第一维是所分的各个组,第二维是每组中的字符内容。

5.3 一维数组

一维数组是最简单的一种数组结构,也是最常用的一种数据结构。一组数据可以存放在一维数组的一连串的单元格里面,然后可以对数组里的数据进行读写操作。指向当前数组成员的指针也可以来回移动,指向不同的数组成员。另外,对 C 语言中的字符类型 char,一维数组有特别的含义:在数组中连续存放的字符类型数据就形成了字符串。

5.3.1 一维数组的声明与初始化

一维数组的定义形式通常在编程语言中表示为

```
数组类型 数组名[常量表达式];
```

在 C 语言中,具体的例子如:

```
int iScore[5];
```

这里定义了一个名字是"iScore"的数组,数组中共有 5 个元素。全部元素的数据类型都是整型。

方便起见,在定义数组时,可以一同把数组初始化:

```
int iScore[]= {80,70,95,47,62};
```

下面来看具体的程序例子。

前面学习了变量。例如,有一个同学张三,他的身高是 177cm。那对于他的身高,可以定义一个整型变量如下。

```
int iHeightZhangshan;
```

对其赋值如下。

```
iHeightZhangshan = 177;
```

变量 iHeightZhangshan 代表张三的身高。iHeightZhangshan 是这个身高变量的名字。177 是这个变量的值。"int"是这个变量的数据类型,这里是整数类型。

上面讨论的是 1 个同学张三。假如现在有 5 个同学参加篮球比赛,他们的身高变量及变量的值分别为 iHeightZhangshan 177cm、iHeightLisi 180cm、iHeightWangwu 185cm、iHeightZhaoqian 178cm、iHeigthSunli 175cm。

类似于最初对单个的 iHeightZhangshan 变量的操作,这里可以对这 5 个同学的身高变量定义并赋值如下。

```
int iHeigthZhangshan=177;
int iHeigthLisi=180;
```

```
int iHeightWangwu=185;
int iHeightZhaoqian=178;
int iHeigthSunli=175;
```

通过上面5个变量的定义,可以把这支篮球队的身高管理起来。例如,现在有一场比赛,需要查询我方哪个同学个子最高,让他上场。又如,需要计算球队队员的平均身高,以和对手球队的平均身高做比较。

现在看另一个例子。现在有一支长长的登山队伍在羊肠小道上爬华山,如图5-1所示。队伍中共有100名队员。如果把这100名队员的登山队按照上面5名队员的篮球队的方式管理起来,那是不是要为这支长长的登山队伍的每个队员逐个定义变量和赋予他们各自的身高值,共计100次?如果要找出身高最高的队员,是不是要写99次的if-then呢?

这显然是不现实的。为了解决这个问题,数组的作用就显示出来了。

数组是一种数据结构。它包含多个变量,变量的个数可以从0(这时数组为空)到多个(假如对于登山队,这"多个"为100个)。要求这些变量是属于同一种类型。例如,整型或者字符型,或者浮点型,或者双精度型,等等。图5-2是一个数组的存储结构。

图5-1 爬华山的队伍

90	80	70	100	95
0	1	2	3	4

图5-2 数组的一个例子

"0,1,2,3,4"是对每个数组元素(成员)的编号(接下来会讲到)。"90,80,70,100,95"是各个元素的值。例如,把某次同学们测验的成绩放在这个数组里,那根据这个存储结构就可以知晓"0"号同学考了"90"分,"1"号同学考了"80"分,"2"号同学考了"70"分,等等。

前述拥有100个成员的华山登山队也就可以用数组定义如下。

```
int iClimbers[100];
```

这里,数组的名字是"iClimbers"。"int"表示该数组的每一个元素都是整数类型。这个数组的元素的最大个数是100个。当然,并不要求数组总是满的,也即合法的元素个数并不总是 100 个,可以少于 100 个。例如,今天 30 个队员有其他的事要做,不能参与爬山,那今天数组的合法元素只有 70 个。

假如要查询第 67 个登山者的身高,对该元素的访问就是:

```
iHeight = iClimbersHeight[66];
printf("第 67 个登山者的身高是 %d\n", iHeight);
```

为什么查询第 67 个登山者,访问数组元素的方括号里却是 66? 这里说明一下,在大多数编程语言里,数组的下标是从 0 开始,也即方括号中的整型数字(下标)是从 0 开始,而不是从 1 开始。所以,数组的第 1 个元素写为 iClimbers[0],第 2 个元素写为 iClimbers[1],…,第 67 个元素写为 iClimbers[66],…,第 100 个元素写为 iClimber[99]。

图 5-3 画出了 iClimbers[]数组元素的逻辑地址。

0号元素	1号元素	2号元素	3号元素		98号元素	99号元素
iClimbers[0]	iClimbers[1]	iClimbers[2]	iClimbers[3]	…	iClimbers[98]	iClimbers[99]

图 5-3 长数组的存储结构

如果要把第 67 个登山者的身高打印出来,可以写为

```
printf("第 67 个登山者的身高是%d\n,"iClimbers[66]);
```

上面定义登山队的数组为

```
int iClimbers[100];
```

"[100]"在定义中表示该数组有 100 个元素(成员)。"int"表示所有数组元素都为整型。其中,第一个元素是 iClimbers[0],最后一个元素是 iClimbers[99]。

也可以遍历该数组的所有元素,从数组下标 0 开始:

```
iClimbers[0],
iClimbers[1],
iClimbers[2],
…
iClimbers[18],
…
iClimbers[99]。
```

类似地,可以有其他数据类型的数组定义:

```
float fTemp[10];            /*数组有 10 个元素。每个元素都是浮点型数*/
double dMeasurement[40];    /*数组有 40 个元素。每个元素都是双精度型*/
char cName[20];             /*数组有 20 个元素。每个元素都是字符型。字符数组和其他
                              数据类型的数组有所不同。后面章节会讲到*/
```

一个基本数据类型的变量,可以在定义这个变量的时候赋初值,也可以在后面的代码中赋值。数组也是类似,可以在定义这个数组的时候赋初值,也可以在后面的代码中赋值。下

面是一个在定义的时候对数组赋初值的例子。

```
int iMonthDays[12] = {31, 28, 31, 30, 31, 30, 31, 31, 30, 31, 30, 31};
```

该数组中有 12 个元素,每个元素的值表示对应的月份的天数。

定义的时候,也可以省略方括号中的"12",如下。

```
int iMonthDays[] = {31, 28, 31, 30, 31, 30, 31, 31, 30, 31, 30, 31};
```

这时候,元素的个数来自于对花括号中的整数个数的计数,计数结果是 12。

5.3.2 数组的元素访问与修改

想要获得第 100 个元素的值,也就是访问第 100 个元素,可以写为

```
int iHeight;
iHeight = iClimbers[99];
```

如果想要修改第 100 个元素的值为 170,就可以写为

```
iClimbers[99] = 170;
```

【例 5.1】 编写程序,用来计算华山登山队队员的平均身高,然后显示出来。

```
1   #include <stdio.h>
2   #include <stdlib.h>
3   #include <time.h>
4   int main(void)
5   {
6       int iClimbers[100] = {0};            //数组所有元素统一赋值为 0
7       int iTotalHeight = 0;
8
9       int i = 0';
10
11      srand((unsigned)time(NULL));         //初始化随机数种子
12      for ( i = 0; i <100; i++)
13      {
14          iClimbers[i] = rand() % 50 + 150;  //产生随机数,身高设置为 150~200cm
15          printf ("%d ",iClimbers[i]);
16          iTotalHeight = iTotalHeight + iClimbers[i];
17      }
18      printf("the average height of all the climbers is %d\n", iTotalHeight/100);
19      return 0;
20  }
```

程序运行结果如下。

```
183 154 193 178 194 162 169 188 195 189 172 171 183 165 158 180 158 169 175 163 184 172
167 161 151 174 191 165 182 165 179 156 185 150 163 173 159 168 159 176 159 183 159 170
```

```
190 197 165 172 189 157 183 185 192 179 186 176 163 170 159 176 160 191 199 150 173 170
153 190 166 193 158 172 176 182 190 160 193 171 157 194 178 161 160 184 196 158 160 157
180 196 160 167 198 163 174 171 180 178 183 181 the average height of all the climbers
is 173
```

案例分析

数组 iClimbers 存储了 100 名登山队员的身高。每个身高均由随机数产生。调用随机数种子 srand((unsigned)time(NULL))一次后,每次调用 rand()即产生一个随机数。每个随机数即每个队员的身高。

iTotalHeight 存储所有队员的身高之和。iTotalHeight/100 即平均身高。

下面是另外一个例子,是关于数组的读和写。

【例 5.2】 编写程序,用于数组的读取和赋值。

```
1    #include <stdio.h>
2    int main(void)
3    {
4        int iRockClimbers[20];
5        int iTotalHeight = 0;
6        int iAverageHeight;
7        int i;
8        printf("Please input heights of all the climbers\n");
9        for ( i = 0; i <20; i++)
10       {
11           scanf("%d", &iRockClimbers[i]);
12           iTotalHeight = iTotalHeight + iRockClimbers[i];
13       }
14       printf("the average height of all the climbers is %d\n", iTotalHeight /20);
15       return 0;
16   }
```

程序运行结果如下。

```
189 177 165 154 167 165 166 167 180 170 175 174 182 173 188 154 155 165 180 165
the average height of all the climbers is 170
```

案例分析

上面的代码与例 5.1 类似。但例 5.1 的身高值的来源是通过随机数产生的。而本例的身高值的来源是通过 scanf()函数从键盘获取用户的输入。

回到例 5.1,需要强调的一点是,在生成访问数组元素的代码这方面,C 语言编译器是不会生成对数组下标(例如,iRockClimbers[7]的下标是 7,是数组的第 8 个元素)进行有效性检查的代码的。并且,有些数组的大小(即包含多少个元素)是程序运行时动态确定的。也就是说,在编译时,编译器无从知晓这类数组的大小,也就无法生成对这类数组的元素进行下标的有效性检查。

有了数组的个数,就有了数组的边界。前面说过,iClimbers[100]数组的元素个数是 100 个,即从 iClimbers[0]到 iClimbers[99]。合法有效的数组下标为[0,…,99]。如果要访问这个元素 iClimbers[100]，这里使用的下标是 100，这是个非法的下标，因为刚才已叙述，下标的最大值只能是 99，所以 iClimbers[100]这个元素是非法元素。对非法元素 iClimbers[100]进行访问而造成的错误，甚至可能导致程序的崩溃，这些都来自代码对数组的访问越界。又如，iClimbers[－1]也是访问数组元素而越界。对程序运行中的数组下标进行有效性检查，这个工作是落在程序员的自己肩上的，由程序员自己来承担。

超越数组边界来进行访问，也是常见的病毒侵入系统的方式之一。

5.3.3 一维数组的常见操作

到目前为止，我们所接触到的数组都是一维数组。它由同一数据类型的元素按照线性顺序排列而成，每个元素都有一个唯一的下标，用于在程序中通过下标访问来读写这些元素。可以想象有一根轴线，一维数组的各个元素就分布在这根轴线上的不同位置。在数学上，可以把一维数组理解成为线性代数里的向量。

如同前面，一个一维数组的定义的例子如下。

```
int iClimbers[100];
```

如同前面，对数组元素访问的一个例子如下。

```
printf("height of an array member No.80: %d\n", iClimbers[80]);
```

对元素进行修改的一个例子如下。

```
iClimbers[80] = 215;
```

这里 iClimbers[80]的值被重新设定为 215。

对数组变量可以通过循环来赋初值，例子如下，每个元素的初值暂定为 170。

```
int i = 0;
for (i = 0; i<= 99; i++)
    iClimbers[i] = 170;
```

这里循环了 100 次，从 0 到 99。但是这段代码有缺陷：这里的 99 是写死在程序里。这种用法缺乏灵活性。相反，可以定义一个整型变量 Count。Count 的值也就是总共循环的次数，或者说是数组成员的个数（这里是 99）。Count 的值可以在 C 程序处由宏定义来设置，或者由用户从键盘输入，或者从一个配置文件中读取，或者由其他程序模块传递而来，等等。这样就灵活得多，99 就不用写死在程序里了。

1．对一维数组的遍历

【例 5.3】 下面是一个程序片段，对一维数组进行遍历。

```
1    #include <stdio.h>
2    int main(void)
3    {
4        int i = 0;
5        for (i = 0; i <= 99; i++)
```

```
6        printf("iClimbers[%d]: %d\n", i, iClimbers[i]);
7    }
```

案例分析

这里定义了一个循环变量 i。i 循环 100 次,每次循环就把数组 iClimbers[]的对应下标的成员的身高打印出来。

2. 寻找一维数组的最大值和最小值成员

除了遍历数组之外,有时候希望找到数组元素的最大值。

【例 5.4】 编写程序,寻找数组的最大值。

```
1    #include <stdio.h>
2    #include <stdlib.h>
3    #include <time.h>
4
5    int main(void)
6    {
7        int iClimbers[100];
8        int iMax = 0;
9        int i;
10
11       srand((unsigned)time(NULL));
12       for ( i = 0; i < 100; i++)
13       {
14           iClimbers[i] = rand() % 50 + 150;
15
16           printf("%d ", iClimbers[i]);
17           if (iClimbers[i] > iMax)
18               iMax = iClimbers[i];
19       }
20       printf("\n the maximum height is %d\n", iMax);
21   }
```

程序运行结果如下。

```
152 176 161 199 171 199 183 156 186 170 173 155 175 159 164 195 177 186 150 186 199 190
188 196 165 190 188 180 160 188 183 167 166 198 153 189 188 185 195 153 183 160 153 182
152 154 153 182 159 178 192 180 160 161 178 165 186 174 188 193 183 191 161 169 171 165
156 178 188 188 195 171 186 196 193 162 193 177 155 187 191 167 156 183 167 164 163 192
177 172 156 183 199 191 180 170 176 164 197 190
The maximum height is 199
```

案例分析

在上述代码中,数组的大小同样是 100。首先通过一个 100 次的循环,每次循环产生一个随机数,将此随机数赋值给对应的数组元素。然后将刚才产生的随机数(身高)与当前的身高的最大值相比较,如果产生的值比最大值大,那么产生的值就被赋值给最大值。

找最小值与找最大值的算法类似,这里不再赘述。

5.4 二维数组

二维数组代表在平面坐标系上相垂直的两个不同方向,一个典型的例子是矩阵。相对于一维数组而言,二维数组在数组的声明、使用等方面都复杂不少。数组涉及的运算一般都是通过两重循环来进行的。例如,首先对行进行循环,然后在每一行内,对列进行循环。在对循环变量的使用、数据访问越界等方面都需要小心。

5.4.1 二维数组的声明与初始化

定义二维数组的一般语法为

```
数据类型 数组名[行数][列数];
```

其中,"行数"和"列数"必须是编译时可以确定的值,如常量或者常量表达式。注意"行"在前面,"列"在后面。

在 C 语言中,具体的例子如:

```
int iParade[4][3];
```

这个整型的二维数组代表一个 4 行、3 列的游行队伍。每个元素的值是队伍中该队员的身高。

下面通过具体的例子来学习二维数组。

华山的羊肠小道上,攀爬的登山队伍可以用一个一维数组来描述。对于一个体育盛会的入场式,一个方阵队伍接着一个方阵队伍。对于一个方阵队伍,可以用一维数组来表示吗?回答是勉强可以。这时,一维数组可以像一条蛇一样弯弯曲曲地把所有的方阵队员串起来,如图 5-4 所示。这就像小汽车的镜子上面的除霜的电热丝,或者像冬天的电热毯里面的电热丝。但是当我们要回答如下问题:方阵第 2 行队员的身高的平均值是多少? 第 4 列身高最高的队员是谁? 这样的问题时事情就会非常麻烦和容易出错。

图 5-4 汽车后视镜上的电热丝

这时需要引入二维数组。

假设入场方队的人数是 10×20,那么这个方队总共是 200 人。二维数组的声明如下。

```
int iParade[10][20];
```

其中,"iParade"是数组名。"[10]"代表有 10 行,"[20]"代表有 20 列。这里要记清楚,第 1 个下标表示第几行,第 2 个下标表示第几列,前后次序不能颠倒。iParade[]这个数组有 10 行,20 列。它可以看作线性代数里的一个矩阵。

二维数组的初始化有多种方法。一种就是前面在学习一维数组的时候采用的直接赋值的方法——依次对每个成员逐个赋值。但这种方法很烦琐,可读性差。

下面是一个更"正确"的前面提到的例子,这个二维数组的每个元素表示相应的队员的身高。

```
int iParade[4][3] = {{155, 180, 175}, {172, 180, 167}, {181, 175, 168}, {167, 172, 173}};
```

这里每个花括号里面的每对子花括号都是一行。子花括号里的各个元素是该行的各个元素。这里共有 4 个子数组,意味着有 4 行。每个子数组有 3 个元素,表示有 3 列。所以 iParade 这个二维数组是一个 4×3 的矩阵,如图 5-5 所示。

	0列	1列	2列
0行	155	180	175
1行	172	189	167
2行	181	175	168
3行	167	172	173

图 5-5　二维数组 iParade[][] 的初始化

5.4.2　二维数组的元素访问与修改

下面是对数组的元素的访问。

```
int iHeigt = iParade[2][1];
```

这个语句将数组 iParade[][] 的 2 号行(也就是第 3 行)和 1 号列(也就是第 2 列)交叉处的元素的值赋给整型变量 iHeight。

下面是修改元素的值,例如:

```
iParade[2][3] = 170;
```

将数组 Parade[] 的第 3 行第 4 列交叉的元素的值设为 170。

下面来看二维数组中各个元素的地址,如图 5-6 所示。

	0号列	1号列	2号列
0号行	iParade[0][0]	iParade[0][1]	iParade[0][2]
1号行	iParade[1][0]	iParade[1][1]	iParade[1][2]
2号行	iParade[2][0]	iParade[2][1]	iParade[2][2]
3号行	iParade[3][0]	iParade[3][1]	iParade[3][2]

图 5-6　二维数组 iParade[][] 的每个元素的地址

iParade[][] 这个二维数组,包括横向的 4 行,以及纵向的 3 列,总共有 4×3=12 个元素。按照定义,每个元素都是整数。

5.4.3　二维数组的常见操作

有时候需要对一个二维数组进行大范围地修改元素的值。例如,需要将入场队列的200人每个运动员的身高(初值)统一设为0(统一设为0是为了避免:身高值这个变量在初始化前存在着未被清除的残余值,而该残余值在后面时可能会被当作对应运动员的有效身高),这就涉及对该二维数组的遍历。要达到遍历,相应的代码段需进行两重循环。第1重循环,也就是代码外层的那重循环,帮助代码遍历该二维数组所有的行。第2重循环,代码内层的那重循环遍历这个行下面的所有的列元素。

【例5.5】　编写程序,将入场方阵的200人每个人的身高(初值)统一设为0。

```
1    #include <stdio.h>
2    main(void)
3    {
4        int i = 0;
5        int j = 0;
6        for (i = 0; i < 10; i++)
8            for (j = 0; j < 20; j++)
10               iParade[i][j] = 0;
13   }
```

这个程序没有输出结果。
案例分析
这里通过两层循环来遍历一个二维数组。数组的每个元素的值被设置为0。

5.5　多维数组

在二维数组上进一步发展起来的就是三维数组、四维数组等多维数组。三维数组在现实中有例子。四维及以上就没有现实中的例子了,需要凭抽象的想象来进行操作。

5.5.1　多维数组的声明与初始化

下面看三维数组的例子:

数据类型 数组名[层数][行数][列数];

其中,"层数""行数""列数"必须是编译时可以确定的值,如常量或者常量表达式。
在前面学习一维数组、二维数组的基础上,本节将学习三维数组,以及更高维的数组。三维存在于现实生活中,如果说一张桌子的桌面是二维的话,桌面加上4条腿就成三维的了。不论是理论上的分析和实际的感受,三维都是实实在在地存在的。四维或者更高维,在日常的生活中我们感受不到,主要通过纸面上的演算和推论来了解。
现在开始三维数组的学习。实际生活中的停车位,特别是大型商业中心的停车位,经常拥挤不堪。为了解决这个问题,人们设计出立体停车场,如图5-7所示。在入口处,自动闸机打印出来小票:5-4-2,这就是系统为该车分配的可用停车位的地址。拿到这个小票后,该车首先通过旋转楼梯驶入 5 号层。到了 5 号层,又驶入 4 号行。在 4 号行,又找到与 4 号行相交叉的 2 号列。现在汽车就可以驶入这个停车位了。这里总共是三个维度:5-4-2,层-行-列。所以,如果要把这个商业中心的停车场管理起来的话,首先就要设计一个三维数组来表达停车场的每个车位。

对于一个立体停车场的例子(图 5-7),其声明如下。

```
int iParkingLot[5][4][3];
```

其中,"5"代表有 5 层停车场,"4"代表每层有 4 行的停车位,"3"代表每行停车位上有 3 列与其交叉。每个车位有两种状态:"空闲 0"/"占用 1"。

如同二维、一维数组,三维数组也可以在数组定义的时候就初始化每个元素。还是使用立体停车场的例子:

```
int iParkingLot[5][4][3] =
{
    { {1, 0, 0}, {0, 0, 0}, {1, 1, 1}, {1, 0, 1} },
    { {0, 0, 1}, {1, 1, 1}, {1, 0, 0}, {0, 0, 1} },
    { {0, 1, 1}, {1, 0, 1}, {1, 1, 1}, {0, 1, 1} },
    { {1, 0, 0}, {0, 1, 1}, {0, 1, 0}, {0, 0, 1} },
    { {1, 1, 0}, {0, 0, 0}, {1, 0, 1}, {0, 1, 1} }
};
```

在上面 iParkingLot 这个三维数组的初始化中,有 5 行文字,每行文字代表一层楼,总共有 5 层楼。每一层楼有 4 对花括号{},代表 4 行。每行的花括号内部有 3 个元素,代表有 3 列。

如图 5-8 所示是另一个三维数组的例子。

图 5-7 一个现实生活中的立体停车场

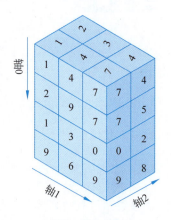

形状:(4, 3, 2)

图 5-8 三维数组的形象表达

另一种对三维数组进行初始化的方法是通过三层循环来对每一个元素赋值。

【例 5.6】 编写程序,对立体停车场全部车位"清零"。

```
1   #include <stdio.h>
    int iParkingLot[5][4][3] =
```

```
            {
                { {1, 0, 0}, {0, 0, 0 }, {1, 1, 1}, {1, 0, 1} },
                { {0, 0, 1}, {1, 1, 1}, {1, 0, 0}, {0, 0, 1} },
                { {0, 1, 1}, {1, 0, 1}, {1, 1, 1}, {0, 1, 1} },
                { {1, 0, 0}, {0, 1, 1}, {0, 1, 0}, {0, 0, 1} },
                { {1, 1, 0}, {0, 0, 0}, {1, 0, 1}, {0, 1, 1} }
            };
2       main(void)
3       {
4           int i, j, k;
5           for (i = 0; i < 5; i++)
6               for (j = 0; j < 4; j++)
7                   for (k = 0; k < 3; k++)
8                       iParkingLot[i][j][k] = 0;
9           printf("Every lot has been reset as available\n");
10      }
```

程序运行结果如下。

```
Every lot has been reset as available
```

案例分析

这里用三维数组 iParkingLot 来表示立体停车场每层、每行、每列的车位状况。在刚刚开始营业时，通过一个三重循环遍历每个车位，把每个车位都置为"空闲"的状态。

5.5.2 多维数组的元素访问与修改

三维数组的元素的访问和修改与上面通过三重循环来对元素设初值为 0 是类似的。下面是用三重循环来对元素进行访问的例子。然后打印出哪个车位为空，哪个车位已被使用。

【例 5.7】 编写程序，查询停车场每个车位的状态。

```
1    #include <stdio.h>
2    #include <stdlib.h>
3    #include <time.h>
4
5    main(void)
6    {
7        int iParkingLot[5][4][3];
8        int i, j, k;
9
10       srand((unsigned)time(NULL));
11       for (i = 0; i < 5; i++)
12           for (j = 0; j < 4; j++)
13               for (k = 0; k < 3; k++)
14               {
15                   iParkingLot[i][j][k] = rand() % 2;
16                   printf("%d ", iParkingLot[i][j][k]);
```

```
17
18                    if (iParkingLot[i][j][k] == 0)
19                        printf("Lot %d-%d-%d is available\n", i, j, k);
20                    else
21                        printf("Lot %d-%d-%d is occupied\n", i, j, k);
22                }
23  }
```

程序运行结果如下(数据量过大,仅显示部分)。

```
1 Lot 0-0-0 is occupied
0 Lot 0-0-1 is available
1 Lot 0-0-2 is occupied
1 Lot 0-1-0 is occupied
1 Lot 0-1-1 is occupied
1 Lot 0-1-2 is occupied
1 Lot 0-2-0 is occupied
1 Lot 0-2-1 is occupied
0 Lot 0-2-2 is available
0 Lot 0-3-0 is available
0 Lot 0-3-1 is available
```

案例分析

上面是一个查询各个车位的使用状态的例子。通过一个三重循环来访问一个三维数组的各个元素。各元素的值(车位状态)由随机数产生。然后打印出每个车位的状态(忙/闲),以及车位所在的层、行、列。

下面是一个修改的例子。在这个例子,2 号层的所有车位的状态被置为"1"即占用。这样把 2 号楼的所有车位预留下来,这些车位后面不能被其他汽车所使用。相当于某天有重大活动,管理员提前把整个停车场的 2 号楼层预订下来。

【例 5.8】 编写程序,预留某一层楼的车位。

```
1   #include <stdio.h>
2   main(void)
3   {
4       int j, k;
6       for (j = 0; j < 4; j++)
7           for (k = 0; k < 3; k++)
8               iParkingLot[1][j][k] = 1;
9   }
```

程序运行无输出打印结果。

案例分析

注意上面的赋值语句是 iParkingLot[1][j][k] = 1;。

第一个下标为"1",后面的 j、k 为循环变量,说明楼层限制在二层,但在二层楼,所有的行和列全部设为"已占用"。

5.5.3 多维数组的常见操作

前面学习了一维数组、二维数组和三维数组。更多维的数组，比如四维数组，五维数组……可以从三维数组的数学表达推出。只是在实际生活中我们无法看到。例如，下面是一个四维数组的定义：

```
int data[4][6][3][7];
```

访问其中的某个元素：

```
printf("content of data[2][4][1][4] is %d\n",data[2][4][1][4]);
```

5.6 数组与函数

数组与函数的相交主要体现在：数组作为函数的调用参数，以及数组作为函数的调用的返回值。作为函数的调用参数时，有时候还需要传递数组的长度给这个函数。作为调用的返回值时，可以返回数组的某一个成员的值，也可以返回指向数组的指针（有关指针的内容，将会在第 6 章中谈到）。

5.6.1 数组作为函数调用参数

现在有一个任务：写出一个加法函数，把某个一维数组的所有元素的值加起来。假设这个一维数组定义为

```
int iScores[10];
```

负责做加法的这个函数，被调用时，就要接收这个 iScores[ ] 数组，然后调用计算函数，例如名为 Add()。

这个一维的数组，前面举了个例子，就像攀登华山的登山队员，一个接一个，没有两名队员并行的。找到了第一名队员，也就可以找到他后面的一名队员。这样，边遍历，边将当前的元素加入和里。遍历完后，所有元素的和也就算出来了。

我们看到，完成这项加法任务，无须给 Add() 函数一次性地传递整个数组（数据量可能会很大）。实际上，把数组的第一个元素传给 Add() 函数即可。后面的元素通过对当前元素的下标进行++操作，就可以找到紧跟它后面的元素。以此类推，遍历下去。

这里就确定了传给函数 Add() 的第一个参数，也就是数组 iScores[ ] 的第一个元素 iScores[0]。然后可以依次遍历下去。但现在问题来了，依次遍历下去，什么时候结束呢？数组本身是没有携带这个信息的。所以，还要传递给 Add() 函数第二个参数，这个参数就是 iScores[ ] 数组中元素的个数，或者说数组的大小，或者说数组的长度。

所以，对 Add() 函数而言，传给它的第一个参数表明了从这个参数开始可以遍历整个数组。传给 Add() 的第二个参数则表明了对数组的遍历应该在什么地方结束。

根据上述分析，可以写出对应的考试分数加法运算函数以及 main() 函数如下：

【例 5.9】 数组的两个信息的传递。

```
1   #include "stdio.h"
2
3   int iScores [10] = {90, 100, 85, 77, 49, 62, 91, 74, 87, 60};
4   int addScore(int iScores[], int iSize)
5   {
6       int iResult = 0;
7       int i;
8
9       for (int i = 0; i  <=  iSize - 1; i++)
10          iResult = iResult + iScores[i];
11
12      return iResult;
13  }
14  main()
15  {
16      printf("The sum of all elements of array is: %d\n", addScore(iScores, 10));
17  }
```

程序运行输出结果如下。

```
The sum of all elements of array is: 775
```

案例分析

函数 addScore(int iScores[], int iSize)中的参数 iScores[]即是作为函数参数的数组。iScores[]可以理解为 iScores[]数组的第 1 个元素，即 iScores[0]，或者理解为 iScores 数组的入口或起点。addScore()函数体中的 iScores[i]即是数组的第 i+1 个元素。

在上面的程序中，iScores[]数组变量作为一个全局变量，可以被 main()函数和子函数 addScore()直接访问：

```
int iScores [10] = {90, 100, 85, 77, 49, 62, 91, 74, 87, 60};
```

如上，这里设置 iScores 为全局变量，就避免了整个数组 iScores[]被在 main()和 addScore()之间传来传去。假如数组 iScores[]有较大数量的数组成员，这种全局变量的共享方式在某种程度上缓和了 main()和 addScore ()之间来回传递数组 iScores[]所带来的系统性能开支。当然，另一方面，如果定义太多的全局变量，会使程序代码变得可读性差，易出错，损坏模块之间的相对独立性，而这些正是面向对象编程语言所试图克服的问题。

5.6.2 数组作为函数返回值

除了做函数调用的参数，数组也是可以作为函数返回值的。

【例 5.10】 编写程序，使用数组的某个单元的值作为函数的返回值。

```
1   #include "stdio.h"
2   int a[5] = {1, 3, 5, 7, 9};
3   int multipByIndex(int i)
4   {
5       a[i] = a[i] * 2;
```

```
6        return a[i];
7    }
8    main()
9    {
10       int i = 0;
11       for (i = 0; i < 5; i++)
12            printf("original: %d\n", a[i]);
13       printf("return by index\n");
14       for (i = 0; i<5; i++)
15            printf("multiply by 2 is %d\n", multipByIndex (i));
16   }
```

程序运行输出结果如下。

```
original: 1
original: 3
original: 5
original: 7
original: 9
return by index
multiply by 2 is 2
multiply by 2 is 6
multiply by 2 is 10
multiply by 2 is 14
multiply by 2 is 18
```

案例分析

这个例子是返回数组的某个元素。multipByIndex()在做了乘法后,返回结果值。函数 multipByIndex()被直接用在 printf()函数里。这里 multipByIndex()返回的值是整数类型,所以在 printf()中用的是"%d"。

5.7 一维数组的应用举例

本节将讨论两个一维数组的应用,一个是搜索算法,一个是简单的统计算法。

5.7.1 数组在排序算法中的应用

下面用冒泡排序来对 iScores[]这个存储考试分数的数组进行排序。

【例 5.11】 编写程序,用冒泡排序来对数组进行排序。

```
1    #include <stdio.h>
2    main(void)
3    {
4        int iScores[20] = {44, 45, 2, 5, 56, 33, 37, 60, 11, 20, 48, 49, 5, 54, 6, 23, 31, 40, 1, 52};
5        int iTemp;
6        int i, j;
```

```
7       for (i = 0; i < 20 - 1; i ++)
8       {
9           int flag = 1;                         /*值为1时,表示已经排好序*/
10          for ( j = 0; j < 20 - 1 - i; j++)
11          {
12                  if (iScores[j] > iScores[j + 1])
13                  {
14                          iTemp = iScores[j];
15                          iScores[j] = iScores[j+1];
16                          iScores[j+1] = iTemp;
17                          flag = 0;
18                  }
19          }
20          if (flag == 1)
21              break;
22      }
23      for (i = 0; i < 20 - 1; i ++)
24      {
25          printf("%d ", iScores[i]);
26      }
27  }
```

程序运行的结果如下。

1 2 5 5 6 11 20 23 31 33 37 40 44 45 48 49 52 54 56

案例分析

冒泡算法重复地走访过要排序的元素列,依次比较两个相邻的元素,如果这两个元素的顺序(如从大到小)和希望的不一致(如希望是从小到大)就把它们交换过来。访问元素的工作是重复地进行,一遍一遍地对元素列进行扫描,直到没有相邻元素需要交换。也就是说,该元素列现在已经完成排序。上面这个程序是一个冒泡排序算法的实现,对数组 iScores 的 20 个元素的每个元素进行一次冒泡。最后把排序后的数组元素打印出来。

5.7.2　数组在搜索算法中的应用

【例 5.12】 编写程序,搜索已排好序的数组。

```
1   #include <stdio.h>
2   main(void)
3   {
4       int iScores[20] = {1, 2, 5, 5, 6, 11, 20, 23, 31, 33, 37, 40, 44, 45, 48, 49,
        52, 54, 56};
5       int iValue = 37;                         //假设要搜索值为11的元素
6       int from = 0;
7       int to = 20 - 1;
8       while (from <= to)
9       {
10          int mid = from + (to - from) / 2;
```

```
11              if (iValue < iScores[mid])
12                  to = mid - 1;
13              else if (iValue > iScores[mid])
14                  from = mid + 1;
15              else
16                  return mid;
17          }
18          return -1;
19      }
```

程序运行的结果如下。

```
Process exited with return value 10
```

可见要搜索的值 37 在数组中的下标是 10。

案例分析

这里是利用二分查找法来对数组 iScores[]进行搜索,以判断某个元素是否存在。如存在,给出该元素在数组中的位置;如不存在,返回值-1。二分法速度较快,但要求数组已经是排好序的。

5.7.3 数组在统计分析中的应用

这里给出一个求和及求平均值的例子。从键盘输入 10 个数据,然后输出它们的和、平均值。

【例 5.13】 编写程序,求数组单元的和、平均值。

```
1   #include <stdio.h>
2   main(void)
3   {
4       int iScore[10] = {0};
5       int sum = 0;
6       float average = 0;
7       int i;
8       for ( i = 0; i < 10; i++)
9       {
10          scanf(" %d ", &(iScore[i]));
11          sum = sum + iScore[i];
12      }
13      average = sum / 10;
14      printf("sum is %d, average is %f\n", sum, average);
15  }
```

程序运行结果如下。

```
23
7
93
55
```

```
67
8
90
55
34
12
sum is 444, average is 22.000000
```

案例分析

iScore 的大小是 10。在一个 10 次的循环中,用户通过 scanf()输入整数到 iScore 里。然后通过求和和除法,数组所有元素的和、平均值被计算和打印出来。

5.7.4 数组在加密/解密中的应用

下面是一个简单的对称加密/解密的例子。

密钥是一个整数(有效位数是 8 位),直接写在程序里。加密/解密操作是一个异或操作。

【例 5.14】从键盘输入一段文字,然后加密,显示加密后的文字,然后再解密,显示解密后的文字。

```
1   #include <stdio.h>
2   #include <stdlib.h>
3   #include <string.h>
4
5   void encrypt(char * input, char * output, int key)
6   {
7       int i;
8       for (i = 0; input[i] != '\0'; i++)
9       {
10          output[i] = input[i] ^ key;
11      }
12      output[i] = '\0';                    //确保字符串以 null 结尾
13  }
14
15  void decrypt(char * input, char * output, int key)
16  {
17      int i;
18      for (i = 0; input[i] != '\0'; i++)
19      {
20          output[i] = input[i] ^ key;
21      }
22      output[i] = '\0';                    //确保字符串以 null 结尾
23  }
24
25  int main()
26  {
27      char input[100];
28      char output[100];
```

```
29      int key = 0x66;                          //密钥
30
31      printf("请输入要加密的信息: ");
32      fgets(input, sizeof(input), stdin);
33
34      printf("加密中...\n");
35      encrypt(input, output, key);
36      printf("加密结果: %s\n", output);
37
38      printf("解密中...\n");
39      decrypt(output, input, key);
40      printf("解密结果: %s\n", input);
41
42      return 0;
43  }
```

程序运行结果如下。

```
请输入要加密的信息: Hello World!
加密中...
加密结果(含多个换行符): .

        F1
Gl
解密中...
解密结果: Hello World!
```

案例分析

程序中将存放在一维数组中的待加密数据以逐个字节的方式进行异或操作来实现加密, 解密则对加密后的存放在一维数组中的数据以逐个字节的方式进行异或操作来实现解密。

5.8 多维数组的应用

5.8.1 多维数组在图像处理中的应用

一幅图像可以以一个二维矩阵来表示。可以是一个 $n \times n$ 的黑白图像,每个像素可以是 1(黑)或者 0(白)。如果要进一步赋予表现力,图像也可以是一个灰度图像,每个像素都有一个灰度值,取值为 0~255,像素就可以有黑到白之间的层次变化。这时,这个灰度图像是二维矩阵。每个像素就存放在二维数组的每个行和每个列的交叉之处。像素的值就是灰度值,为 0~255。

图像也可以是彩色的。与灰度图像每个节点只有一个灰度值不同,对于 RGB 图像格式,每个节点像素都由红、绿、蓝三种颜色的不同值混合而成。如(156, 22, 45),就表达了某个像素的色彩。这里每个像素节点都对应 R、G、B 共三个数据,节点的颜色也就由 R、G、B 三种原色按比例混合而成。这个时候利用前面讲过的三维地址系统来表达 RGB 颜色系统。我们有三个层面,每个层面均是一个二维矩阵,并代表 R、G、B 三种原色中的一种。并且,每个层面上的节点的值代表这个节点上颜色所占的比率,它们之间不尽相同。如刚才所说,红色层面上的各个节点的值是该彩色节点中红色的比重。以此类推,绿色层面上的各个节点的值是该彩色节点中绿色的比重。蓝色层面上的各个节点的值是该彩色节点中蓝色的比重。三个层面的行和列的坐标均相同。不同的是每个二维层面上分别的 R、G、B 值不一样。

下面举一个彩色图像的例子。

```
int flag[3][20][31] = {…};   /*每个节点的值是该三维数组中的节点的颜色。颜色由 R、G、B
的三色混合而成。包括 R、G、B 共三个整数。*/
```

下面是 R(红色)平面的值的打印。

```
int i = 0, j = 0;
for (i = 0; i < 20; i++)
    for (j = 0; j < 31; j++)
        /*红色平面上每个节点的意义:这里 0 代表红色层面,再加上第 2 维、第 3 维,就确定下
            这个节点的位置。这个节点的值如果是在红色层面上,就表示在该节点红色在混合色
            中的比重。*/
        printf("red color: %d\n", flag[0][i][j]);
```

下面是 G(绿色)平面的值的打印。

```
int i = 0, j = 0;
for (i = 0; i < 20; i++)
    for (j = 0; j < 31; j++)
        printf("green color: %d\n", flag[1][i][j]);
```

下面是 B 蓝色平面的值的遍历:

```
int i = 0, j = 0;
for (i = 0; i < 20; i++)
    for (j = 0; j < 31; j++)
        printf("blue color: %d\n", flag[i][0][j]);
```

灰度图像对应为每个行和列的交叉点上,这个点上的灰度值,也就是这个点存储的值。存储这个点的灰度值,一个二维平面就够用了,因为只有一个值。而对于 RGB 彩色图像,有三个值,每个值存储在一个二维平面上,总共需要三个二维平面,每个层面分别表达相应的节点的(红、绿、蓝)值。

当然,彩色的图像也可以是其他格式的,如 CMYK。

5.8.2 多维数组在矩阵运算中的应用

在矩阵运算中,矩阵就可以对应于一维数组(向量)或者多维数组(例如 $n \times m$ 矩阵)。矩阵中丰富的各种计算就可以用于数组之上。

下面是一个三维数组求所有元素的和的例子。定义三维数组 arr 时就给数组的每个元

素赋了值。然后通过三重循环,遍历该三维数组的每一个元素,并加起来。

【例 5.15】 编写程序,对三维数组求单元和。

```
1   #include<stdio.h>
2   int main(void)
3   {
4       int arr[4][3][3] = {{{1,-2,3},{4,5,-6},{8,9,2}},{{7,-8,9},{10,11,12},{-1,3,2}},
5                          {{-13,14,15},{16,17,18},{3,6,7}},{{19,20,21},{-22,23,24},{-6,9,12}}};
6       int i,j,k;
7       int sum=0;
8       for(i=0;i<4;i++)
9           for(j=0;j<3;j++)
10              for(k=0; k<3; k++)
11                  sum = sum + arr[i][j][k];
12      printf("\n数组所有元素的和为:%d",sum);
13      return 0;
14  }
```

程序运行的结果如下。

数组所有元素的和为:252

案例分析

在定义 arr 数组时,就设定了每个数组元素的值。注意定义元素的顺序:首先被分为 4 个大块,然后在每个大块里分为 3 个小块,然后在每个小块里有 3 个元素。

5.8.3 多维数组在游戏开发中的应用

在游戏开发中,多维数组可以用来表示游戏场景地图,存储游戏角色位置,以及实现二维平面的碰撞检测等功能。常见的"排雷""俄罗斯方块"等游戏就是基于二维数组的。

例如,扫雷的核心即是一个二维数组。首先通过随机运算,对二维数组的每个元素赋值:"1"代表雷,"0"代表空的。但是对每个"空",需要计算出"空"的这个元素周围共有多少个雷,雷的个数就是这个"空"元素的值。如果要计算为"空"的这个格子周围的雷的个数,而这个格子恰好又位于棋盘的边缘,计算时就会涉及棋盘边缘外面不存在的格子,也即访问超出了这个二维数组的边界,也就是数组越界访问错误。

为解决这个问题,定义两个二维数组。一个数组代表棋盘,如图 5-9 所示。假设棋盘是 12×12 的大小,就在画布上画出 12×12 共 144 个格子。另外一个二维数组用于存储棋盘边缘的每一格周围有无地雷的信息。这个棋盘设定为 14×14,比 12×12 大,形成了两层的缓冲区,避免了如前所述,当格子在棋盘边缘时,查询这个格子周围的雷的数目可能导致数组越界访问。现在有了缓冲区,访问就不会越界,而是访问到这个缓冲区里面。

所以,这就是需要两个二维数组的原因。一个是关于棋盘,比如棋盘上哪些格子是地雷。另一个比棋盘稍大些,主要存储数据,并提供了两层缓冲区。按 MVC 模式来看,小一点的数组是 View,大一点的数组是 Model。

另一个是玩游戏进行中的信息。当用户单击一个格子。如果格子是雷,则游戏结束,玩

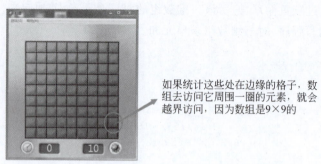

图 5-9 处于边缘的格子访问周围数据的示意图

家输。如果格子不是雷,则格子以及周围一片的格子都翻开,然后游戏继续。

又例如俄罗斯方块,如图 5-10 所示,整个游戏的空间可以用一个二维数组来表达。每一个二维数组的元素就对应于游戏的一个方块。方块的值可以不同。例如,"1"表示是一个俄罗斯方块的一块,"0"表示这个地方是空的。游戏中,若某行全为"1"的话,则这一行被清除,所有该行上方的方块全部往下挪一行。

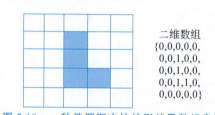

图 5-10 一种俄罗斯方块的形状及数组表达

5.9 数组的扩展知识

5.9.1 数组的局部性原理与缓存优化

数组的局部性原理,和其他局部性原理一样,分为空间局部性和时间局部性两种。空间局部性表示在不久的将来将请求与最近引用的数据相邻的数据。时间局部性是在某一点引用资源,时间将会在不久的将来再次引用这个资源。例如:

`A[0][1], A[0][2], A[0][3]`

这里,A[0][2]元素和 A[0][3]元素在空间上是紧邻的,都是属于第 0 行,然后是第 0 行的第 2 个和第 3 个元素。这里体现出来的是空间局部性。

再看一个例子:

`A[1], A[2], A[3]`

这三个元素是某个一维数组的成员,它们紧挨在一起,这也是空间局部性。A[2]被访问后,在不远的将来还会被访问吗?这个答案我们不知道。所以这个例子当前只表现出空间局部性,而没有时间局部性。

下面这个例子就表现出时间局部性。在下面的访问序列中,是一维数组的元素依次被访问的序列。其中,元素 A[1]被前后访问过 3 次,A[2000]被前后访问过 4 次,A[30]被前后访问过 4 次。等等。

```
A[1], A[2000], A[1], A[1], A[2000], A[30], A[30], A[2000], A[30], A[2000], A[30], A[4], A[4]
```

缓存是计算机系统里的常见模块。比如,CPU 就有缓存:L1,L2,L3。数组的缓存优化就是基于局部性原理的。将邻近的数据和指令一次性地加载到缓存中,以提高命中率。这是基于空间局部性原理。将最近使用的数据和指令保留在缓存中,以提高命中率。这是基于时间局部性原理。

5.9.2 数组的相关数据结构

数组可以由不同的数据结构来实现。下面是一个例子。
数据方面,包括以下成员。

```
int length;              //数组的长度。随数组成员的递增/递减而变大/小
T * elements;            //这里是用一个单向线性链表来存储数组的元素值
```

函数方面,可以包括:

```
int Length();                        //返回数组的当前大小(长度)
int Insert(int k, const T& x);       //把值为 x 的元素插入数组下标为 k 的地方
int Delete(int k, T& x);             //删除第 k 个元素,并将其值赋值到 x 元素
bool Find(int k, T& x) const;        //返回第 k 个元素的值到 x 元素中
int Search(const T& x) const;        //查找值为 x 的元素
```

5.9.3 数组的性能分析与优化技巧

对于一维数组,有如下方式来优化性能。

使用指针(类似于一个箭头,指向这个数组的某一个元素,第 6 章会详细讲到)而不是下标,来访问数组成员。在顺序访问数组时,如果想要访问下一个元素,进行一个++操作就可以了。而且很多的机器指令中实现了++运算。这样,使用一个指令周期就可以完成指向下一个元素的操作。而如果使用数组下标的移动来指向下一个元素,就需要先获得数组的起始地址,计算偏移量,然后才找到真正的访问地址,时间上就比较烦琐。

对于二维数组,有如下方式来优化性能。

使用行优先存储。在大多数情况下,按行存储比按列存储更加高效。因为它可以利用 CPU 缓存的局部性原理来提高访问数据的速度。

5.10 课程思政参考案例

数组作为一种逻辑上的对类型一致的多个数据存放的方式,在信息安全和保密中占有重要的地位。有多种方法可以对数组中的元素进行加密/解密。一种是置换密码,通过改变

元素的位置来加密数据，这样使得数组中各元素的位置被打乱，只有知道置换密码的人才能解密。另外还有对称加密算法、非对称加密算法、哈希函数等加密/解密算法等。

在信息化极其发达的今天，各种对数据的攻击、窃取、恶意修改等事件日益繁多。对于数组这样一种常见的存储数据的格式，要运用各种加密手段来保护数据的完整性和正确性，由此来保护国家和个人所拥有的数据的安全。在信息安全、国民经济建设、国家安全等方面都有着重要的基石性的作用。如今，有时候，数据就代表着银行的账户、股票的户头、房管局的房产证档案，等等。

C语言数组对国家的安全和发展可能有如下影响。

- 数据泄露风险：C语言数组的不安全使用可能导致数据泄露或信息被窃取，这可能危及国家机密或重要数据的安全，对国家安全构成威胁。
- 恶意代码攻击：利用C语言数组的漏洞编写恶意代码、病毒、木马等恶意软件进行攻击，可能导致国家重要基础设施、信息系统受损，严重影响国家的经济发展和安全。
- 网络安全威胁：C语言数组的不安全使用可能导致网络安全漏洞，使得网络受到黑客攻击、网络钓鱼等网络犯罪威胁，对国家的网络安全和信息安全造成损害。
- 软件安全性：C语言数组的不安全编程可能导致软件漏洞，使得软件易受攻击、被操控，可能导致重要信息泄露、系统瘫痪等严重后果，影响国家经济和社会发展。

5.11 本章小结

本章详细介绍了C语言中的数组。这里所指的数组与"数据结构"中的"数组"概念是同一回事，但是本章介绍得更广泛，更有深度，也包括很多的应用例子。

根据其存储的数据的结构方式，数组可以分为一维数组、二维数组、三维数组，以及更多维的数组。

一维数组是最简单的存储方式，但在编程实践中，一维数组有着广泛的应用。打开一个文件，一般就是把文件的内容看作一维数组，或者叫作"流"。在网络通信中，对方发过来的数据的每个包也可以看作一维数组。然后接收方对发来的多个包（多个一维数组）进行拼接，得到完整的内容。

二维数组在科学计算中有应用，在数据处理中也有广泛应用。线性系统中用到的矩阵就是二维数组。一个酒店管理系统也可以用二维数组来表达。房间图示哪层楼是一个维度，同一层楼的各个房间是另外一个维度。

三维数组以及更多维的数组也在科学计算和数据处理中有很多应用。虚拟现实中用到很多的三维数组。

总的说来，数组在C语言编程中有广泛的应用。在使用数组时，要注意数组的正确定义。对数组进行读、写时，要注意下标的正确引用。特别要注意的是，对数组进行操作时，数组成员的下标不要越界，否则会引起程序错误，甚至是程序的崩溃。希望读者多学习，多练习，用好数组这个C语言的利器。

5.12 课后习题

5.12.1 单选题

1. 若有定义 int a[5]={1,2,3,4,5};,则语句 a[1]=a[3]+a[2+2]-a[3-1];运行后 a[1]的值为(   )。
   A. 6   B. 5   C. 1   D. 2

2. 给出以下定义 char x[ ]="abcdefg";char y[ ]={'a','b','c','d','e','f','g'};,则正确的叙述为(   )。
   A. 数组 x 和数组 y 等价   B. 数组 x 和数组 y 的长度相同
   C. 数组 x 的长度大于数组 y 的长度   D. 数组 x 的长度小于数组 y 的长度

3. 以下对一维数组 a 的正确说明是(   )。
   A. char a(10);   B. int a[ ];
   C. int k=5,a[k];   D. char a[3]={'a','b','c'};

4. 若有定义 int a[2][3];,则对数组元素的非法引用是(   )。
   A. a[0][1/2]   B. a[1][1]
   C. a[4-4][0]   D. a[0][3]

5. 以下程序段给数组所有的元素输入数据,请选择正确答案填入。(   )

```
#include <stdio.h>
int  main()
{
  int a[10]={0},i=0;
  while(i<10)
  scanf("%d",__?__);
  return 0;
}
```

   A. a+(i++)   B. &a&a[i+1] [i+1]
   C. a+i   D. &a[++i]

6. 以下哪一种对于 str 的定义不恰当,有可能使 strlen(str)(strlen 是定义在 C 标准库中的函数)获得非预期的结果?(   )
   A. char str[] = "hello world!";
   B. char str[100] = "X";
   C. char str[4] = "abcd";
   D. char str[6] = {65, 66, 67, 68, 69, 0};

7. 定义如下变量和数组:

```
int i;
int a[3][3]={1,2,3,4,5,6,7,8,9};
```

则下面语句的输出结果是(   )。

```
for(i=0;i<3;i++)
    printf(" %d",a[2-i][i]);
```

  A. 1 5 9   B. 7 5 3   C. 1 2 3   D. 7 8 9

8. 若有说明 int a[3][4];，则对 a 数组元素的正确引用是(　　)。

  A. a[2][4]   B. a[1,2]
  C. a[1+1][0]   D. a(2)(1)

9. 数组定义为 int a[3][2]={1,2,3,4,5,6}，数组元素(　　)的值为 6。

  A. a[3][2]   B. a[2][1]
  C. a[1][2]   D. a[2][3]

10. 以下对二维数组 a 的正确说明是(　　)。

  A. int a[3][];   B. floatf a(3,4);
  C. double a[1][4];   D. float a(3)(4);

5.12.2 程序填空题

1. 本题目实现了求 M×M 方阵的对角线元素之和。

```
#include <stdio.h>
#define M 5
int main(void)
{   int a[M][M];
    int i,j;
    int sum=0;
    for(i=0;i<M;i++)
    {
        for(j=0;j<M;j++)
        {
            scanf("%d",&a[i][j]);
            if (_____)
            {
                _____
            }
        }
    }
    printf("sum=%d\n",sum);
}
```

2. 请完善程序，实现以下功能：将具有 n 个元素的一维数组的内容前后倒置。

输入样例 1：

```
10
11 12 13 14 15 16 17 18 19 20
```

输出样例 1：

```
20 19 18 17 16 15 14 13 12 11
```

输入样例2：

```
5
12 32 34 45 65
```

输出样例2：

```
65 45 34 32 12
```

```c
#include <stdio.h>
int main(void)
{
int n,i,j,t;
scanf("%d",_____);
int a[n];
for(i=0;i<=_____; i++)
    scanf("%d", _____);
for(i=0,j=_____; _____; i++, j--)
{
    t=a[i];   a[i]=a[j];   a[j]=t ; }
}
    for(i=0;i<n;i++)
    printf("%d ",a[i]);
    return 0;
}
```

3. 输出字符数组。

```c
#include <stdio.h>
int main()
{
    char c1[ ] = {"How are you? "};
    printf("%s", ————);
    return 0;
}
```

4. 请完善程序，实现以下程序功能：从键盘输入 n 个 0~9 的整数，统计其中每个整数出现的次数。

输入样例1：

```
10
1 3 5 7 9 1 2 3 4 5
```

输出样例1：

```
0 的出现次数=0

1 的出现次数=2
```

```
2 的出现次数=1

3 的出现次数=2

4 的出现次数=1

5 的出现次数=2

6 的出现次数=0

7 的出现次数=1

8 的出现次数=0

9 的出现次数=1
```

```c
#include <stdio.h>
int main(void)
{
    int x,n,i,c[10]={_____};
    scanf("%d",_____);
    for(i=0;_____;i++)
    {
        scanf("%d",&x);
        _____++;
    }
    for(i=0;i<10;i++)                    //输出统计结果
        printf("%d 的出现次数=%d\n",i,_____);
    return 0;
}
```

5. 编写一个函数,使给定的一个二维数组(3×3)转置,即行列互换。

```c
#include<stdio.h>
#define N 3
void convert(int array[3][3]);
void main()
{
    int arr[N][N]={{1,2,3},{4,5,6},{7,8,9}};
    int i,j;
    convert(arr);
    for(i=0;i<N;i++)
    {
        for(j=0;j<N;j++)
            printf("%3d",arr[i][j]);
        printf("\n");
    }
}
```

```
void convert(int array[3][3])
{
    int i,j,t;
    for(i=0;i<N;i++)
        for(j=i+1;j<N;j++)
        {
            t=array[i][j];
            array[i][j]=array[j][i];
            _____
        }
}
```

5.12.3 编程题

1. 设一个二维数组 a[3][6]存储3门课程6个人的成绩。然后再设一个一维数组 v[3]存储每门课的平均分,设一个一维数组 w[6]存储每个人的平均分。成绩都写在程序里面,数组也都在程序里静态定义。然后打印每门课的平均分和每个同学的平均分。

2. 将一个字符串通过换行符,来将字符串内容分成两行用 puts()输出。

3. 使用 for 循环逆向(从最高的数组下标一直到最低的数组下标)输出一个一维数组,初始的数组成员值写在程序里。

4. 两个矩阵相加:使用多维数组将两个矩阵相加。每个矩阵大小由 scanf()输入决定。程序中先静态定义比较大的两个矩阵,然后用户输入的大小的矩阵使用静态定义矩阵的一部分空间。矩阵的全部成员的值由 scanf()输入。相加完成后,要将两个矩阵的成员的值用 printf()输出。

5. 有一个一维数组,数组的初始成员值写在代码里面。另外定义了两个一维数组:奇数数组、偶数数组。遍历初始的数组,遇到成员是奇数的,就把这个奇数写到奇数数组里;遇到成员是偶数的,就把这个偶数写到偶数数组里。最后把这三个数组的内容打印出来。

6. 矩阵转换。首先在程序里静态定义两个矩阵。一个是有原始数据的矩阵,数据值由 scanf()输入。输入结束后,将矩阵打印出来。然后虚拟从矩阵的左上角画一条线到矩阵的右下角。以这条线作为一条对称线,线两边的成员彼此交换位置。最后把位置交换后的矩阵打印出来。

7. 静态定义一个较大的一维数组,其空间供后面使用。用 scanf()输入矩阵的大小,然后输入该一维数组的成员值。最后,查找这个一维数组中最大的元素,打印出来。

8. 数组复制:将一个数组复制给另外一个数组。静态定义好两个相同大小的一维数组。其中一个数组在程序里赋好值。复制到另一个数组的工作做完后,分别把两个数组的成员打印出来。

第 6 章

指 针

本章学习目标

- 掌握指针的概念,理解指针变量的定义和使用。
- 熟练掌握指针的赋值与取值操作。
- 理解指针与数组、字符串的关系。
- 掌握指针在函数参数和返回值中的用法。
- 熟练使用 malloc/calloc/realloc 等动态内存分配函数。
- 能够使用指针设计实现基本的程序。

6.1 指针与国家信息安全:程序员的责任与使命

指针是 C 语言课程中的一个重要概念,它为计算机编程提供了极大的便利。然而,在享受指针带来的高效和便捷的同时,也必须认识到指针误用可能给国家信息安全带来的风险。

信息安全事关国家的安全、发展和人民的生活。在互联网时代,信息系统互联互通的程度越来越高,指针作为程序中的重要组成部分,其误用很可能导致全国性的信息系统瘫痪,造成不可估量的损失。因此,我们有必要关注指针在信息安全方面的潜在风险,并培养自己树立正确的价值观和责任感。

首先,要认识到指针在信息系统中的重要作用。在计算机程序中,指针可以实现内存地址的间接访问,这使得程序可以更加灵活地操作数据。然而,这种灵活性也带来了潜在的风险。由于指针的操作涉及内存地址,一旦程序中的指针出现错误,就可能导致数据损坏、程序崩溃,甚至引发安全漏洞,给信息系统带来严重威胁。

其次,需要关注指针误用可能导致的安全隐患。在实际编程过程中,由于程序员的疏忽或者对指针知识的理解不够深入,可能会出现一些常见的指针错误,如野指针、内存泄漏、指针溢出等。这些错误在很大程度上可能影响到信息系统的安全和稳定。例如,野指针可能导致程序崩溃,内存泄漏可能导致系统资源耗尽,而指针溢出则可能导致系统被恶意攻击。因此,必须加强对指针错误的防范,提高程序的安全性。

此外,还要了解一些指针错误导致的重大事故。1996 年,Ariane 5 火箭在首次发射时就因一个指针溢出错误导致火箭控制系统失灵,最终火箭爆炸。这次事故造成了超过 5 亿美元的损失,并使欧洲发射计划推迟数年。2003 年,SCO 集团指控 Linux 内核存在其 UNIX 代码,把 Linux 告上法庭。尽管后来调查证明 Linux 内核中存在雷同的代码并非抄袭,但这场官司依然耗费了无数人力物力。这些事故警示我们,指针的误用可能导致严重的后果,必须高度重视指针的学习和使用。

面对指针可能带来的风险,应如何培养自己的责任感呢?

首先,要认识到自己肩负的历史责任。作为计算机专业的学生,在编写程序时,必须遵守国家法律法规,维护信息安全,为国家的发展贡献自己的力量。

其次,要树立正确的道德观念和社会责任感。在实际编程过程中,要遵循严谨的编程态度和良好的职业素养,努力提高自己的技术水平,为国家的信息安全尽一份绵薄之力。

此外,还要主动学习国家密码法等相关法律法规,增强信息安全意识。在编写含有指针的代码时,要充分认识到指针可能带来的安全风险,并采取有效的防范措施。例如,可以学习指针溢出防护技术、内存检测技术等,提高程序的安全性。

6.2 案例引入:快速排序

快速排序是一种基于划分的排序方法,属于交换排序的一种。该算法采用了分治策略,即将问题分解为若干规模更小但结构与原问题相似的子问题。通过递归地解决这些子问题,最终将它们的解组合为原问题的解。在快速排序中,通过选取一个基准元素,将当前待排序的无序序列(Array[low..high])进行划分。在划分过程中,通过交换元素的位置,实现将小于基准的元素移到左侧,大于基准的元素移到右侧。这样,原问题就被划分成两个规模较小且结构相似的子问题,分别对这两个子问题进行递归排序,最终完成整个序列的排序。

首先进行划分,在 Array[low..high] 中,选择记录 Array[i] 作为基准进行划分。通过将当前序列划分为左右两个子区间,即 Array[low..i−1] 和 Array[i+1..high],确保左子区间中所有记录的值均小于 Array[i],而右子区间中所有记录的值均大于或等于 Array[i]。需要注意的是,记录 Array[i] 已经位于其最终的排序位置上,因此无须再参与之后的排序过程。

然后进行求解,通过 Array[i] 将当前序列划分为左右两个子区间,即 Array[low..i−1] 和 Array[i+1..high]。这两个子区间都可以独立进行排序,因此可以通过递归调用快速排序对左、右两个子区间分别进行排序。

最后,当左右两个子区间完成排序后,整个序列也就完成了排序任务。

6.3 指针的概念

指针是 C 语言的重要组成部分。指针本质上就是内存中的一个地址。有了指针,可以更灵活地访问内存。如果不理解指针的工作原理,就不能真正掌握 C 语言程序。想成为优秀的 C 语言程序员,必须学会在程序中高效利用指针。在 C 语言中,指针有多种用途。指针可以增加访问变量的方式,使变量不仅可以直接通过变量名访问,还可以通过指针进行间接访问。指针主要有两大用途:使程序不同部分之间可以共享数据,以及在程序运行时动态分配内存空间。

6.3.1 地址、变量和指针

在C语言中,指针用于表示内存单元的地址。将这个地址保存于一个变量中,该变量即称为指针变量。指针变量也有不同类型,用于保存不同类型变量的地址。严格来说,指针与指针变量不同,但为了叙述简便,通常将指针变量称为指针。内存是计算机用于存储数据的存储器,以字节为基本存储单元。

计算机中的所有数据都存放在内存中。每个内存单元占用的字节数因数据类型不同而异。为了正确访问内存单元,必须给每个单元一个地址编号。内存就像旅店,内存单元就像房间,地址号相当于房间门牌号。以整型数据占4个单元为例,如图6-1所示,其中的3000、3001、3002、3003就是变量i所占4个内存单元的地址,整型变量i的值以二进制的形式存放在这4个内存单元中,变量i的值为5,变量i的指针是另一个变量,它存放的是变量i的首地址:3000。这里变量i的指针有一个统一的名称:指针变量。

图 6-1 地址和指针

变量的地址是连接变量和指针之间的桥梁。当一个变量存储了另一个变量的地址时,可以说第一个变量指向了第二个变量。这种"指向"是通过地址来表示的。指针变量是存储另一个变量地址的变量,因此当把一个变量的地址赋给指针变量后,这个指针变量就指向了那个变量。例如,把变量i的地址存储到指针变量pi中,那么pi就指向了变量i,这种关系如图6-2所示。

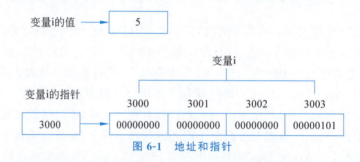

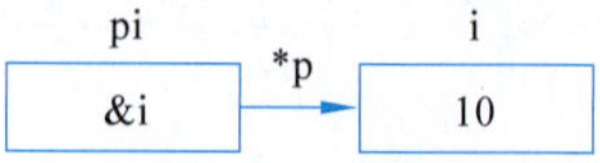

图 6-2 变量和指针

6.3.2 指针变量的定义和引用

因为地址可以用来访问特定的内存存储单元,所以可以说地址"指向"这个内存单元。地址可以被形象地称为指针,因为它能指向内存单元。一个变量的地址被称为该变量的指针。当一个变量被用来专门存储另一个变量的地址时,这个存储地址的变量就是指针变量。在C语言中,有一种专门用来存储内存单元地址的变量类型,就是指针类型。下面将介绍如何定义一个指针变量、给它赋值以及引用它。

1. 指针变量的定义

指针变量在C语言中是一种特殊类型的变量,用来存储内存地址。定义一个指针变量需要指定该指针变量可以指向的数据类型。其语法格式通常是通过在变量名前加上" * "来声明一个指针变量:

```
类型说明符 * 变量名;
```

在这种声明中,"*"符号用于指示变量是一个指针变量,紧随其后的是所定义的指针变量名称,而类型说明符则表示了这个指针变量所指向的数据类型。

```
int * prt1;          //定义了一个名为 ptr1 的指针变量,它可以存储一个整数类型的地址
char * ptr2;         //定义了一个名为 ptr2 的指针变量,它可以存储一个字符类型的地址
```

2. 指针变量的赋值

指针变量可以通过赋值操作来存储另一个变量的地址。要将一个变量的地址赋给指针变量,可以使用取地址符"&"获取该变量的地址,并将该地址赋给指针变量。

例如,假设有一个整型变量 num 和一个指向整型的指针变量 ptr,可以这样将 num 的地址赋给 ptr:

```
int num = 10;        //定义一个整型变量 num 并赋值为 10
int * ptr;           //定义一个指向整型的指针变量 ptr
ptr = &num;          //将 num 的地址赋给 ptr
```

上面的例子还可以写成,定义指针变量的同时初始化完成赋值,例如:

```
int num = 10;
int * ptr = &num;
```

3. 指针变量的引用

引用指针变量实际上是获取指针所指向地址处存储的值。这可以通过解引用操作符"*"来完成。当"*"操作符与指针变量一起使用时,可以访问指针所指向地址中存储的数据。解引用操作符"*"在 C 语言中用于访问指针所指向地址处的值。它允许程序员通过指针访问存储在内存中的实际数据。

举例来说,如果有一个指向整型数据的指针变量 ptr,要获取它所指向地址处的值,可以这样做:

```
int num = 10;            //定义一个整型变量 num 并赋值为 10
int * ptr;               //定义一个指向整型的指针变量 ptr
ptr = &num;              //将 num 的地址赋给 ptr
int value = * ptr;       //使用 * ptr 获取 ptr 所指向地址处的值,将其赋给 value
```

在这个例子中,* ptr 表示获取指针 ptr 所指向地址处的值,然后将这个值赋给 value 变量,所以变量 value 的值也是 10。

【例 6.1】 编写程序,演示指针解引用操作输出变量值。

```
1    #include <stdio.h>
2
3    int main()
4    {
4        int num = 42;                  //定义一个整型变量 num 并赋值为 42
5        int *ptr;                      //定义一个指向整型的指针变量 ptr
6        ptr = &num;                    //将 num 的地址赋给 ptr
```

```
7        printf("num 的值是:%d\n", num);              //打印 num 的值
8        printf("ptr 所指向地址处的值是:%d\n", * ptr);   //打印 ptr 所指向地址处的值
9        return 0;
10   }
```

程序运行结果如下。

```
num 的值是:42
ptr 所指向地址处的值是:42
```

案例分析

这个程序会打印出两个值：num 的值和 ptr 所指向地址处的值。在第二个 printf 语句中，*ptr 执行了解引用操作，获取了指针 ptr 所指向地址处的值，即 num 的值。

6.4 指针与数组

数组是一系列元素的集合，而指针则是用于跟踪、访问和操作这些元素的工具。在 C 语言中，数组名通常可以看作指向数组首元素的指针，这为指针和数组之间的交互提供了许多可能性。理解指针和数组之间的关系，以及它们如何协同工作，对于有效地利用 C 语言进行内存管理和数据操作至关重要。

6.4.1 指针与一维数组

当定义一个一维数组时，系统会在内存中为该数组分配一个存储空间，其数组的变量名就是数组的首地址。C 语言对数组的访问是通过数组名(数组的起始地址)加上相对于起始地址的相对量(由下标变量给出)，得到要访问的数组元素的单元地址，然后再对计算出的单元地址的内容进行访问。若定义一个指针变量，并将数组的首地址赋值给指针变量，则我们说该指针指向了这个一维数组。

```
int * p,a[4];
p=a;                    //数组的变量名 a 就是数组的首地址
```

另一种赋值方式也可以写为

```
int * p,a[4];
p=&a[0];                //a[0]的地址也是数组的首地址
```

数组名 a 代表数组的首地址，即元素 a[0]的地址(&a[0])，所以 a+1 表示首地址后下一个元素的地址，即数组中下标为 1 的元素 a[1]的地址(&a[1])。由此可知，a+i 代表数组中下标为 i 的元素 a[i]的地址，即 &a[i]。于是，通过解引用操作符"*"就可以访问数组中的元素了。例如，*a 或 *(a+0)表示取出下标为 0 的元素 a[0]，*(a+i)表示取出下标 i 的元素 a[i]。数组元素之所以能通过这种方法来访问，是因为数组的下标运算符[]实际上执行的就是指针运算。例如，a[i]被编译器解释为 *(a+i)，而 &a[i]被解释为指针表达式 a+i。如果定义了一个 int 型指针变量 p，并且让 p 指向 int 型数组 a 的首地址，那么 p 的

值就是 &a[0]，*p 就是 p 指向的数组元素 a[0]，p+i 的值就是 &a[i]，*(p+i) 就表示数组元素 a[i]。这种关系如图 6-3 所示。

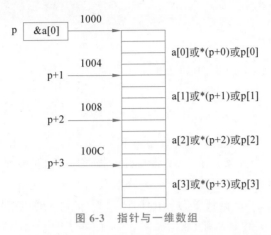

图 6-3　指针与一维数组

【例 6.2】　编写程序，使用指针变量指向数组首地址，访问数组元素。

```
1    #include <stdio.h>
2    int main()
3    {
4        int * p, * q;
5        int i, a[5], b[5];
6        p = a;
7        q = &b[0];
8        printf("输入数组 a 的元素值:\n");
9        for(i = 0; i < 5; i++)
10       {
11           scanf("%d", &a[i]);
12       }
13       printf("通过指针变量 p 输出数组:\n");
14       for(i = 0; i < 5; i++)
15       {
16           printf("%d ", p[i]);
17       }
18       printf("\n");
19       printf("输入数组 b 的元素值:\n");
20       for(i = 0; i < 5; i++)
21       {
22           scanf("%d", &b[i]);
23       }
24       printf("使用"*"运算符,通过指针变量 q 输出数组:\n");
25       for(i = 0; i < 5; i++)
26       {
27           printf("%d ", *(q + i));
28       }
29   }
```

程序运行结果如下。

输入数组 a 的元素值：
1 2 3 4 5
通过指针变量 p 输出数组：
1 2 3 4 5
输入数组 b 的元素值：
6 7 8 9 10
使用"*"运算符，通过指针变量 q 输出数组：
6 7 8 9 10

案例分析

int *p, *q;声明了两个整型指针变量 p 和 q。int i, a[5], b[5];声明了两个整型数组 a 和 b，每个数组有 5 个元素。p = a;将指针 p 指向数组 a 的首地址。q = &b[0];将指针 q 指向数组 b 的首地址。这里使用 &b[0]获取数组 b 的首元素地址。通过 scanf 分别输入数组 a 和 b 的元素值。for 循环中的 printf("%d ", p[i]);通过指针变量 p 输出数组 a 的元素值，p[i]等同于 *(p + i)，访问数组元素。for 循环中的 printf("%d ", *(q + i));使用指针变量 q 结合指针运算输出数组 b 的元素值。

通过上面的例子可以看到，指针是可以进行数学运算的，所以指针也可以进行递增和递减，指针的递增和递减运算是针对指针变量进行的操作，用于移动指针指向的内存地址位置。

递增运算(++)：对指针进行递增操作会使指针指向下一个相同类型的内存位置。例如，如果一个指针指向一个整型数组的元素，执行 ptr++将使指针指向数组中的下一个整数元素。

递减运算(--)：对指针进行递减操作会使指针指向前一个相同类型的内存位置。类似于递增操作，执行 ptr--将使指针向数组的前一个元素移动。

这些操作是依据指针指向的数据类型来确定移动的步长，确保在同一数据类型内移动。同时，需要注意确保不会越界或者访问非法的内存位置。

【例 6.3】 编写程序，演示指针的递增和递减运算。

```
1    #include <stdio.h>
2    int main()
3    {
4        int arr[] = {10, 20, 30, 40};           //定义一个整型数组
5        int * ptr = arr;                         //将指针指向数组的第一个元素
6        printf("初始位置:%p, 值:%d\n", ptr, * ptr);   //输出初始位置和值
7        ptr++;                                   //对指针进行递增操作
8        printf("递增后位置:%p, 值:%d\n", ptr, * ptr); //输出递增后位置和值
9        ptr--;                                   //对指针进行递减操作
10       printf("递减后位置:%p, 值:%d\n", ptr, * ptr); //输出递减后位置和值
11       return 0;
12   }
```

程序运行结果如下。

初始位置:000000312837F698,值:10
递增后位置:000000312837F69C,值:20
递减后位置:000000312837F698,值:10

案例分析

int arr[] = {10，20，30，40}；定义了一个包含 4 个整型元素的数组。

int ＊ptr ＝ arr；将指针 ptr 指向数组 arr 的第一个元素，即 10。

printf("初始位置：%p，值：%d\n"，ptr，＊ptr)；输出指针 ptr 的初始位置和所指向的值，初始位置为数组第一个元素的地址，值为 10。

ptr＋＋；对指针进行递增操作，指针移动到数组中的下一个元素。

在大多数系统中，整型数组中每个元素占据 4B(32 位系统)，因此指针增加了 4B 的偏移量。printf("递增后位置：%p，值：%d\n"，ptr，＊ptr)；输出递增后指针的位置和所指向的值，递增后的位置为数组中第二个元素的地址，值为 20。ptr－－；对指针进行递减操作，使指针回到数组的第一个元素。printf("递减后位置：%p，值：%d\n"，ptr，＊ptr)；输出递减后指针的位置和所指向的值，递减后的位置为数组中第一个元素的地址，值为 10。

6.4.2 指针与二维数组

二维数组可以看作数组的数组，它允许程序员存储和操作表格状的数据结构。指针则是一种变量，它存储了另一个变量的内存地址。当程序员想要通过指针来操作二维数组时，需要理解数组在内存中的存储方式以及如何通过指针来访问这些数据。

在 C 语言中，二维数组在内存中是连续存储的，这意味着每一行的元素紧挨着存储。当程序员使用指针来访问二维数组时，需要知道如何计算特定元素的内存地址。以下是一个简单的例子来说明这一点。

假设有一个 3×3 的二维数组，首地址为 1000：

```
int arr[3][3] = {
    {1, 2, 3},
    {4, 5, 6},
    {7, 8, 9}
};
```

则其二维数组的行地址与列地址如图 6-4 所示。

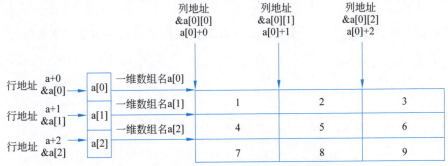

图 6-4 二维数组的行地址与列地址示意图

通过图 6-4 可以更好地理解二维数组行地址和列地址的概念。首先，在 C 语言编程中，二维数组可以被视为由多个一维数组组成的结构，图 6-4 中的二维数组可以理解为 a 是由 a[0]、a[1]、a[2] 三个元素组成的一维数组，其中，数组名 a 代表其第一个元素 a[0] 的地址

（即 &a[0]）。根据一维数组与指针的关系，a+1（即 &a[1]）指向的是紧随第一行之后的第二行的首元素地址，而 a+2（即 &a[2]）则指向第三行的首元素地址。因此，借助这些地址，能够实现对各元素值的引用操作。具体来说，表达式 *(a+0) 或 *a 获取的是数组 a 的第一个元素 a[0] 的值；*(a+1) 用于访问数组 a 中第二个元素 a[1] 的值；*(a+2) 则对应着第三个元素 a[2] 的值。需要注意的是，这里的元素实际上仍然是数组的地址，而不是直接的数据值。

其次，二维数组中的每一行都可以视作一个一维数组。对于数组 a，如果它是一个二维数组，且 a[0]、a[1] 和 a[2] 分别代表该二维数组的第一、第二和第三行，那么每行包含三个整型元素。例如，a[0] 可以看成由 a[0][0]、a[0][1] 和 a[0][2] 这三个整型元素组成的一维数组，其地址即为 &a[0][0]。当我们说 a[0]+1 时，这实际上意味着从 a[0]（即 a[0][0] 的地址）开始向后移动一个整型元素的大小，因此指向了同一行中的下一个元素 a[0][1] 的地址，即 &a[0][1]。同理，a[0]+2 指向的是同一行中的第三个元素 a[0][2] 的地址，即 &a[0][2]。解引用这些指针表达式，可以得到对应的元素值：*(a[0]+0) 获取的是 a[0][0] 的值；*(a[0]+1) 获取的是 a[0][1] 的值；*(a[0]+2) 获取的是 a[0][2] 的值。

最后，二维数组的每一行视为一个一维数组，那么 a[0] 就可以被视为一个包含三个整型元素的一维数组。在这种情况下，a[0]+1 中的数字 1 表示的是单个整型元素的字节大小，这是因为在 C 语言中，数组的索引是从 0 开始的，所以 a[0]+1 实际上是指向同一行中的下一个元素。同样地，由于 a 本身代表的是整个二维数组，它由三个这样的一维数组（即三行）组成，所以 a+1 中的数字 1 表示的是整个一行的字节大小，这等于一行中的元素数量（三个整型元素）乘以每个元素的字节大小（sizeof(int)）。简而言之，a[0]+1 表示移动到同一行的下一个整型元素，a+1 表示移动到下一行的起始位置。

根据上述分析，可以得出以下结论：a[i]，即 *(a+i)，可以被视为一维数组 a 中索引为 i 的元素。同时，a[i] 即 *(a+i) 也相当于由 a[i][0]、a[i][1]、a[i][2] 三个整型元素组成的一维数组的数组名，它代表的是这个一维数组中第一个元素 a[i][0] 的地址（即 &a[i][0]）。而 a[i]+j 或 *(a+i)+j 则表示在这个一维数组中索引为 j 的元素的地址，也就是 &a[i][j]。因此，*(a[i]+j) 或 *(*(a+i)+j) 就是这个地址所指向的元素的值，也就是 a[i][j]。这样，我们有 4 种等价的方式来表示 a[i][j]：

a[i][j]　　<==>　　*(a[i]+j)　　<==>　　*(*(a+i)+j)　　<==>　　(*(a+i))[j]

【例 6.4】 编写程序，输入一个 3 行 3 列的二维数组，然后输出这个二维数组的元素值。

```
1   #include <stdio.h>
2   int main()
3   {
4       int a[3][3];
5       printf("请输入 3 行 3 列的二维数组元素值：\n");
6       for (int i = 0; i < 3; i++)
7       {
8           for (int j = 0; j < 3; j++)
9           {
10              printf("请输入第 %d 行第 %d 列的元素:", i + 1, j + 1);
11              scanf("%d", a[i] + j);           //使用指针定位元素
12          }
```

```
13      }
14      printf("输入的二维数组为:\n");
15      for (int i = 0; i < 3; i++)
16      {
17          for (int j = 0; j < 3; j++)
18          {
19              printf("%d\t", * (a[i] + j));   //使用指针输出元素值
20          }
21          printf("\n");
22      }
23      return 0;
24  }
```

程序运行结果如下。

```
请输入 3 行 3 列的二维数组元素值:
请输入第 1 行第 1 列的元素:1
请输入第 1 行第 2 列的元素:2
请输入第 1 行第 3 列的元素:3
请输入第 2 行第 1 列的元素:4
请输入第 2 行第 2 列的元素:5
请输入第 2 行第 3 列的元素:6
请输入第 3 行第 1 列的元素:7
请输入第 3 行第 2 列的元素:8
请输入第 3 行第 3 列的元素:9
输入的二维数组为
1       2       3
4       5       6
7       8       9
```

案例分析

int a[3][3];:定义了一个 3 行 3 列的整型二维数组 a。

for (int i = 0; i < 3; i++):外层循环控制行数,从 0 到 2,表示第 0 行到第 2 行。

for (int j = 0; j < 3; j++):内层循环控制列数,从 0 到 2,表示第 0 列到第 2 列。

scanf("%d", a[i] + j);:使用 scanf()函数从标准输入中读取一个整数,并将其存储到二维数组 a 的第 i 行第 j 列的位置。

外层循环遍历每一行,内层循环遍历每一列,通过 printf("%d\t", * (a[i] + j));输出每个元素的值。这段代码的关键之处在于使用了指针算术来访问二维数组中的元素,a[i]+j 表示第 i 行的起始地址加上 j 个元素的偏移量,从而定位到二维数组中的具体元素位置。

在二维数组中,行指针(也称为行地址)通常指的是指向二维数组第一行的指针。由于 C 语言中的数组名在表达式中会被解释为指向其首元素的指针,所以对于二维数组 a,a 本身就是一个指向第一行的指针。换句话说,a 是一个指向包含三个整型元素的数组的指针。

例如,对于如图 6-4 所示的二维数组 a,可定义如下的行指针。

```
int (*p)[3];
```

在解释变量声明语句中变量的类型时,虽然说明符[ ]的优先级高于 *,但由于圆括号的优先级更高,所以先解释 *,再解释[ ]。所以,在 C 语言中,int（*p）[3];这行代码声明了一个名为 p 的指针变量,它指向一个包含三个整型元素的数组。这里的指针类型是 int（*）[3],这是一个指向数组的指针,而不是指向单个整型值的指针 (int *)。

【例 6.5】 编写程序,用行指针遍历二维数组。

```
1    #include <stdio.h>
2    int main()
3    {
4        int a[3][3] = {
5                {1, 2, 3},
6                {4, 5, 6},
7                {7, 8, 9}
8        };
9        int (*p)[3];                          //声明一个行指针
10       for (p = a; p < a + 3;p++)
11       {
12           for (int j = 0; j < 3; j++)
13           {
14               printf("%d ", (*p)[j]);
15           }
16           printf("\n");
17       }
18       return 0;
19   }
```

程序运行结果如下。

```
1 2 3
4 5 6
7 8 9
```

案例分析

在这个例子中,首先定义了一个 3 行 3 列的二维数组 a。然后,声明了一个行指针 p,该指针指向一个包含三个整型元素的一维数组。在循环中,将 p 初始化为 a,然后逐行遍历二维数组。在每次迭代中,p 指向当前行的数组,通过（*p）[j]来访问当前行的每个元素。需要注意的是,外层循环 for (p = a; p＜a + 3;p++)中的行指针的自增运算 p++是一次移动一行数据元素,如图 6-5 所示。

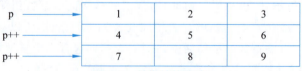

图 6-5 行指针的移动

二维数组的列指针和行指针的定义是不同的。列指针实际上是指向数组的指针,而不是指向数组的行。在二维数组 int a[3][3]; 中,列指针的声明方式如下。

```
int * p;
```

【例 6.6】 编写程序,用列指针遍历二维数组。

```
1    #include <stdio.h>
2    int main()
3    {
4        int a[3][3] = {
5                {1, 2, 3},
6                {4, 5, 6},
7                {7, 8, 9}
8        };
9        int * p = a[0];
10       for (int i = 0; i < 3; i++)
11       {
12           for (int j = 0; j < 3; j++)
13           {
14               printf("%d ", * p);
15               p++;                          //列指针自增,移动到同一行的下一列
16           }
17           printf("\n");
18       }
19       return 0;
20   }
```

程序运行结果如下。

```
1 2 3
4 5 6
7 8 9
```

案例分析

在这个例子中,p 初始时指向数组 a 的第一行第一列。在内部循环中,使用 printf 输出当前元素,然后通过 p++ 自增列指针。由于 p 是一个指向 int 类型的指针,p 会将指针向前移动 4B,这样就会移动到同一行的下一列,如图 6-6 所示。

图 6-6 列指针的移动

6.4.3 指针数组

指针数组是 C 语言中一种特殊的数据结构,它是一个数组,但数组中的每个元素都是一个指针变量。这些指针可以指向相同类型的任何对象或数据,在内存中存储一系列相关变量的地址。在 C 语言中,指针数组的声明通常采用以下形式。

```
int * p[10];
```

上面的代码定义了一个包含 10 个元素的指针数组,每个元素都能存储一个整型变量的地址。其中,int 是指针所指向的数据类型,p 是指针数组的名称,10 表示数组的大小,即数组中指针的数量。

下面是指针数组的一些关键特点和解释。

(1) 类型一致性:指针数组的所有元素都是同一种类型的指针,它们指向的对象可以是相同类型的变量或数据结构。

(2) 存储位置:指针数组本身存储在栈或全局存储区中,而每个指针元素可以指向任何有效的内存地址,这包括堆、栈或全局存储区中的地址。

(3) 灵活性:指针数组具有很高的灵活性,因为它们可以用于处理各种类型的数据结构,例如,动态分配的内存块、字符串数组、函数指针数组等。

【例 6.7】 声明、初始化和使用指针数组。

```
1   #include <stdio.h>
2   int main()
3   {
4       int num1 = 10, num2 = 20, num3 = 30;
5       int * ptr_array[3];                    //声明一个包含三个指针的指针数组
6       ptr_array[0] = &num1;
7       ptr_array[1] = &num2;
8       ptr_array[2] = &num3;
9       printf("指针数组中的值:\n");
10      for (int i = 0; i < 3; i++)
11      {
12          printf("指针数组中第 %d 个元素的值:%d\n", i + 1, * ptr_array[i]);
13          * ptr_array[i] += 5;               //对指向的变量进行加法操作
14      }
15      printf("修改后的变量值:\n");
16      printf("num1 = %d\n", num1);
17      printf("num2 = %d\n", num2);
18      printf("num3 = %d\n", num3);
19      return 0;
20  }
```

程序运行结果如下。

```
指针数组中的值:
指针数组中第 1 个元素的值:10
指针数组中第 2 个元素的值:20
指针数组中第 3 个元素的值:30
修改后的变量值:
num1 = 15
num2 = 25
num3 = 35
```

案例分析

在这个例子中,声明了一个包含三个指针的指针数组 ptr_array。然后,将每个指针元素分别指向不同的整型变量 num1、num2 和 num3。接着,遍历指针数组,输出每个指针指向的变量的值,并对这些变量进行了加法操作。最后,输出了每个变量的新值。

6.5 指向指针的指针

指向指针的指针,通常被称为"二级指针"或"指针的指针"。在 C 语言中,指针是一种特殊的数据类型,用来存储内存地址。指针变量存储的是另一个变量的地址,通过指针可以间接地访问或修改该变量的内容。指针允许对内存进行动态分配和管理,是实现诸如动态数据结构、内存管理等功能的重要工具。指向指针的指针变量定义如下:

```
int **p;
```

int 表示 p 是一个指针,它指向一个整型数据类型的变量或值。*p:* 符号表示间接引用或解引用操作符。因此,*p 表示指针 p 所指向的内容。在这里,p 是一个指向指针的指针,因此 *p 将得到一个指针。int *p 意味着 p 是一个指向整型变量的指针。也就是说,p 可以存储一个整型变量的地址。int **p 这一行代码进一步扩展了上一行的声明。它表明 p 是一个指向指针的指针。换句话说,p 可以存储一个指向整型变量的指针的地址。指向指针的指针变量如图 6-7 所示。

图 6-7 指向指针的指针变量

图 6-7 中,i 是一个整型变量,它的值是 10;p1 是一个整型指针变量,指向整型变量 i,p1 的值是变量 i 的地址;p2 也是一个指针指向指针变量 p1;p2 是一个指向指针的指针变量。

【例 6.8】 编写程序,使用指向指针的指针输出变量的值。

```
1   #include <stdio.h>
2   int main()
3   {
4       int num = 10;
5       int * ptr1;                    //指向整数的指针
6       int **ptr2;                    //指向指针的指针
7       ptr1 = &num;                   //指针 ptr1 指向 num 的地址
8       ptr2 = &ptr1;                  //指针 ptr2 指向指针 ptr1 的地址
9       //通过 ptr2 访问 num 的值
10      printf("Value of num using pointer to pointer: %d\n", **ptr2);
11      return 0;
12  }
```

程序运行结果如下。

Value of num using pointer to pointer: 10

案例分析

在这个示例中,定义了一个整数变量 num,一个指向整数的指针 ptr1,以及一个指向指针 ptr1 的指针 ptr2。首先,将 ptr1 设置为指向 num 的地址。然后,将 ptr2 设置为指向 ptr1 的地址。因此,ptr2 就成为一个指向指针 ptr1 的指针。最后,通过 ptr2 间接访问 num 的值,使用**ptr2 来获取 num 的值,因为 ptr2 指向 ptr1,而 ptr1 指向 num。

6.6 指针与函数

在 C 语言中,指针是一种变量,其存储的是另一个变量的内存地址。指针使得程序能够直接访问和操作内存中的数据,提供了对数据结构的引用,以及在函数间传递数据的灵活性。函数是一段可重用的代码块,它可以接收输入参数(可以是值或指针),执行特定的任务,并可以返回一个结果。指针在函数中的应用非常广泛,它们可以用来传递数组、结构体等复杂数据类型,允许函数内部修改传递进来的数据,或者动态分配和释放内存。指针的使用提高了 C 语言的效率和灵活性,但同时也要求程序员对内存管理有更深入的理解。

6.6.1 指针变量作为函数参数

指针变量作为函数参数允许函数直接访问并可能修改调用者作用域中的原始数据。通过传递变量的地址(即指针),函数能够操作指向的内存位置,实现对数据的直接控制,这不仅提高了效率,尤其是在处理大型数据结构时,而且提供了一种灵活的方式来传递和操作数据。

【例 6.9】 编写程序,交换两个变量的值。下面的程序能实现这一功能吗?如果不能,该如何修改?

```
1    #include <stdio.h>
2    void swap(int x, int y)
3    {
4        int temp;
5        temp = x;
6        x = y;
7        y = temp;
8    }
9    int main()
10   {
11       int a, b;
12       printf("输入 a、b 的值:\n");
13       scanf("%d%d", &a, &b);
14       printf("a = %d, b = %d\n", a, b);
15       swap(a, b);
16       printf("交换后 a = %d, b = %d\n", a, b);
17       return 0;
18   }
```

程序运行结果如下。

```
输入 a、b 的值:10 20
a = 10, b = 20
交换后 a = 10, b = 20
```

案例分析

上面这段代码是一个简单的 C 语言程序,用于交换两个整数变量的值。但是这个程序有一个问题,在 swap 函数中,虽然局部变量 x 和 y 的值被交换了,但是这个交换并不会影响到 main() 函数中的 a 和 b,如图 6-8 和图 6-9 所示。这是因为在 C 语言中,函数参数是通过值传递的,这意味着传递给 swap() 函数的是 a 和 b 的副本,而不是它们的引用。所以,即使在 swap() 函数内部改变了这些值,main() 函数中的原始变量也不会受到影响。

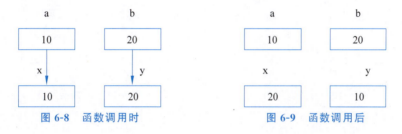

图 6-8　函数调用时　　　　　　　图 6-9　函数调用后

【例 6.10】编写程序,交换两个变量的值。swap() 函数的参数修改为指针变量。

```
1   #include <stdio.h>
2   void swap(int * x, int * y)
3   {
4       int temp;
5       temp = * x;
6       * x = * y;
7       * y = temp;
8   }
9   int main()
10  {
11      int a, b;
12      printf("输入 a、b 的值:\n");
13      scanf("%d%d", &a, &b);
14      printf("a = %d, b = %d\n", a, b);
15      swap(&a, &b);                          //注意这里传递的是地址
16      printf("交换后 a = %d, b = %d\n", a, b);
17      return 0;
18  }
```

程序运行结果如下。

```
输入 a、b 的值:10 20
a = 10, b = 20
交换后 a = 20, b = 10
```

案例分析

swap()函数定义了一个通过指针传递参数的函数,它接收两个整型指针作为参数。在函数内部,使用一个临时变量 temp 来帮助交换两个指针指向的整数值。首先,它将 x 指针指向的值(即变量 a 的地址中的值)保存到 temp 中,然后将 y 指针指向的值赋给 x 指针指向的地址(即变量 a 的地址),最后将 temp 中的值(原 a 的值)赋给 y 指针指向的地址(即变量 b 的地址)。

main()函数首先声明了两个整型变量 a 和 b。然后,程序提示用户输入两个整数,并使用 scanf()函数读取用户输入的值存储到 a 和 b 中。在显示了原始的 a 和 b 的值之后,调用 swap()函数并传递 a 和 b 的地址,从而触发值的交换。交换完成后,再次打印 a 和 b 的值,此时会发现它们的值已经交换,如图 6-10 和图 6-11 所示。

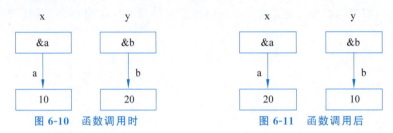

图 6-10　函数调用时　　　　　　图 6-11　函数调用后

6.6.2　函数的返回值为指针

在 C 语言中,函数的返回值可以是指针类型,这意味着函数执行完毕后,可以返回一个指向内存地址的值。这种类型的函数通常用于创建动态数据结构、返回数组或结构体的引用,或者在函数内部分配内存并将其地址返回给调用者。返回指针的函数允许调用者在函数执行完毕后继续访问和操作返回的数据。返回值为指针类型的函数定义如下。

```
类型说明符 * 函数名(参数列表);
```

例如,如下函数:

```
int * fun(int x, int y);
```

接收两个整型变量作为参数,返回值为一个指针类型,int 表示该指针指向一个整数。

【例 6.11】　编写程序,找出数组的最大值。

```
1    #include <stdio.h>
2    #define SIZE 5
3    int * findMax(int arr[], int size)
4    {
5        int * max = &arr[0];              //假设最大值在数组的第一个元素
6        for (int i = 1; i < size; i++)
7        {
8            if (arr[i] > * max)
9            {
10               max = &arr[i];
```

```
11          }
12      }
13      return max;                          //返回指向最大值的指针
14  }
15  int main()
16  {
17      int numbers[SIZE] = {23, 56, 12, 87, 45};
18      int *maxPtr;
19      maxPtr = findMax(numbers, SIZE);      //调用函数找到数组中的最大值
20      printf("The maximum value in the array is: %d\n", *maxPtr);
21      return 0;
22  }
```

程序运行结果如下。

```
The maximum value in the array is: 87
```

案例分析

在这个示例中，findMax 函数接收一个整数数组和数组的大小作为参数，并返回指向数组中最大元素的指针。在 main 函数中，定义了一个整数数组 numbers，然后调用 findMax 函数来查找数组中的最大值。findMax 函数返回指向最大值的指针，通过解引用 maxPtr 来获取该最大值并打印出来。

6.6.3 指向函数的指针

指向函数的指针在 C 语言中是一种特殊的指针，它存储了函数的地址，允许程序员像调用普通函数一样调用指针所指向的函数。这种指针类型通常用于回调函数、事件处理、排序算法等场景，其中，函数的地址作为参数传递给另一个函数，然后在适当的时机被调用。指向函数的指针的声明需要指定指针指向的函数的返回类型和参数类型。定义函数指针的一般形式如下。

```
类型说明符 (*指针名)(函数参数列表);
```

指向函数的指针的声明需要指定指针指向的函数的返回类型和参数类型。例如，如果有一个返回类型为 int 且接收两个 int 参数的函数，那么指向这种函数的指针的声明如下。

```
int (*functionPtr)(int x, int y);
```

其中，functionPtr 就是函数指针，它指向一个函数，该函数的参数是两个整型变量，返回类型是整型。当然，在定义 functionPtr 时，也可以将函数参数列表中的变量名省略，如下。

```
int (*functionPtr)(int, int);
```

可以将任何一个参数为两个整型变量并且返回值为整型的函数地址赋给 functionPtr，然后通过 functionPtr 来调用该函数，通过函数指针调用函数的方式如下。

函数指针名(函数参数列表);

【例 6.12】 编写程序,进行加法和减法运算。

```
1   #include <stdio.h>
2   //定义两个简单的函数
3   int add(int a, int b)
4   {
5       return a + b;
6   }
7   int subtract(int a, int b) {
8       return a - b;
9   }
10  int main()
11  {
12      int (*operation)(int, int);              //声明一个指向函数的指针
13      //指向 add 函数的指针
14      operation = add;
15      printf("Addition: %d\n", operation(5, 3));   //通过指针调用 add 函数
16      //指向 subtract 函数的指针
16      operation = subtract;
17      printf("Subtraction: %d\n", operation(5, 3));  //通过指针调用 subtract 函数
18      return 0;
19  }
```

程序运行结果如下。

```
Addition: 8
Subtraction: 2
```

案例分析

在这个示例中,首先定义了两个简单的函数 add 和 subtract,分别实现加法和减法操作。然后,在 main 函数中声明了一个指向函数的指针 operation。将 operation 指向 add 函数,然后通过该指针调用 add 函数进行加法操作。接着,将 operation 指向 subtract 函数,并通过该指针调用 subtract 函数进行减法操作。

6.7 内存管理

C 语言中的内存管理是指程序在运行时对内存的分配、释放和管理。在 C 语言中,内存管理是由程序员负责的,因此程序员需要谨慎地分配和释放内存,以避免内存泄漏和内存溢出等问题。

6.7.1 C 语言内存区域划分

C 语言内存区域划分包括栈用于存储函数调用信息和局部变量、堆用于动态内存分配与释放、全局/静态存储区用于全局变量和静态变量、常量存储区用于存储常量数据、代码区

用于存储程序的执行指令,每个区域有不同的生命周期、作用和访问权限,如图 6-12 所示。

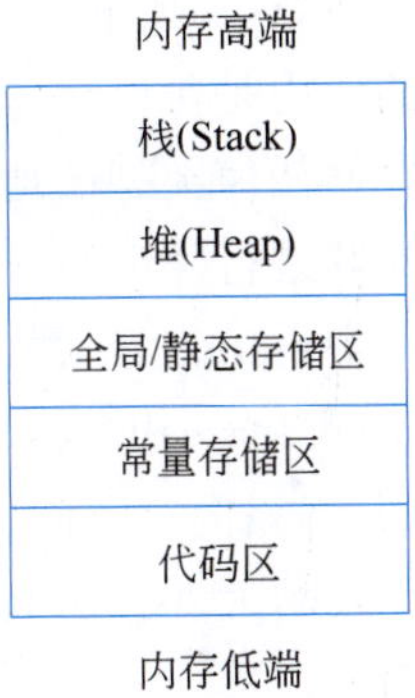

在 C 语言中,内存区域的划分对于理解程序的内存使用和优化性能非常重要。以下是 C 语言中主要的内存区域及其特点。

栈(Stack):栈是一种后进先出(LIFO)的数据结构,用于存储函数的局部变量、函数参数以及函数调用的返回地址等信息。栈的大小在程序运行时是固定的,并且栈的空间是由编译器自动管理的,当函数调用结束时,函数的栈帧会被销毁,栈上的数据也会被自动释放。

堆(Heap):堆是一种动态分配的内存区域,用于存储程序运行时动态分配的内存。堆的大小通常比栈大得多,堆的内存空间由程序员手动分配和释放,通常使用 malloc()、calloc()、realloc()等函数分配内存,使用 free()函数释放内存。

全局/静态存储区(Global/Static Storage Area):全局变量和静态变量存储在全局/静态存储区中。全局变量在程序的整个生命周期内都存在,并且在程序启动时就被初始化。静态变量的生命周期也与程序的运行周期相关,但是作用域有所不同。全局变量和静态变量的内存分配由编译器管理,它们的内存空间在程序加载时就已经分配,并且在程序结束时被释放。

常量存储区(Constant Storage Area):常量字符串和全局常量存储在常量存储区中。常量存储区通常是只读的,程序无法修改常量存储区中的数据。常量存储区的内存空间在程序加载时就已经分配,并且在程序结束时被释放。

代码区(Code Area):代码区存储程序的执行代码,包括函数的机器指令等。代码区通常是只读的,并且在程序加载时就已经分配,程序无法修改代码区的内容。

图 6-12　C 语言内存划分

6.7.2　动态内存分配函数

动态内存分配函数在 C 语言中提供了灵活地分配和释放内存空间的能力。主要的函数包括 malloc()、calloc()、realloc()和 free()。这些函数允许程序在运行时根据需要分配内存,提供了灵活且有效地管理内存的方式,但程序员需要确保合理地分配和释放内存,以避免内存泄漏和内存溢出等问题。

动态内存分配函数在 C 语言中是非常重要的,它们允许程序在运行时根据需要动态地分配和释放内存空间。以下是对动态内存分配函数的详细介绍。

1. malloc()函数

void * malloc(size_t size)函数用于分配指定大小的内存空间,并返回一个指向该内存空间的指针。参数 size 表示要分配的内存空间的大小,以 B(字节)为单位。如果分配成功,则返回指向分配的内存空间的指针;如果分配失败,则返回 NULL。

malloc()函数使用方法如下。

```
malloc(100);
```

开辟 100B 的临时分配域,函数值为其第 1 个字节的地址。

注意，在 C 语言中，void * 是一种通用的指针类型，被称为"无类型指针"或"空指针"。它的作用是可以指向任意类型的数据，因为它不关心所指向的数据类型。void * 可以被用来存储任何类型的地址，但是在使用时需要注意，在使用 void * 指针指向的数据之前，必须对其进行类型转换，将其转换为实际的数据类型。

2. calloc()函数

void * calloc(size_t num, size_t size)函数用于分配指定数量、指定大小的连续内存空间，并将该内存空间的所有位初始化为零。参数 num 表示要分配的元素数量，size 表示每个元素的大小。分配成功时，返回指向分配的内存空间的指针；如果分配失败，则返回 NULL。

calloc()函数使用方法如下。

```
calloc(50, 4);
```

开辟 50×4B 的临时分配域，函数值为其第 1 个字节的地址。

3. realloc()函数

void * realloc(void * ptr, size_t size)函数用于重新分配之前分配的内存空间的大小。参数 ptr 是之前分配的内存空间的指针，size 是重新分配的大小。如果重新分配成功，则返回指向新分配内存空间的指针；如果失败，则返回 NULL。如果 ptr 为 NULL，则该函数等同于 malloc(size)。注意：realloc()可能会将数据复制到新的内存空间，因此使用时要小心。

realloc()函数使用方法如下。

```
realloc(ptr,50);
```

将 ptr 所指向的已分配的动态空间改为 50B。

4. free()函数

void free(void * ptr)函数用于释放之前动态分配的内存空间。参数 ptr 是指向要释放的内存空间的指针。释放成功后，该指针不再指向有效的内存空间，应该将其设置为 NULL，以避免出现悬挂指针问题。

free()函数使用方法如下。

```
free(ptr);
```

释放指针变量 ptr 所指向的已分配的动态空间。

使用动态内存分配函数时需要注意以下几点。

(1) 在使用动态分配的内存后，一定要记得使用 free()函数释放内存，以防止内存泄漏。

(2) 对于使用 malloc()、calloc()、realloc()分配的内存空间，需要确保在不再需要时及时释放，避免占用过多的系统内存资源。

(3) 在分配内存后，应该检查分配操作是否成功，以避免在操作无效内存时导致程序异常中止或出现未定义的行为。

（4）在使用 realloc()函数时，要注意传递给它的指针，以及它可能移动数据的特性，避免数据丢失或访问无效内存的风险。

6.8 案例实现：快速排序

以下代码就是对 6.2 节中案例引入的快速排序案例的一个具体实现。

【例 6.13】 快速排序完整代码。

```
1   #include <stdio.h>
2   void quickSort(int * arr, int * low, int * high);
3   int * partition(int * arr, int * low, int * high);
4   void swap(int * a, int * b);
5   void printArray(int * arr, int size);
6   int main()
7   {
8       int n;
9       //获取数组大小
10      printf("Enter the size of the array: ");
11      scanf("%d", &n);
12      int arr[n];
13      //获取无序序列
14      printf("Enter the elements of the array:\n");
15      for (int i = 0; i < n; i++)
16      {
17          scanf("%d", &arr[i]);
18      }
19      int * low = arr;
20      int * high = arr + n - 1;
21      printf("Original array: ");
22      printArray(arr, n);
23      //调用快速排序
24      quickSort(arr, low, high);
25      printf("Sorted array: ");
26      printArray(arr, n);
27      return 0;
28  }
29  //快速排序函数
30  void quickSort(int * arr, int * low, int * high)
31  {
32      if (low < high)
33      {
34          //划分数组,获取基准位置
35          int * pivot = partition(arr, low, high);
36          //递归对左右两个子数组进行排序
37          quickSort(arr, low, pivot - 1);
38          quickSort(arr, pivot + 1, high);
39      }
40  }
```

```c
41    //划分函数
42    int * partition(int * arr, int * low, int * high)
43    {
44        int * pivot = high;
45        int * i = low - 1;
46        for (int * j = low; j < high; j++)
47        {
48            if ( * j < * pivot)
49            {
50                i++;
51                swap(i, j);
53            }
53        }
54        swap(i + 1, pivot);
55        return i + 1;
56    }
57    //交换函数
58    void swap(int * a, int * b)
59    {
60        int temp = * a;
61        * a = * b;
62        * b = temp;
63    }
64    //打印数组
65    void printArray(int * arr, int size)
66    {
67        for (int i = 0; i < size; i++)
68        {
69            printf("%d ", * arr);
70            arr++;
71        }
72        printf("\n");
73    }
```

案例分析

在 main()函数中,用户输入数组大小和数组元素,然后调用 quickSort()函数对数组进行排序,并输出排序后的结果。quickSort()函数采用分治法,通过 partition()函数将数组划分为两部分,然后递归地对每部分进行排序。在 partition()函数中,通过选取基准元素并按照其大小重新排列数组元素。最后,使用 swap()函数进行元素交换,以及 printArray()函数打印数组元素。

6.9 本章小结

本章全面深入地介绍了 C 语言中的指针概念,作为程序设计的核心,指针的使用对于提升程序的灵活性和效率至关重要。本章首先强调了指针在国家信息安全中的重要性,指出了指针误用可能导致的严重后果,并呼吁程序员培养正确的价值观和责任感。

接着，本章详细解释了指针的基本概念，包括指针的定义、指针变量的声明、指针的赋值和引用，以及指针与数组、字符串的紧密关系。通过实例代码，展示了如何声明指针、如何通过指针访问和修改变量的值，以及指针在数组中的应用，特别是如何利用指针进行数组元素的访问和遍历。

本章还探讨了指针在函数中的应用，包括如何将指针作为函数的参数传递，以及如何从函数返回指针类型的值。这些内容展示了指针在实现数据共享和动态内存管理方面的强大功能。同时，介绍了指向指针的指针、指针数组和指向函数的指针等高级概念，进一步扩展了指针的用途和灵活性。

在内存管理方面，本章介绍了 C 语言中的内存区域划分，包括栈、堆、全局/静态存储区、常量存储区和代码区，并讨论了动态内存分配函数 malloc()、calloc()、realloc() 和 free() 的使用方法和注意事项。这些内容对于程序员理解和管理程序的内存使用至关重要。

最后，本章通过快速排序算法的实现，综合运用了指针的多个概念，展示了指针在实际编程中的应用。快速排序的实现涉及指针作为函数参数传递、指针在数组划分和元素交换中的作用，以及递归函数调用中的指针使用。

6.10 课后习题

6.10.1 单选题

1. 设变量定义为 int a[2]={1,3}，*p=&a[0]+1;，则 *p 的值是（   ）。
   A. 2　　　　　　　B. 3　　　　　　　C. 4　　　　　　　D. &a[0]+1
2. 若定义 pf 为指向 float 类型变量 f 的指针，下列语句中（   ）是正确的。
   A. float　f，* pf = f;　　　　　　B. float f，* pf = &f;
   C. float * pf = &f，f;　　　　　　D. float f，* pf =0.0;
3. 存在定义 int a[10], x, * pa;，若 pa=&a[0]，下列的哪个选项和其他三个选项不是等价的？（   ）
   A. x= * pa;　　　B. x= *(a+1);　　　C. x= *(pa+1);　　　D. x=a[1];
4. 程序运行后的输出结果是（   ）。

```
#include<stdio.h>
int main()
{
    int  a[]={1,2,3,4,5,6,7,8,9,0},* p;
    for(p=a;p<a+10;p++)    printf("%d,",* p);
    return 0;
}
```

　　A. 1,2,3,4,5,6,7,8,9,0,　　　　　　B. 2,3,4,5,6,7,8,9,10,1,
　　C. 0,1,2,3,4,5,6,7,8,9,　　　　　　D. 1,1,1,1,1,1,1,1,1,1,
5. 对于如下说明，语法和语义都正确的赋值是（   ）。

```
int c, * s, a[]={1, 3, 5};
```

A. c=*s;   B. s[0]=a[0];
C. s=&a[1];   D. c=a;

6. 下列选项正确的语句组是(　　)。
   A. char *s;s="hello!";   B. char *s;s=["hello!"];
   C. char s[8];s="hello!";   D. char s[8];s={"hello"};

7. 有以下定义，char s[]="012M356",*p=s;不能表示字符 M 的表达式是(　　)。
   A. *(p+3)   B. s[3]   C. *(s+3)   D. *p+3

8. 有定义语句 char array[]="China";,则数组 array 所占用的空间为(　　)。
   A. 4B   B. 5B   C. 6B   D. 7B

9. 若有语句"int a[]={1,2,3,4,5};",则关于语句"int *p=a;"的说法正确的是(　　)。
   A. 把 a[0]的值赋给*p
   B. 把 a[0]的值赋给变量 p
   C. 初始化变量 p,使其指向数组 a 的首元素
   D. 定义不正确

10. 若有 int *p,a=4;和 p=&a;,下面(　　)均代表地址。
    A. a, p, *&a   B. &*a, &a, *p
    C. *&p, *p, &a   D. &a, &*p, p

6.10.2　程序填空题

1. 交换实数。

```
#include <stdio.h>
_____
int main()
{
    double a, b;
    scanf("%lg%lg", &a, &b);
    printf("%g %g\n", a, b);
_____
    printf("%g %g\n", a, b);
    return 0;
}
void RealSwap(double *x, double *y)
{
    double t = *x;
_____
_____
}
```

输入样例：

3.6 4.9

输出样例：

```
3.6 4.9
4.9 3.6
```

2. 完成将输入的一个数字字符串转变为整型数值的功能。

```
#include<stdio.h>
void main()
{
  char cstr[8];
  int ii;
  long ls;
  _____
  ls=0;
  for(ii=0;cstr[ii]!='\0';ii++)
  ls=_____
  printf("%ld",ls);
}
```

3. 在一个字符数组中查找一个指定的字符,若数组中含有该字符则输出该字符在数组中第一次出现的位置(下标值),否则输出-1。

```
#include<stdio.h>
void main()
{
  char ch='a',cstr[50];
  int inum,ii,iflag=1;
  gets(cstr);
  inum=_____
  for(ii=0;ii<inum;ii++)
  if(_____)
  {
      iflag=0;
      break;
  }
  if(iflag==1)
    printf("%d",-1);
  else
    _____
}
```

4. 字符串复制。

```
int i;
char str1[81], str2[81];
i = 0;
while (_____) {
    _____
    i++;
}
_____
```

6.10.3 编程题

1. 请使用指针的方法编写程序,程序的功能是从键盘输入 10 个数,求其最大值和最小值的差。

输入格式:

输入 10 个整数,每个整数之间用空格分隔。

输出格式:

同样例。

输入样例:

```
1 2 3 4 5 6 7 8 9 10
```

输出样例:

```
difference value = 9
```

2. 输入一个以回车符为结束标志的字符串(少于 80 个字符),判断该字符串是否为回文。回文就是字符串中心对称,如"abcba""abccba"是回文,"abcdba"不是回文。

输入格式:

输入一个以回车符为结束标志的字符串(少于 80 个字符)。

输出格式:

为回文,输出 yes;非回文,输出 no,注意输出的结果后面有回车。

输入样例:

```
abccba
```

输出样例:

```
yes
```

3. 本题要求提取一个字符串中的所有数字字符('0'…'9'),将其转换为一个整数输出。

输入格式:

在一行中给出一个不超过 80 个字符且以回车结束的字符串。

输出格式:

在一行中输出转换后的整数。题目保证输出不超过长整型范围。

输入样例:

```
free82jeep5
```

输出样例:

```
825
```

第 7 章

字 符 串

本章学习目标

- 了解字符串的基本概念。
- 掌握字符串和字符、字符数组、字符指针之间的关系。
- 掌握通过字符数组实现字符串的方法。
- 熟练运用字符串的输入、输出和复制、比较等处理操作。

7.1 千里之堤，毁于蚁穴

黑客常常针对系统和程序存在的漏洞，编写相应的攻击程序。其中，较为常见的就是对缓冲区溢出漏洞的攻击。

世界上第一个缓冲区溢出攻击——Morris 蠕虫发生在 1988 年，由罗伯特·莫里斯制造，它曾造成全世界 6000 多台网络服务器瘫痪。

缓冲区溢出是一种非常普遍、非常危险的漏洞，在各种操作系统、应用软件中广泛存在。通过往程序的缓冲区中写超出其长度的内容，造成缓冲区的溢出，从而破坏程序的堆栈，造成程序崩溃或使程序转而执行其他指令，以达到攻击的目的。利用缓冲区溢出攻击，可以导致程序运行失败、系统宕机、重新启动等后果。

不安全的字符串处理函数，如 gets()、scanf()、strcpy()等不限制字符串长度，不对数组越界进行检查和限制，可能导致有用的堆栈数据被覆盖，会给黑客进行缓冲区溢出攻击留下可乘之机。

如下代码示意了一个简单的缓冲区溢出攻击。预设的密码是"123456"，但是，黑客可能利用程序在字符串处理中的疏漏修改密码，从而破解系统。

【例 7.1】 缓冲区溢出攻击

问题描述

系统预设密码为"123456"，当用户输入正确的密码时显示"Success!"，否则显示"Fail!"。

要点解析

程序预设密码为"123456"存放在字符数组 password 中，另外，定义了字符数组 input 用于保存用户输入的密码。

程序不断读入用户输入的密码，并与预设密码"123456"进行比较。当用户输入正确的密码时显示"Success!"，否则显示"Fail!"。

程序

```
1   int main()
2   {
3       char password[8] = "123456", input[8];
4       while (1)
5       {
6           printf("Please enter your password:");
7           gets(input);
8           if (strcmp(input, password) ==0)
9           {
10              printf("Success!\n");
11              break;
12          }
13          else
14          {
15              printf("Fail!\n");
16          }
17      }
18      return 0;
19  }
```

程序的两次测试结果如下。

```
Please enter your password:123456
Success!
Please enter your password:1111111190
Fail!
Please enter your password:90
Success!
```

分析与思考

该程序一直等待用户输入的密码,当用户输入的密码和预设密码"123456"匹配时,则显示"Success!"表示认证通过。当用户输入为"1111111190"时,会导致 input 数组越界(input 数组只有 8B,而用户输入了 10B)并且覆盖到 password 数组的内容,改写预设密码为"90",从而完成了系统的破解。

由上述示例可以看出,程序设计实现的过程,除了要实现基本功能,还需要全面考虑程序的可靠性、安全性等质量属性。

作为程序员,必须要始终秉持细致周全的专业态度、精益求精的工匠精神,才能避免发生"千里之堤,毁于蚁穴"这样的安全事故。

7.2 案例:恺撒密码

在学习字符串的概念之前,先编写一段简单的通过字符串进行凯撒密码加密的程序。

【例 7.2】 凯撒密码加密。

问题描述

为防止信息被窃取,需要采用加密技术将电文(明文字符串)加密变成密文。

恺撒密码是一种简单的替换加密技术,其规则是将明文字符串中的所有字母都在字母表上偏移 offset 位后被替换成密文。在程序设计中,可以使用字符串的相关技术来进行处理。

恺撒密码加密的具体要求如下。

(1) 从键盘读入一个字符串,以按 Enter 键结束。
(2) 再读入一个整数 offset。
(3) 当 offset 大于零时,表示向后偏移;当 offset 小于零时,表示向前偏移。
(4) 将明文中的所有字母都在字母表上偏移 offset 位后替换成密文。
(5) 输出加密后的字符串。

程序

```
1   #include<stdio.h>
2   #include<string.h>
3   int main(void)
4   {
5       char str[80];
6       int i,len,offset;
7       gets(str);
8       len=strlen(str);
9       scanf("%d",&offset);
10      for(i=0;i<len;i++){
11          if('a'<=str[i]&&str[i]<='z')
12          {
13              if(0<=offset) str[i]=((str[i]-'a')+offset)%26+'a';
14              else str[i]=((str[i]-'a')+26+offset)%26+'a';
15          }
16          else if('A'<=str[i]&&str[i]<='Z')
17          {
18              if(0<=offset) str[i]=((str[i]-'A')+offset)%26+'A';
19              else str[i]=((str[i]-'A')+26+offset)%26+'A';
20          }
21      }
22      puts(str);
23      return 0;
24  }
```

程序运行结果如下。

输入明文:
Caesar cipher
2
输出密文:
Ecguct ekrjgt

分析与思考

第 2 行代码通过包含头文件 string.h 引入了字符串处理函数库,该函数库提供了很多有用的字符串处理操作。

第 5 行代码定义了一个字符数组,用于接收待加密的明文字符串。

第 7 行代码通过库函数 gets 把用户输入的明文字符串录入 str 字符数组中。

第 8 行代码通过字符串处理库函数 strlen 计算出用户输入的明文字符串的长度。

第 10~21 行代码逐一处理字符串数组中的每个字符,完成凯撒密码加密。

第 22 行代码通过库函数 puts 向用户输出加密后的密文字符串。

例 7.2 的程序使用字符串方便地完成了凯撒密码加密功能,该程序涉及字符串的定义、输入/输出、字符串的处理(如字符串的长度计算)等知识点。下面就让我们一起走进字符串,展开相关知识点的学习。

7.3 走进字符串

7.3.1 字符与字符串

字符常量是由一对单引号括起来的一个字符,按其对应的 ASCII 码值存储,占一个字节。字符常量又分为一般字符常量和转义字符。

1. 一般字符常量

一般字符常量是用单引号括起来的一个普通字符,其值为该字符的 ASCII 值,如'a'、'A'、'0'、'?'。

字符常量可以像整数一样在程序中参与运算。例如:

'a'−32   等价于   97−32=65
'9'−9   等价于   57−9=48
'a'−'A'   等价于   97−65=32

2. 转义字符

以反斜杠(\)开头的特定字符序列,是表示字符的一种特殊形式。转义字符表示不可打印的字符或具有特定用途的字符。

例如,'\n'表示回车换行符,'\\'表示字符\。

字符串也被称为字符串常量,是由一对双引号("")括起来的一串字符。双引号中可以是一个字符,也可以是多个字符。在 C 语言中,每个字符串末尾系统都会自动加上一个特殊字符'\0'(ASCII 码值为 0)作为字符串的结束标志。

如图 7-1 所示,字符和字符串的存储方式有所不同。'a'的存储只占用 1B,而"a"要占用 2B,第一个字节存放'a',第二个字节存放'\0'作为字符串结束标志。

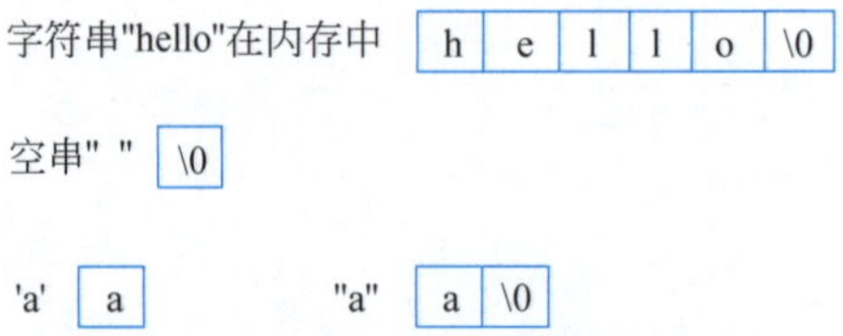

字符串"hello"在内存中 | h | e | l | l | o | \0 |

空串" " | \0 |

'a' | a | "a" | a | \0 |

图 7-1 字符和字符串的存储方式

7.3.2 用数组实现的字符串

在 C 语言中没有专门的字符串类型,字符串是通过字符数组来表达的。字符数组中的每个元素为一个字符,数组的最后一个元素必须是'\0'才表示字符串,否则就是一个普通的字符数组。如图 7-2 所示,字符串结束符'\0'在内存中占用 1B 的空间,但是它不计入字符串的长度,只计入数组的长度。

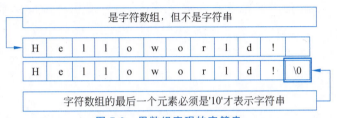

图 7-2　用数组实现的字符串

字符数组可使用如下语句定义。

```
char string[10];
```

字符数组的初始化有如下几种方式。
(1) 使用字符常量初始化列表进行初始化。

```
char string [6]={'h','e','l','l','o','\0'};
```

(2) 逐个元素赋值。

```
char string[6];
string [0]='h'; string [1]='e'; string [2]='l';
string [3]='l'; string [4]='o'; string [5]='\0';
```

(3) 用字符串常量进行初始化。

```
char string[10] = "hello";
char string[10] = {"hello"};
char string[] = "hello";              //系统自动为 string 分配包含'\0'在内的 6B 的空间
```

在 C 语言中,每个字符串的末尾系统都会自动加上一个特殊字符'\0',以方便进行字符串处理,'\0'是字符串结束标记。

如上面定义的字符串 char string[10] = "hello";在内存中的存储如图 7-3 所示。

数组名string是常量,代表数组所占内存单元的首地址
图 7-3　字符数组在内存中的存储方式

字符串与字符数组的区别如下。

（1）存储格式：字符串必须具有结束标志'\0'，而字符数组中不一定有'\0'字符。

（2）输入/输出方式：通过 printf 进行输出时，字符串输出使用％s 格式，字符输出使用％c。

【例 7.3】 字符数组的初始化和使用。

打印字符串"hello world!"。

思路：使用字符数组存放字符串，然后使用标准库函数 puts 输出该字符串。

具体代码如下。

```
1   #include<stdio.h>
2   int main()
3   {
4       char string[]="hello world!";
5       puts(string);
6       return 0;
7   }
```

程序运行结果如下。

```
hello world!
```

7.3.3 字符串指针

当一个字符类型的指针指向一个字符串，就成为一个字符串指针。使用一个字符串指针可以完成对该字符串的操作，如输出该字符串。

如图 7-4 所示，让字符指针指向一个字符串常量，字符指针就是指向字符串首地址的指针。

```
char  * pStr = "hello";
```

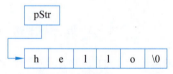

字符指针pStr就是指向字符串首地址的指针

图 7-4　指向字符串的字符指针

【例 7.4】 字符串指针的初始化。

使用字符串指针输出"hello world!"。

具体代码如下。

```
1   #include<stdio.h>
2   #include<string.h>
```

```
3    int main()
4    {
5        char *pStr = "hello world!";
6        printf("%s\n", pStr);
7        pStr += 6;
8        while(*pStr != '\0')
9        {
10           putchar(pStr[0]);
11           pStr++;
12       }
13       return 0;
14   }
```

程序运行结果如下。

```
hello world!
world!
```

程序执行过程如下。

在第 5 行完成字符串指针赋值,使字符串指针 pStr 指向字符串"hello world!"的第一个字符'h'。

第 6 行在控制台输出"hello world!"。

第 7 行使指针 string 指向'w'。

第 8~12 行对字符串进行逐个字符输出,直到遇到字符串结束标志'\0'。

1. 字符指针与字符数组

```
char *pStr = "hello world!";
char string[]="hello world!";
```

字符指针 pStr 是一个变量,可以改变 pStr 使它指向不同的字符串,但不能改变 pStr 所指的字符串常量。

字符数组 string 是一个数组,可以改变数组中保存的内容,但不能改变 string 的值(不能向 string 赋值)。

【例 7.5】 字符串指针和字符数组的区别。

掌握字符串指针和字符数组之间的区别。

具体代码如下。

```
1    #include<stdio.h>
2    #include<string.h>
3    int main()
4    {
5        char *str1="abcdef";
6        char str2[]="abcdef";
7        printf("%d\n%d\n",sizeof(str1),strlen(str1));
8        printf("%d\n%d\n",sizeof(str2),strlen(str2));
```

```
9        return 0;
10   }
```

程序运行结果如下。

```
4
6
7
6
```

程序执行过程如下。

第 7 行先打印字符串指针 str1 占用的内存大小为 4，再打印 str1 指向的字符串的长度为 6。

第 8 行先打印字符数组 str2 占用的内存大小为 7(包含一个字符串结束字符'\0')，再打印 str2 中的字符串长度为 6。

2. 字符指针和字符数组的区别

含义不同：字符数组由若干个元素组成，而字符指针变量中存放的是字符串的首地址。

赋值方式不同：对字符数组不能整体赋值，只能对单个元素进行。而字符指针变量赋值可整体进行。在定义一个字符数组时，编译时分配内存单元，有确定的地址。而定义一个字符指针变量时，给指针变量分配内存单元，但该指针变量具体指向哪个字符串，并不知道，即指针变量存放的地址不确定。字符指针变量的值可以改变，字符数组名是一个常量，不能改变。

比如定义 char * pStr; pStr 是指针变量，可存放字符串首地址，所以语句 pStr = "hello world!"; 是正确的，将字符串的首地址赋给 pStr。定义 char string[20]; string 是数组名，由若干个元素组成，每个元素存放一个字符，数组名是地址常量，所以 string = "hello world!"; 是错误的。

3. 字符指针运用举例

【例 7.6】 使用字符串指针处理字符串，统计其中数字字符的个数。

从键盘输入一个字符串，统计其数字字符的个数。

具体代码如下。

```
1    #include<stdio.h>
2    #include<ctype.h>
3
4    int main()
5    {
6        char ch[50], * p=ch;
7        int num=0;
8        printf("please input a string:\n");
9        gets(p);
10
11       while(* p!='\0')
12       {
13           if(isdigit(* p))
```

```
14              num++;
15         p++;
16      }
17      printf("%d\n",num);
18      return 0;
19  }
```

程序运行结果如下。

```
please input a string:
readme123
3
```

程序执行过程如下。

第 2 行包含头文件 ctype.h，该头文件中的函数 isdigit 检查给定的字符是否为数字字符。

第 6 行字符指针 p 指向字符数组 ch。

第 9 行通过库函数 gets 读入用户输入的字符串到 ch 字符数组中。

第 11～16 行遍历整个字符串直到遇到字符串结束标志'\0'。

第 13 行识别数字字符。

7.3.4 字符串的输入/输出

以下几种方式都可以实现字符串的输入/输出。

1. 按字符逐个输出

【例 7.7】 按字符逐个输出字符串。

具体代码如下。

```
1   char string[10]="hello";
2   for (i=0; string[i]!='\0'; i++)
3   {
4       putchar(string[i]);
5   }
6   putchar('\n');
```

程序执行过程如下。

第 2 行依次检查数组中的元素 string[i]是否为'\0'，若是，则停止输出，否则继续输出下一个字符。

2. 用 printf 和 scanf 按%s 格式符来进行输入/输出

这种方式下字符串作为一个整体输入/输出。

scanf("%s",str);读入一个字符串，直到遇到空白字符（空格、回车、制表符）为止，因此用这种方式不能输入带空格的字符串。

printf("%s",str);输出一个字符串，直到遇到字符串结束标志为止。

【例 7.8】 用 printf 和 scanf 按%s 格式符来进行输入/输出。

具体代码如下。

```
1   #include <stdio.h>
2   main()
3   {
4       myfunc();
5   }
6
7   myfunc()
8   {
9       char string[100];              //定义一个较大的字符数组用来存储字符串
10
11      printf("Input a string:\n");
12      scanf("%s",string);
13
14      printf("the string is:\n");
15      printf("%s", string);
16  }
```

程序运行结果如下。

```
Input a string:
hello
the string is:
hello
```

程序执行过程如下。

第 12 行输入一个字符串。
第 15 行输出一个字符串。

3. 用 gets 和 puts 来进行输入/输出
一般形式为

```
gets(字符数组名);
```

作用是从终端输入一个字符串到字符数组，如 gets(word);用于从键盘输入一个字符串，存储到 word 数组中，该字符串由换行符以前的所有字符组成（包括空白和制表符），系统也会自动为这个字符串加上'\0'结束标志。
一般形式为

```
puts(字符数组名或字符串);
```

其作用是将一个字符串输出到终端，并在输出时将字符串结束标记'\0'转换成'\n'，即输出完字符串后换行。

【例 7.9】 用 gets 和 puts 来进行输入/输出。
具体代码如下。

```
1    #include <stdio.h>
2    int main()
3    {
4        myfunc();
5        return 0;
6    }
7
8    myfunc()
9    {
10       char string[100];              //定义一个较大的字符数组用来存储字符串
11
12       printf("Input a string:\n");
13       gets(string);
14
15       printf("the string is:\n");
16       puts(string);
17   }
```

程序运行结果如下。

```
Input a string:
hello world!
the string is:
hello world!
```

程序执行过程如下。

第 13 行输入一个字符串。
第 16 行输出一个字符串。

4. gets 和 scanf 输入字符串时的差别

gets 能够输入带空格的字符串,到回车符为止,同时将回车从缓冲区读走,但不作为字符串的一部分。

scanf 一般接收到空格或回车为止,不读取回车,回车仍留在缓冲区中,回车可以被后继的 getchar()读取。所以,不能输入带空格的字符串。

如在执行时输入字符串"I want to learn C language well.",上面的第 1 种方法能输入完整的字符串"I want to learn C language well.";而上面的第 2 种方法只能得到"I"。

5. puts 和 printf 输出字符串的差别

puts 在输出字符串时,遇到'\0'会自动终止输出,并且将'\0'转换成'\n'来输出。而 printf 在输出字符串时,遇到'\0'只是中止输出,并不会将'\0'转换成'\n'来输出。

【例 7.10】 puts 和 printf 输出字符串的差别。

观察以下代码的运行结果。

```
1    int main()
2    {
3        char string[]="hello!";
4        puts(string);
5        puts(string);
```

```
6        printf("%s",string);
7        printf("%s",string);
8        return 0;

9    }
```

程序运行结果如下。

```
hello!
hello!
hello!hello!
```

程序执行过程如下。

第4、5行用 puts 输出字符串。
第6、7行用 printf 输出字符串。

7.4 字符串处理函数

在例 7.2 中实现了凯撒密码加密功能，在该程序中用到了 strlen 字符串处理函数。下面就介绍一下主要的字符串处理函数。

字符串处理函数库提供了很多用于字符串处理的函数，其中常用的字符串处理函数如表 7-1 所示。要使用这些字符串处理函数，必须在程序中包含 string.h 头文件。

表 7-1 常用的字符串处理函数

函数功能	函数调用的一般形式	功能描述
求字符串长度	strlen(str);	由函数值返回字符串 str 的实际长度，即不包括'\0'在内的实际字符的长度
字符串复制	strcpy(str1,str2);	将字符串 str2 复制到字符数组 str1 中，这里应确保字符数组 str1 的大小足以存放得下字符串 str2
字符串比较	strcmp(str1,str2);	比较字符串 str1 和字符串 str2 的大小，结果分为以下三种情况。 • 当 str1 大于 str2 时，函数返回值大于 0。 • 当 str1 等于 str2 时，函数返回值等于 0。 • 当 str1 小于 str2 时，函数返回值小于 0。 字符串的比较方法为：对两个字符串从左至右按字符的 ASCII 码值大小逐个字符相比较，直到出现不同的字符或遇到'\0'为止
字符串连接	strcat(str1,str2);	将字符串 str2 添加到字符串 str1 的末尾，字符串 str1 中的字符串结束符被字符串 str2 的第一个字符覆盖，连接后的字符串存放在字符数组 str1 中，函数调用后返回字符串 str1 的首地址。这里，字符数组 str1 应定义得足够大，以便能存放连接后的字符串

7.4.1 计算字符串长度函数 strlen()

语法形式：strlen(str);   /* str 为已定义好的字符数组 */

功能：求字符串 str 的有效元素的个数，不包括'\0'在内。
需要注意字符串长度与数组长度(为 100)的区别。

```
1    char str[100]="study";
2    int  length;
3    length = strlen(str);
4    printf("%d,%d", length,sizeof(str));
```

程序运行结果如下。

```
5,100
```

7.4.2　字符串连接函数 strcat()

语法形式：

```
strcat(strSource, strTarget);    /* strSource 和 strTarget 为已定义好的两个字符数组 */
```

功能：将字符串 strTarget 连接到 strSource 字符串的尾部，并在新串末尾自动添加'\0'。

```
1    char strSource[20] = "hello";
2    char strTarget[20] = " world!";
3    strcat(strSource, strTarget);
4    puts(strSource);
```

程序运行结果如下。

```
hello world!
```

7.4.3　字符串比较函数 strcmp()

语法形式：

```
strcmp(str1,str2);                      /* str1 和 str2 为已定义好的两个字符数组 */
```

功能：将 str1 与 str2 进行比较(将两字符串的字符从左到右逐个进行比较，当出现第一对不相等的字符时，就由这两个字符决定所在字符串的大小，返回其 ASCII 值比较的结果值)，若 str1 大于 str2，则返回正值，若 str1 与 str2 相等，则返回 0；若 str1 小于 str2，则返回负值。

```
1    int result;
2    char str1[20] = "study";
3    char str2[20] = "student";
4
5    result = strcmp(str1, str2);
6    printf("result=%d", result);
```

程序运行结果如下。

```
result=1
```

7.4.4 字符串复制函数 strcpy()

语法形式:

```
strcpy(strSource, strTarget);    //strSource 和 strTarget 为已定义好的两个字符数组
```

功能: 将字符串 strTarget 复制到 strSource 字符串中。

```
1    char strSource[100] = "study";
2    char strTarget[20] = "C Language";
3    strcpy(strSource,strTarget);
4    puts(strSource);
```

程序运行结果如下。

```
C Language
```

7.5 向函数传递字符串

字符数组和字符指针都可以存取字符串。所以,在向函数传递字符串时,既可以使用字符数组,也可以使用字符串指针作为函数参数。

7.5.1 字符串指针作为函数参数

下面通过一个例子来说明字符串指针作为函数参数的用法。

如例 7.11 所示,以字符串指针作为函数参数,自定义函数实现字符串的复制功能(不调用 strcpy()函数)。

【例 7.11】 字符串指针作为函数参数。

程序

```
1    #include<stdio.h>
2    #include<string.h>
3
4    void copy_string(char * from,char * to)
5    {
6        for(;* from!='\0';)
7            * to++=* from++;
8
9        * to='\0';
10   }
11
12   int main()
13   {
14       char a[100],* pa = a;
15       char b[100],* pb = b;
16       gets(a);
17       gets(b);
```

```
18      printf("a=%s\nb=%s\n",a,b);
19      puts("copy_string(pa,pb)");
20      copy_string(pa,pb);
21      printf("a=%s\nb=%s\n",a,b);
22      return 0;
23   }
```

程序运行结果如下。

```
hello
world!
a=hello
b=world!
copy_string(pa,pb)
a=hello
b=hello
```

程序执行过程如下。

第4~10行定义一个函数 copy_string，把 from 指向的字符串复制到 to 指向的字符串空间中。

第6、7行不断地把 from 中的字符赋值给 to，直到遇到字符串结束标志'\0'。

第9行在 to 指向的字符串末尾添加字符串结束标志'\0'。

第20行调用 copy_string 函数，并且使用字符串指针作函数参数完成字符串复制。

7.5.2 字符数组作为函数参数

向函数传递字符串时，既可用字符指针作函数参数，也可用字符数组作函数参数。

【例7.12】 用字符数组实现字符串复制。

程序

```
1    void  MyStrcpy(char dstStr[], char srcStr[])
2    {
3        int   i = 0;
4        while (srcStr[i] != '\0')
5        {
6            dstStr[i] = srcStr[i];
7            i++;
8        }
9        dstStr[i] = '\0';
10   }
```

程序执行过程如下。

第1行定义一个函数 MyStrcpy，把字符数组 srcStr 中的字符串复制到字符数组 dstStr 中。

第4~8行不断地把 srcStr 数组中的字符赋值给 dstStr 数组，直到遇到字符串结束标志'\0'。

第 9 行在 dstStr 数组的末尾添加字符串结束标志'\0'。

7.6 本章小结

数据元素是字符(char)型的数组,称为字符数组,字符数组可用于存储字符串。字符数组只有在定义时才允许整体赋值,其赋值、比较都可以使用 C 语言的库函数进行。

C 语言中的字符串以'\0'为结束标记,而没有最大长度的限制。存储字符串的字符数组的长度必须大于字符串的长度。在使用字符串时,一定要考虑有效空间、'\0'、界限这三方面的关系。

字符串常量是由一对双引号括起来的一个字符序列。而用一对单引号括起来的一个字符,称为字符常量。字符指针是指向字符型数据的指针变量。

7.7 课后习题

7.7.1 单选题

1. 关于字符串赋值,以下不能正确赋值的语句是(   )。
   A. char str[8]="good!";   B. char str[5]="good!";
   C. char str[]="good!";   D. char str[5]={'g','o','o','d'};
2. char string[20];使得 string 的内容为"I am student"。选择正确的输入语句(   )。
   A. getchar(string);   B. scanf("%c",&string);
   C. scanf("%s",&string);   D. gets(string);
3. 设有如下定义 char name[3][10]={"Libai","Yangwanli","Wangwei"};
   则引用字符串"Yangwanli"的正确方式是(   )。
   A. name   B. name[1][2]   C. name[1]   D. name[2]
4. 判断字符串 s1 是否大于字符串 s2,应当使用(   )。
   A. if(s1>s2)   B. if(strcmp(s1,s2))
   C. if(strcmp(s2,s1)>0)   D. if(strcmp(s1,s2)>0)
5. 关于 C 语言字符串说法错误的是(   )。
   A. C 语言没有设置单独的字符串型变量,字符串可以利用字符数组来处理
   B. 字符串"Haha"含 5 个字符。前 4 个是有效字符,后一个是串结束符'\0'
   C. "C"和'C'都是字符串
   D. '\0'字符不是空格字符,'\0'的 ASCII 码是 0
6. 以下程序的输出结果是(   )。

```c
int main(void)
{
    int k; char w[][10]={"ABCD","EFGH","IJKL","MNOP"};
    for(k=1; k<3;k++)
    printf("%s\n", w[k]);
    return 0;
}
```

A. ABCD
　FGH
　KL
B. ABCD
　EFGH
　IJKL
C. EFG
　JKL
D. EFGH
　IJKL

7. 假设 scanf 语句执行时输入 ABCDE<Enter>，能使 puts(s)语句正确输出 ABCDE 字符串的程序段是(　　)。

　　A. char s[5]={"ABCDE"}; puts(s);
　　B. char s[5]={'A', 'B', 'C', 'D', 'E'}; puts(s);
　　C. char *s; scanf("%s", s); puts(s);
　　D. char *s; s="ABCDE"; puts(s);

8. 如下程序段的输出是(　　)。

```
char c[] = "I\t\r\\\0will\n";
printf("%d", strlen(c));
```

　　A. 4　　　　　B. 15　　　　　C. 16　　　　　D. 11

9. 下面关于字符串的程序，其输出结果是(　　)。

```
#include <stdio.h>
void fun(char s[], char t) {
    int i = 0;
    while (s[i]) {
        if (s[i] == t)
            s[i] = t - 'a' + 'A';
        i++;
    }
}
int main() {
    char str[100] = "abcdefg", c = 'd';
    fun(str, c);
    printf("%s\n", str);
    return 0;
}
```

　　A. abcdefg　　　B. abcDefg　　　C. ABCdEFG　　　D. ABCDEFG

10. 以下哪一种对于 str 的定义不恰当，有可能使 strlen(str)（strlen 是定义在 C 标准库中的函数）获得非预期的结果(　　)。

　　A. char str[] = "hello world!";
　　B. char str[100] = "X";
　　C. char str[4] = "abcd";
　　D. char str[6] = {65, 66, 67, 68, 69, 0};

7.7.2 程序填空题

1. 字符串复制。

以下程序段的功能是：将字符串 str1 的内容复制到字符串 str2。

```
int i;
char str1[81], str2[81];
i = 0;
while _____ {
    _____
    i++;
}
_____
```

2. 从键盘上输入两个字符串，连接成一个并输出，请填空完成相应功能。

```
#include <stdio.h>
#define N 80
int main(void)
{
    char s1[2*N],s2[N];
    int i,j;
    gets(s1);
    gets(s2);
    _____
    while(_____)
        i++;
    j=0;
    while(s2[j]!='\0')
    {_____;
    i++;
    _____
    }
    _____
    puts(s1);
    return 0;
}
```

3. 本题目要求写一个函数 mystrcmp 实现字符串比较，相等输出 0，不等输出其差值，在主函数中输出比较结果。

```
#include<stdio.h>
#define N 20
int mystrcmp(char *s1,char *s2);
int main()
{
    char str1[N],str2[N];

    gets(str1);
```

```
        gets(str2);
        printf("compare result = %d\n",_____);
        return 0;
}
int mystrcmp(char *s1,char *s2)
{
    while(*s1!='\0'&&*s2!='\0')
    {
        if_____
        {
            s1++;
            s2++;
        }
        else_____
    }
    while(*s1 != '\0')
        return *s1;
    while(*s2 != '\0')
        return -*s2;
    return 0;
}
```

4. 完成将输入的一个数字字符串转变为整型数值的功能。

```
#include<stdio.h>
void main()
{
    char cstr[8];
    int ii;
    long ls;
    _____
    ls=0;
    for(ii=0;cstr[ii]!='\0';ii++)
        ls=_____;
    printf("%ld",ls);
}
```

5. 本题要求输入一个字符串 S 和两个字符 A 和 B,补足程序中缺失的代码部分,使运行程序时可以将字符串 S 中的字符 A 替换为字符 B。

```
#include<stdio.h>
int main()
{
    char s[50],a,b,*p;        //程序要实现用字符变量b替换字符串s中的字符变量a
    gets(s);
    scanf("%c %c",&a,&b);
for(_____)
if(_____)
_____;
puts(s);
```

```
    return 0;
}
```

7.7.3 编程题

1. 输入一个字符串,内有数字和非数字字符,例如 a123x67 222y35i088 09x8 c。请编写程序,将其中连续的数字作为一个整数,依次存放到一维数组 a 中。例如前面的字符串,应将 123 存放到 a[0]中,67 存放到 a[1]中……最后输出整数的个数以及各个整数的值。

2. 输入一行字符(不超过 100 个字符),以 ♯ 为结束,输出其中数字的和。如果这行字符没有数字,输出和为 0。

3. 大家都知道一些办公软件有自动将字母转换为大写的功能。输入一个长度不超过 100 且不包括空格的字符串。要求将该字符串中的所有小写字母变成大写字母并输出。

4. 从键盘任意输入一个字符串,计算其实际字符个数并打印输出,要求不能使用字符串处理函数 strlen(),使用自定义子函数 Mystrlen()实现计算字符个数的功能。

5. 从键盘上输入一个字符串(最多 80 个字符),找出其中最大的字符并输出,最后换行。

6. 从键盘中输入一个字符串,将其逆序输出。

7. 一个 IP 地址是用 4 字节(每个字节 8 位)的二进制码组成。请将 32 位二进制码表示的 IP 地址转换为十进制格式表示的 IP 地址输出。

第 8 章

结构体与共用体

本章学习目标

- 掌握结构体变量、结构体数组、结构体指针的定义和使用方法。
- 掌握向函数传递结构体变量、结构体数组、结构体指针的方法。
- 了解共用体的定义和使用方法。

8.1 课程思政:"共用体"与"人类命运共同体"的联系和区别

"构建人类命运共同体"是习近平主席于 2015 年 9 月在纽约联合国总部出席第七十届联合国大会一般性辩论时发表重要讲话中提出的治国理政方针理论。"构建人类命运共同体"理论系统阐述了人类命运共同体理念:坚持对话协商,建设一个持久和平的世界;坚持共建共享,建设一个普遍安全的世界;坚持合作共赢,建设一个共同繁荣的世界;坚持交流互鉴,建设一个开放包容的世界;坚持绿色低碳,建设一个清洁美丽的世界。

在 C 语言中也有一个共享机制,就是"共用体"。通过"共用体"建立了各个成员之间的分时共享的机制,从而达成提高内存空间利用率的效果。本章我们就一起来学习"共用体"的相关知识。

8.2 结构体的基础

8.2.1 结构体类型的概念

在程序中如何用一种数据类型来描述学生呢?如表 8-1 所示的学生成绩管理表,学生是一个由学号、姓名、性别、出生年、成绩等属性组成的整体。

表 8-1 学生成绩管理表

学号	姓名	性别	出生年	数学	英语	计算机原理	程序设计
10021	王洪	M	2005	77	90	91	93
10022	陈亮	M	2005	89	79	83	85
10023	张涛	M	2006	97	98	99	96

C 语言提供了结构体(Structure)这样一种数据类型,通过结构体数据类型可以很方便地完成学生信息的描述和管理。

结构体是一种构造数据类型,是一个或多个变量的集合,结构中的变量可能为不同的类型,结构体将这些变量组织在一个名字之下。由于结构将一组相关的变量看作一个存储单元,而不是各自独立的实体,因此结构有助于组织复杂的数据。

图 8-1 是通过结构体对如表 8-1 所示的学生成绩表进行表示的内存分配图,通过该图可以看出结构体将同一学生的不同数据集中在一起,并且统一分配内存,从而方便了对学生数据信息进行管理。

10021	10022	10023
王洪	陈亮	张涛
'M'	'M'	'M'
2005	2005	2006
77	89	97
90	79	98
91	83	99
93	85	96

图 8-1 学生成绩管理表的内存分配

8.2.2 结构体变量的定义

声明结构体类型的格式如下。

```
struct      结构体名
{
    类型标识符 1    成员 1 名;
    类型标识符 2    成员 2 名;
    类型标识符 3    成员 3 名;
};
```

struct 是结构体类型的关键字,结构体类型的声明以分号(;)结束。花括号内是构成结构体的变量,称为结构体成员。每个结构体成员都有一个数据类型和名字。

学生信息可以通过如下结构体类型 struct student 来表达。

```
struct    student
{
    int num;
    char name[20];
    char sex;
    int age;
    float score;
    char addr[30];
};
```

定义好结构体数据类型之后,可以通过如下几种方式来声明结构体类型的变量。
(1) 先定义结构体类型,再定义结构体变量。
标准格式如下。

```
struct    结构体名    变量名列表;
```

如例 8.1 所示,先定义结构体类型,再定义结构体变量。

【例 8.1】 先定义学生结构体类型,再定义结构体变量 stu1 和 stu2。

```
1    struct    student
2    {
3            int num;
4            char   name[20];
5            char sex;
6            int age;
7            float score;
8            char addr[30];
9    };
struct student    stu1,stu2;
```

(2) 定义结构体类型的同时定义结构体变量。

标准格式如下。

```
struct    结构体名
{
    类型标识符    成员名;
    类型标识符    成员名;
    ……
}变量名表列;
```

如例 8.2 所示,定义结构体类型的同时定义结构体变量。

【例 8.2】 定义结构体类型的同时定义结构体变量

```
1    struct    student
2    {
3            int num;
4            char   name[20];
5            char sex;
6            int age;
7            float score;
8            char addr[30];
9    }stu1,stu2;
```

(3) 直接定义结构体变量(不指定结构体名)。

标准格式如下。

```
struct
{
    类型标识符    成员名;
    类型标识符    成员名;
    ……
}变量名表列;
```

如例 8.3 所示,直接定义结构体变量(不指定结构体名)。

【例 8.3】 直接定义结构体变量(不指定结构体名)

```
1    struct
2    {
3        int num;
4        char  name[20];
5        char sex;
6        int age;
7        float score;
8        char addr[30];
9    }stu1,stu2;
```

该方法因为没有指定结构体名,所以不能在程序的其他地方定义结构体变量。

(4)用 typedef 定义数据类型名。

使用 typedef 为结构体定义别名有如下两种方式。

```
typedef struct student STUDENT;
```

或

```
typedef struct student
{
    int num;
    char  name[20];
    char sex;
    int age;
    float score;
    char addr[30];
} STUDENT;
```

上述两种方式都为 struct student 结构体定义了一个别名 STUDENT,也就是说,STUDENT 和 struct student 是等价的,都可以用来定义结构体变量。例如:

```
struct student stu;
STUDENT stu;
```

结构体类型与结构体变量的区别是:类型不分配内存,不能赋值、存取和运算;而变量要分配内存,可以赋值、存取和运算。

8.2.3 结构体变量的引用

结构体变量不能整体引用,只能引用变量成员。需要使用成员选择运算符(圆点运算符)来访问结构体变量的成员,其格式如下。

```
结构体变量名.成员名
```

结构体变量的引用,如例 8.4 所示。

【例 8.4】 结构体变量的引用。

```
1   struct    student
2   {
3           int num;
4           char  name[20];
5           char sex;
6           int age;
7           float score;
8           char addr[30];
9   }stu;
10  stu.num=10;
11  stu.score=85.5;
12  stu.age++;
```

如例 8.4 所示,通过成员选择运算符得到的结构体成员,可以像普通变量一样使用。
当结构体嵌套时,需要逐级引用直到最底层的成员。
结构体嵌套的逐级引用,如例 8.5 所示。

【例 8.5】 结构体嵌套的逐级引用。

```
1   struct    student
2   {
3       int  num;
4       char name[20];
5       struct   date
6       {  int month;
7              int day;
8              int year;
9       }birthday;
10  }stu;
11  stu.birthday.month=12;
```

另外,可以将具有相同结构体类型的一个结构体变量赋值给另一个结构体变量。赋值之后,两个结构体变量的成员具有同样的值。

结构体变量的赋值,如例 8.6 所示。

【例 8.6】 结构体变量的赋值。

```
1   struct    student
2   {
3           int num;
4           char  name[20];
5           char sex;
6           int age;
7           float score;
8   };
9   struct student   s1,s2={10,"张三",'M',19,98}
10  s1=s2;
```

另外，需要注意的是数组不能彼此赋值，但同类型的结构变量可以彼此赋值。

8.2.4 结构体变量的初始化

结构体变量初始化的标准格式如下。

```
struct  结构体名  结构体变量={初始数据};
```

结构体变量的初始化，如例 8.7 所示。

【例 8.7】 结构体变量的初始化。

```
1    struct  student
2    {
3         int num;
4         char name[20];
5         char sex;
6         int age;
7         char addr[30];
8    };
9    struct  student  stu={112,"Wang Lin",'M',19,"200 Beijing Road"};
```

上述语句定义了一个结构体变量 stu 并对其进行初始化。stu 的成员 num 被初始化为 112，成员 name 被初始化为字符串 "Wang Lin"，成员 sex 被初始化为字符 'M'，成员 age 被初始化为 19，成员 addr 被初始化为字符串 "200 Beijing Road"。

8.3 结构体数组

8.3.1 结构体数组的定义

在学生信息表中一个结构体变量只能表示一个学生的信息，要表示学生信息表中所有学生的信息就需要定义一个结构体数组。

```
struct  student  stu[10];
```

如上代码定义了一个含有 10 个元素的结构体数组，每个元素的类型是 struct student。用 stu[0].num 可以访问第一个同学的学号。

8.3.2 初始化结构体数组

可以通过如下代码在定义结构体数组的同时对其进行初始化。如下代码对结构体数组的前两个元素进行了初始化，其他 8 个元素会被自动初始化为 0。

```
struct student  s1[10]={{112,"Wang Lin",'M',19, "200 Beijing Road"},
                        {113,"Li Peng",'M',18, "100 Chengdu Road"};
```

8.4 结构体指针

8.4.1 指向结构体变量的指针

结构体也可以和指针结合使用。可以直接访问结构变量,也可以通过指向结构体的指针进行访问。

指向结构体变量的指针的定义和使用,如例 8.8 所示。

【例 8.8】 指向结构体变量的指针的定义和使用。

具体代码如下。

```
1   struct info
2   {
3       short num;
4       char  name[5];
5   };
6   struct info myinfo, * p_info;
7   p_info = &myinfo;
8   p_info->num=2;
9   strcpy((* p_info1).name,"li");
```

程序执行过程如下。

例 8.8 中,在第 6 行定义了一个指向结构体类型 struct info 的指针 p_info。此时指针 p_info 并没有指向明确的结构体对象。

在第 7 行使指针 p_info 指向了具体的结构体对象 myinfo。

使用指向结构体变量的指针,可以通过如下两种方式来访问其指向的结构体变量。

(1) 通过箭头运算符,其格式为

指向结构体变量的指针->成员;

例 8.8 中的第 8 行就是给指针 p_info 指向了的结构体对象 myinfo 的 num 成员赋值为 2。

(2) 通过圆点运算符,其格式为

(* 指向结构体变量的指针).成员;

例 8.8 中的第 9 行就是通过圆点运算符把结构体对象 myinfo 的 name 成员赋值为"li"。

8.4.2 指向结构体数组的指针

指向结构体数组的指针的定义和使用,如例 8.9 所示。

【例 8.9】 指向结构体数组的指针的定义和使用。

```
1   Struct student stu[10];
2   Struct student * pt1 = stu;
```

```
3    Struct student * pt2 = &stu[0];
4    pt1->num = 1;
5    (pt2+1)->age = 18;
```

程序执行过程如下。

第 1 行定义了一个有 10 个元素的结构体数组 stu。

第 2 行和第 3 行分别定义了指向结构体数组 stu 的指针变量 pt1 和 pt2，它们都指向了结构体数组 stu。pt1 和 pt2 都指向了结构体数组的第一个元素 stu[0]。所以，第 4 行语句是对结构体变量 stu[0] 的 num 成员赋值为 1。

pt2+1 指向的是下一个结构体数组元素 stu[1]。所以，第 5 行语句是把 stu[1] 的 age 赋值为 18。

8.4.3 结构体作为函数参数

将结构体传递给函数有如下几种方式。

(1) 向函数传递结构体的单个成员。

这是一种值传递方式，就是复制单个结构体成员的内容作为函数的形参。在函数内部对形参进行操作不会影响实参结构体成员的值。

(2) 向函数传递结构体的完整结构。

这也是一种值传递方式，这种方式会复制结构体的所有成员给被调用的函数，也就是把实参的成员逐个复制到形参。在函数内部可以引用结构体成员。在函数内部对形参进行操作不会影响实参结构体成员的值。

(3) 向函数传递结构体的首地址。

用指向结构体的指针变量作为函数实参，向函数传递结构体的地址。在函数内部对形参结构体成员值的修改，实际上会修改实参的结构体成员的值。

这种方式仅复制一个地址值给被调用的函数，传递效率更高。

结构体指针变量作为函数参数的应用，如例 8.10 所示。

【例 8.10】 结构体指针变量作为函数参数。

具体代码如下。

```
1    struct student {
2        int num;
3        char * name;
4        char sex;
5        float score;
6    };
7    void average(struct student * p, int n, float * ave);
8    struct student stu[3] = {
9        {1,"wang",'F',95 },
10       {2,"li",'M',76.5 },
11       {3,"zhang",'F',82.5 },
12   };
13   void main(){
```

```
14        float avergae;
15        average(stu,3,&avergae);
16        printf("average is %.2f.\n", avergae);
17   };
18   void average(struct student * p,int n,float * average )
19   {
20        int i;
21        float ave, s = 0;
22        for (i = 0;i<n;i++)
23        {
24            s += p->score;
25            p +=1;
26        }
27        * average = s / n;
28        return ;
29   }
```

本例演示结构体指针变量作为函数参数,实现计算多个学生平均成绩的功能。

程序执行结果如下。

```
average is 84.67
```

第1~6行,定义了一个结构体类型sturct student。

第8~12行,定义了一个结构体数组并完成了初始化。结构体数组stu持有了三个学生的成绩数据。

第18~28行,定义了函数average,该函数的功能是计算通过函数参数p指针指向的结构体数组中n个学生的平均成绩,并通过指针average向调用者返回这个平均成绩。

8.5 结构体的嵌套

结构体的嵌套是指在一个结构体内包含另一个结构体作为其成员。

结构体嵌套的应用,如例8.11所示。

【例8.11】 结构体的嵌套。

```
1    struct   date
2    {
3        int month;
4        int day;
5        int year;
6    };
7    struct   student
8    {
9        int   num;
10       char name[20];
11       struct   date   birthday;
12   };
13   struct   student stu = {112,"Wang Lin",{2,3,2024}};
```

在例 8.11 中，struct student 结构体中包含结构体 struct date 的变量 date 作为其成员，从而形成了结构体的嵌套。其中，最后一行语句定义了结构体 struct student 的变量 stu，并对其进行了初始化。

8.6 共用体

8.6.1 共用体的概念

共用体是一种构造数据类型，它把使用场景互斥但逻辑相关的多种不同类型的变量，组织在一起共同占用同一段内存。

声明共用体类型的格式如下。

```
union       共用体名
{
    类型标识符 1      成员 1 名；
    类型标识符 2      成员 2 名；
    类型标识符 3      成员 3 名；
};
```

共用体中不同类型的成员共用同一段内存单元，共用体所占内存空间的大小由其成员中占用内存空间最多的那一个决定。

如下代码定义了一个共用体 example。它有三个成员，其中，float 类型的成员 f 占用的内存字节数最多(4B)，所以 example 共用体占用的内存大小就是 4B。

```
union example
{
    short  i;
    char   ch;
    float  f;
};
```

8.6.2 共用体变量的引用

在 C 语言中共用体使用覆盖的方式来实现内存的共用，同一内存单元在一个时间点只能存放其一个成员。因此，在每一个时间点起作用的是最后被赋值的成员。

可以使用成员选择运算符或指向运算符来访问共用体的成员变量。

例如：

```
union example test;
test.ch = 'a';
```

8.6.3 共用体变量的初始化

在 C 语言中不能为共用体的所有成员同时进行初始化，只能对第一个成员进行初始化。

8.6.4 共用体类型的数据特点

共用体类型每一时刻只有一个数据成员起作用。

采用共用体存储程序中逻辑相关但互斥的变量,使其共享内存空间。除了可以节省内存空间外,还可以避免因为疏忽导致逻辑上的冲突。

共用体的一个应用例子,见例 8.12。

【例 8.12】 共用体应用举例。

```
1   #include "stdio.h"
2
3   union uType
4   {
5       char uc;
6       int ui;
7   };
8
9   int main()
10  {
11      union uType u, * p = &u;
12      u.ui = 7;
13      printf("输入 u.uc 的值:\n");
14      scanf("%d",&u.uc);
15      printf("输出数据:\n");
16      printf("%c\n",p->uc);
17      printf("%d\n",p->ui);
18
19      return 0;
20  }
```

程序运行结果如下。

```
输入 u.uc 的值:
66
输出数据:
B
66
```

第 12 行对 u 的 ui 赋值为 7。接着又通过 scanf 对 u 的 uc 进行赋值,这里从键盘输入了 66。第 16 行输出的结果就是 u 中的有效成员 uc 的值,输出字母 B。u 的 ui 和 uc 共用一个首地址,且占用相同的存储空间,所以第 17 行输出结果是 66。

8.7 线性表的链式存储结构

8.7.1 线性表链式存储结构定义

线性表的链式存储结构的特点是用一组任意的存储单元存储线性表的数据元素,这组存储单元可以是连续的，也可以是不连续的。这就意味着，这些元素可以存在内存未被占用的任意位置。

为了表示每个数据元素 a_i 与其直接后继数据元素 a_{i+1} 之间的逻辑关系，对于数据元素 a_i 来说，除了存储其本身的信息之外，还需要存储一个指示其直接后继的信息。我们把存储数据元素信息的域称为数据域，把存储直接后继位置的域称为指针域。这两部分信息组成数据元素 a_i 的存储映像，称为结点。

n 个结点链接成一个链表，即为线性表($a_1, a_2, \cdots, a_n$)的链式存储结构，因为此链表的每个节点中只包含一个指针域，所以叫作单链表。

我们把链表中第一个结点的存储位置叫作头指针，整个链表的存取就必须从头指针开始进行。链表的最后一个节点指针为"空"（用 NULL 或"^"表示）。

为了方便对链表进行操作，会在单链表的第一个结点前附加一个节点，称为头结点。头结点的指针域存储指向第一个结点的指针。

8.7.2 线性表链式存储结构的代码描述

我们用存储示意图来表示带头结点的单链表，如图 8-2 所示。

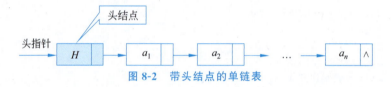

图 8-2 带头结点的单链表

空链表如图 8-2 所示。

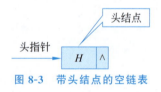

图 8-3 带头结点的空链表

在 C 语言中可用如下结构体来描述单链表。

```
typedef struct Node
{
    ElemType  data;
    struct Node * next;
}LinkList;
```

结点由存放数据元素的数据域和存放后继节点地址的指针域组成。

8.7.3 单链表的读取

在单链表中，要找任一个元素的存储位置，必须从头开始找。对于单链表实现获取第 i 个元素数据的操作 GetElem 其代码如例 8.13 所示。

【例 8.13】 单链表的读取。

```
1   Status GetElem(LinkList * L, int pos, ElemType * e)
2   {
3       int curPos = 1;
4       LinkList * p = NULL;
5       p = L->next;
6       /* p 不为空或者计数器还没有等于 pos 时,循环继续 */
7       while(p && curPos < pos)
8       {
9           /* 让 p 指向下一个结点 */
10          p = p->next;
11          curPos++;
12      }
13      if ( p == NULL || curPos != pos )
14          /* 第 pos 个元素不存在 */
15          return ERROR;
16      /* 取第 pos 个元素的数据 */
17      * e = p->data;
18      return OK;
19  }
```

程序执行过程如下。

第 3~5 行,声明一个指针 p 指向链表第一个结点,初始化 curPos 从 1 开始。

第 7~12 行,当 j<i 时,就遍历链表,让 p 的指针向后移动,不断指向下一结点,j 累加 1。

第 13~18 行,若到链表末尾 p 为空,这说明第 i 个结点不存在;否则查找成功,返回结点 p 的数据。

8.8 综合项目:学生成绩管理

【例 8.14】 学生成绩管理——学生成绩录入及查询。

问题描述

学生成绩表中,一名学生的信息包含如下信息:学号、姓名、数学成绩、英语成绩、程序设计成绩、物理成绩。要求编写程序,录入 N 条学生的信息,并且显示给定姓名的学生成绩等信息。

要点解析

通过结构体类型来管理一个学生的全部信息,再定义结构体数组来存放所有的学生。使用字符串比较函数来比较每条记录的学生名是否是要查找的学生名。

程序

```
1   #include <stdio.h>
2   #include <string.h>
3
4   typedef struct student
5   {
6       int   num;
```

```
7       char name[10];
8       int math;
9       int eng;
10      int program;
11      int phy;
12  }STUDENT;
13
14  STUDENT StuInfo[30];
15
16  int main()
17  {
18      int n, i, j, res=0;
19      char TheStuName[10];
20
21      scanf("%d", &n);
22
23      for(i=0;i<n;i++)
24      {
25          scanf("%d %s %d %d %d %d",\
26                &StuInfo[i].num, StuInfo[i].name, &StuInfo[i].math, &StuInfo[i].eng,\
27                &StuInfo[i].program, &StuInfo[i].phy);
28      }
29      scanf("%s", TheStuName);
30      for(j=0;j<n;j++)
31      {
32          if(strcmp(StuInfo[j].name,TheStuName)==0)
33          {
34              printf("%d %s %d %d %d %d\n", \
35                    StuInfo[j].num, StuInfo[j].name, StuInfo[j].math, StuInfo[j].eng,\
36                    StuInfo[j].program, StuInfo[j].phy);
37              res=1;
38          }
39      }
40      if(res == 0)
41      {
42          printf("Not Found!");
43      }
44      return 0;
45  }
```

运行结果如下。

```
3
1 LiuYang 71 92 67 86
2 wangdai 79 92 90 85
3 zhanghong 77 98 92 89
wangdai
2 wangdai 79 92 90 85
```

8.9 本章小结

结构是若干数据元素的集合，这些数据元素可以是同一数据类型，也可以是不同的数据类型。结构一般用于描述有内在逻辑关系的多个数据的组合。结构也是一种构造类型。

结构在使用时，一般是先定义结构类型，再用这个类型来定义和初始化结构变量。结构变量的每个成员都有自己独立的存储空间，所有成员都是连续存放的。可以将一个结构变量赋值给另一个同类型的结构变量，在对结构变量进行输入/输出时，必须通过对结构变量的各个成员的访问来进行。

共用体是用户自定义的构造数据类型。共用体是将逻辑相关、情形互斥的不同类型的数据组织在一起形成的数据结构，每一时刻只有一个数据成员起作用。

8.10 课后习题

8.10.1 单选题

1. 如果结构变量 s 中的生日是"1984 年 11 月 11 日"，下列对其生日的正确赋值是(　　)。

```
struct student
{
  int no;
  char name[20];
  char sex;
  struct{
    int year;
    int month;
    int day;
  }birth;
};
struct student s;
```

  A. year = 1984; month = 11; day = 11;
  B. birth.year = 1984; birth.month = 11; birth.day = 11;
  C. s.year = 1984; s.month = 11; s.day = 11;
  D. s.birth.year = 1984; s.birth.month = 11; s.birth.day=11;

2. 对于以下结构定义，++p->str 中的++加在(　　)。

```
struct {
    int len;
    char * str;
} * p;
```

  A. 指针 str 上　　　　　　　　B. 指针 p 上
  C. str 指的内容上　　　　　　　D. 以上均不是

3. 若有下列定义,则以下不合法的表达式是(　　)。

```
struct student{
  int num;
  int age;
};
struct student stu[3] = {{101, 20}, {102, 19}, {103, 20}}, * p = stu;
```

  A. (p++)->num　　　　　　　　B. p++

  C. (*p).num　　　　　　　　　D. p = &stu.age

4. 对于以下定义,不正确的叙述是(　　)。

```
struct  ex {
  int x;
  float y;
  char z ;
} example;
```

  A. struct 是定义结构类型的关键字

  B. example 是结构类型名

  C. x,y,z 都是结构成员名

  D. struct ex 是结构类型名

5. 设有如下定义,则对 data 中的 a 成员的正确引用是(　　)。

```
struct sk{ int a; float b; } data, * p=&data;
```

  A. (*p).data.a　　B. (*p).a　　C. p->data.a　　D. p.data.a

6. 下面定义结构变量的语句中错误的是(　　)。

  A. struct student{ int num; char name[20]; } s;

  B. struct { int num; char name[20]; } s;

  C. struct student{ int num; char name[20]; }; struct student s;

  D. struct student{ int num; char name[20]; }; student s;

7. 根据下面的定义,能打印出字母 M 的语句是(　　)。

```
struct person{
     char name[10];
     int age;
} c[10] = { "John", 17, "Paul", 19, "Mary", 18, "Adam", 16 };
```

  A. printf("%c", c[3].name);

  B. printf("%c", c[3].name[1]);

  C. printf("%c", c[2].name[0]);

  D. printf("%c", c[2].name[1]);

8. 对于共用体变量成员的引用,错误的是(　　)。

```
typedef union data
  {
      int i;
      char ch;
      float f;
      double x;
  } e;
    union data a,b,c, * p=&a,d[3];
```

    A. a.i＝1；　　　　　　　　　　B. p->ch='A'
    C. d[2].f＝12.5；　　　　　　　　D. e.x＝33.65；

9. 设有如下定义，则 sizeof(x)的值为(　　)。

```
union S
{ int g; double y; char h;}x;
```

    A. 4　　　　　　B. 10　　　　　　C. 8　　　　　　　D. 13

10. 若有定义：union un{char c; int i; double d;}x; int y; 则以下语句中正确的是(　　)。

    A. x＝10.5；　　　　　　　　　　B. y＝x；
    C. x.c＝101；　　　　　　　　　　D. printf("%d",x)；

8.10.2　程序填空题

1. 输出结构变量所占内存字节数。

```
#include <stdio.h>
struct ps{
  double i;
  char arr[24];
};
int main(){
  struct ps bt;
  printf("bt size:%d\n", _____);
  return 0;
}
```

2. 完成下列程序，该程序计算 10 名学生的平均成绩。

```
#include <stdio.h>
struct student {
    int num;
    char name[20];
    int score;
};
struct student stud[10];
int main(void)
{
  int i, sum = 0;
```

```
    for(i = 0; i < 10; i++){
        scanf("%d%s%d", &stud[i].num,
        _____, &stud[i].score);
        sum += stud[i].score;
    }
    printf("aver=%d\n", sum/10);
    return 0;
}
```

3. 使用指针输出结构体变量的成员。

使用指针输出结构体变量 stu 的成员 name 的值。

```
#include<stdio.h>
int main(void)
{
    struct student
    {
        int num;
        char name[10];
        float score[3];
    } stu = {2012, "WuHua", {75.4f, 80, 92}};
    struct student *ptr;
    _____
    printf("%s\n", _____);              /*必须使用指针变量 ptr 实现*/
    return 0;
}
```

4. 输入输出三位学生的学号、姓名。

```
#include <stdio.h>
int main(void)
{
    struct student
    {
        int num;
        char name[10];
    } stu[3], *ptr;
    int i;
    for (i=0; i<3; i++)
    {
        scanf("%d,%s", &stu[i].num, stu[i].name);
    }
    for (ptr=stu; _____; _____)
    {
        printf("%d,%s\n", ptr->num, ptr->name);
    }
    return 0;
}
```

5. 结构体数组复制。

本题实现结构体数组的复制功能，将结构体数组 m 中的全部内容复制到数组 n 中，最后输出数组 n 中的全部内容。

注意：一行输出一个结构体变量，成员之间以逗号分隔。

```
#include <stdio.h>
struct ss
{
  char no[10];
  int data;
};
int main()
{
  struct ss m[2]={{"A01", 5},{"A02", 8}},n[2];
  int i;
  for(i=0;i<2;i++)
    _____

  for(i=0;i<2;i++)
    printf(" _____", _____);
  return 0;
}
```

8.10.3 编程题

1. 找出总分最高的学生。

给定 N 个学生的基本信息，包括学号（由 5 个数字组成的字符串）、姓名（长度小于 10 的不包含空白字符的非空字符串）和 3 门课程的成绩（[0,100]区间内的整数），要求输出总分最高学生的姓名、学号和总分。

输入格式：

在一行中给出正整数 N（≤10）。随后 N 行，每行给出一位学生的信息，格式为"学号 姓名 成绩1 成绩2 成绩3"，中间以空格分隔。

输出格式：

在一行中输出总分最高学生的姓名、学号和总分，间隔一个空格。题目保证这样的学生是唯一的。

输入样例：

```
5
00001 huanglan 78 83 75
00002 wanghai 76 80 77
00003 shenqiang 87 83 76
10001 zhangfeng 92 88 78
21987 zhangmeng 80 82 75
```

输出样例：

```
zhangfeng 10001 258
```

2. 计算职工工资。

给定 N 个职员的信息，包括姓名、基本工资、浮动工资和支出，要求编写程序顺序输出每位职员的姓名和实发工资(实发工资＝基本工资＋浮动工资－支出)。

输入格式：

输入在一行中给出正整数 N。随后 N 行，每行给出一位职员的信息，格式为"姓名 基本工资 浮动工资 支出"，中间以空格分隔。其中，"姓名"为长度小于 10 的不包含空白字符的非空字符串，其他输入、输出保证在单精度范围内。

输出格式：

按照输入顺序，每行输出一位职员的姓名和实发工资，间隔一个空格，工资保留两位小数。

输入样例：

```
3
zhao 240 400 75
qian 360 120 50
zhou 560 150 80
```

输出样例：

```
zhao 565.00
qian 430.00
zhou 630.00
```

3. 通讯录排序。

输入 n 个朋友的信息，包括姓名、生日、电话号码，本题要求编写程序，按照年龄从大到小的顺序依次输出通讯录。题目保证所有人的生日均不相同。

输入格式：

输入第一行给出正整数 $n(<10)$。随后 n 行，每行按照"姓名 生日 电话号码"的格式给出一位朋友的信息，其中，"姓名"是长度不超过 10 的英文字母组成的字符串，"生日"是 yyyymmdd 格式的日期，"电话号码"是不超过 17 位的数字及＋、－组成的字符串。

输出格式：

按照年龄从大到小输出朋友的信息，格式同输出。

```
3
zhang 19850403 13912345678
wang 19821020 +86-0571-88018448
qian 19840619 13609876543
```

输入样例：

```
3
zhang 19850403 13912345678
```

```
wang 19821020 +86-0571-88018448
qian 19840619 13609876543
```

输出样例:

```
wang 19821020 +86-0571-88018448
qian 19840619 13609876543
zhang 19850403 13912345678
```

4. 计算平均成绩。

给定 N 个学生的基本信息,包括学号(由 5 个数字组成的字符串)、姓名(长度小于 10 的不包含空白字符的非空字符串)和成绩([0,100]区间内的整数),要求计算它们的平均成绩,并顺序输出平均线以下的学生名单。

输入格式:

输入在一行中给出正整数 $N(\leqslant 10)$。随后 N 行,每行给出一位学生的信息,格式为 "学号 姓名 成绩",中间以空格分隔。

输出格式:

首先在一行中输出平均成绩,保留 2 位小数。然后按照输入顺序,每行输出一位平均线以下的学生的姓名和学号,间隔一个空格。

输入样例:

```
5
00001 zhang 70
00002 wang 80
00003 qian 90
10001 li 100
21987 chen 60
```

输出样例:

```
80.00
zhang 00001
chen 21987
```

5. 查找书籍。

给定 n 本书的名称和定价,本题要求编写程序,查找并输出其中定价最高和最低的书的名称和定价。

输入格式:

输入第一行给出正整数 $n(<10)$,随后给出 n 本书的信息。每本书在一行中给出书名,即长度不超过 30 的字符串,随后一行中给出正实数价格。题目保证没有同样价格的书。

输出格式:

在一行中按照"价格, 书名"的格式先后输出价格最高和最低的书。价格保留 2 位小数。

输入样例:

```
3
Programming in C
21.5
Programming in VB
18.5
Programming in Delphi
25.0
```

输出样例：

```
25.00, Programming in Delphi
18.50, Programming in VB
```

6. 一帮一。

"一帮一学习小组"是中小学中常见的学习组织方式，老师把学习成绩靠前的学生跟学习成绩靠后的学生排在一组。本题就请你编写程序帮助老师自动完成这个分配工作，即在得到全班学生的排名后，在当前尚未分组的学生中，将名次最靠前的学生与名次最靠后的异性学生分为一组。

输入格式：

输入第一行给出正偶数 $N(\leq 50)$，即全班学生的人数。此后 N 行，按照名次从高到低的顺序给出每个学生的性别（0 代表女生，1 代表男生）和姓名（不超过 8 个英文字母的非空字符串），其间以一个空格分隔。这里保证本班男女比例是 1∶1，并且没有并列名次。

输出格式：

每行输出一组两个学生的姓名，其间以一个空格分隔。名次高的学生在前，名次低的学生在后。小组的输出顺序按照前面学生的名次从高到低排列。

输入样例：

```
8
0 Amy
1 Tom
1 Bill
0 Cindy
0 Maya
1 John
1 Jack
0 Linda
```

输出样例：

```
Amy Jack
Tom Linda
Bill Maya
Cindy John
```

7. 时间换算。

本题要求编写程序,以 hh:mm:ss 的格式输出某给定时间再过 n 秒后的时间值(超过 23:59:59 就从 0 点开始计时)。

输入格式:

输入在第一行中以 hh:mm:ss 的格式给出起始时间,第二行给出整秒数 n(<60)。

输出格式:

输出在一行中给出 hh:mm:ss 格式的结果时间。

输入样例:

```
11:59:40
30
```

输出样例:

```
12:00:10
```

第 9 章

文 件

本章学习目标

- 理解文件的概念与类型:掌握文件的基本概念,包括文件的定义、类型。
- 掌握文件的打开与关闭:学会使用 C 标准库中的函数来打开和关闭文件,理解不同模式的使用场景及影响。
- 实现文件的读写操作:能够运用 fread()、fwrite()、fscanf()、fprintf()等函数进行文件数据的读取与写入,理解缓冲区的概念及其在文件操作中的作用。
- 掌握文件的定位与错误处理:学会使用 fseek()函数进行文件内部的随机访问和位置定位,理解文件指针的作用。

9.1 文件与隐私保护

我们现在身处互联网时代,每天都会与各种信息系统进行交互,在此过程中,会在互联网上留下各种信息,文件作为信息存储和交换的基本单位,承载着个人、企业乃至国家的重要数据。

进入互联网时代,就进入了一张巨大且隐形的监控网,我们时刻被暴露在"第三只眼"的监视之下,并留下一条永远存在的"数据足迹"。互联网的普及极大地推动了信息的自由流动与共享,却也使得个人隐私保护面临前所未有的挑战。社交平台、在线购物、健康追踪应用……每一项便捷服务的背后,都是对个人数据的大量收集与处理。历史上发生过很多重大的数据隐私泄露事件。例如,臭名昭著的美国"棱镜门"事件,美国政府利用其先进的信息技术对诸多国家的首脑、政府官员和个人都进行了监控,收集了包罗万象的海量数据,并从这些海量数据中挖掘出其所需要的各种信息。还有发生在 2008 年 Facebook 的数据泄露事件,超过 5000 万用户的个人信息被不当获取,引发了全球对于数据安全与隐私保护的深刻反思。

作为学习计算机的学生,我们在提高自己技术的路上,应该把保护隐私当作一个很重要的规则来坚持。这意味着在设计和编程时,要一直尊重别人的隐私,只收集和使用所需要的最少的信息,还要运用密码技术来保护信息安全。我们也应该在开始设计项目时就考虑到保护隐私的方法,确保我们做的产品默认就是保护用户隐私的。我们要跟着法律走,比如要了解《中华人民共和国个人信息保护法》、欧盟的数据保护规则 GDPR 等,同时在尝试新技术时也要考虑到道德问题,避免滥用技术导致的问题。另外,我们需要不断学习,适应保护隐私的新挑战,通过教育用户增加大家保护隐私的意识。总体来说,作为未来的科技工作者，我们要记住我们对社会的责任，要确保随着科技进步，人们的隐私权也同时得到保护，一起创造一个安全、尊重隐私的数字世界。

9.2 文件的概念与分类

在正式学习 C 语言操作文件的方法之前，需要从计算机的视角来了解什么是文件。本节将介绍在计算机中文件的存储方式，主要包括文本文件和二进制文件两种，接着介绍在计算机中文件的存储结构以及文件的打开模式等知识。

9.2.1 文本文件与二进制文件

1. 文本文件

在大多数系统中，文件类型是多样的。例如，在程序设计范畴中，需要和源文件、目标文件和可执行文件打交道，每种文件都有其独特的表示方式。用文件存储程序中要用到的数据时，这个文件通常都会包含文本，所以称之为文本文件。可以将文本文件看作存储在永久介质上的字符序列，并通过文件名来标识这些文件。文件名及文件包含的字符之间的关系和变量名及其内容之间的关系是一样的。

文本文件以字符为单位存储数据，使用的字符编码通常是 ASCII 或 Unicode，数据以可读的文本形式存储，包括字母、数字、符号和控制字符等。文本文件可以通过文本编辑器或命令行文本处理工具直接查看和编辑。每行文本由一个换行符(例如\n)结尾，通常用于表示行结束。例如，创建一个新的文本文件 witches.txt，其内容出自《麦克白》中的两行语句：

```
Double,double toil and trouble:
Fire burn and cauldron bubble.
```

人们会很容易认为 witches.txt 是由两行组成的。但从计算机的角度来说，文本文件是由一维的字符序列表示的，除了可见的打印字符外，文件还包含行终止符'\n'。所以，更准确地来说，文件 witches.txt 是以如下形式出现的。

```
Double,double toil and trouble:\nFire burn and cauldron bubble.\n
```

文本文件除了以上的 TXT 格式的文件以外，还有常见的 CSV 文件、XML 文件和 HTML 文件等。

文本文件的主要特点是可视的，容易被人类读取和理解，适用于存储文本数据，例如，文档、配置文件、源代码等。但如果内容较大时，相较于二进制文件，可能占用更多的存储空间。至于原因，将在后面介绍完二进制文件后再做讲解。

2. 二进制文件

二进制文件与文本文件不同的是，它以字节为单位存储数据，不依赖于字符编码，直接按照二进制格式存储。数据以机器可读的形式存储，包括数字、二进制位序列等。

二进制文件的例子包括图像文件(如.jpg、.png)、音频文件(如.mp3、.wav)、视频文件(如.mp4、.avi)、可执行程序等。二进制文件无法通过文本编辑器直接查看和编辑，需要特定的程序解析，没有行结束符的概念，数据以连续的字节流存储。

二进制文件的主要特点是不能直接被人类读取和理解，需要特定的程序进行解析，例如查看图片需要图片读取软件，.mp3 格式文件需要音乐播放器，.mp4 文件需要视频播放器等。二进制文件适合存储非文本格式的数据，如图像、音频、视频等。在同等内容情况下，相较于文本文件，使用二进制文件存储需要的存储空间更小。

现在来举例说明。假设有一个变量定义如下。

```
short int a = 135;
```

如果现需要将变量 a 持久化存储到文件中，如果采用二进制的方式存储，需要 2B 的存储空间，存储空间结构如表 9-1 所示。

表 9-1　二进制文件存储变量 a 占 2B 存储空间

第 2 字节	第 1 字节
0000 0000	1000 0111

如果采用文本文件的方式存储变量 a，则需要 3B 的存储空间，存储空间结构如表 9-2 所示。

表 9-2　文本文件存储变量 a 占 3B 存储空间

字　　符	'1'	'3'	'5'
十进制 ASCII 值	49	51	53
二进制 ASCII 值	0011 0001	0011 0011	0011 0101

那么如果变量 a 的值变为 1357，两种存储方式所占内存空间又会发生什么变化呢？对于二进制文件，存储 135 和 1357 所占的存储空间是一样的，都是 2B。实际存储效果如下，存储空间结构如表 9-3 所示。

表 9-3　二进制文件存储变量 1357

第 2 字节	第 1 字节
0000 0101	0100 1101

如果采用文本文件的方式存储变量 a＝1357，则需要 4B 的存储空间，存储空间结构如表 9-4 所示。

表 9-4　二进制文件存储变量 1357

字符	'1'	'3'	'5'	'7'
十进制 ASCII 值	49	51	53	55
二进制 ASCII 值	0011 0001	0011 0011	0011 0101	0011 0111

综上可以看出，二进制文件和文本文件各有优缺点。文本文件以字符为单位存储，便于人类阅读和编辑；而二进制文件以字节为单位存储，适合机器处理。文本文件使用字符编码表示数据；而二进制文件直接按照二进制格式存储数据。文本文件以可读的文本形式存储

数据,包括字母、数字、符号等;而二进制文件以机器可读的形式存储数据,不依赖于字符编码。文本文件可以通过文本编辑器直接查看和编辑;而二进制文件需要特定的程序进行解析和处理。

9.2.2 文件的存储结构

在 C 语言中,数据其存储结构本质上是一系列字节构成的序列。计算机在存取文件内容时,也是以字节为单位的,这些字节可以被组织成任何形式的数据,如文本、图像、音频等。C 语言并不直接关心文件的内容是什么,它只是将文件视为一系列字节的集合,程序员可以根据需要以不同的方式读取和处理这些字节。输入/输出的数据流仅受程序控制而不受物理符号(如回车换行符)的控制。所以从 C 语言的角度来看文件,又将其称为流式文件。

文件的存储结构通常由文件系统来管理,文件系统会将文件存储在磁盘或其他存储介质上,并记录文件的元数据(如文件名、大小、权限等)。在 C 语言中,文件操作函数允许程序员以字节流的形式读取和写入文件,这样就可以对文件进行各种操作,而不必考虑文件的具体存储结构。

通常情况下,数据必须按照存入时的类型进行读取,才能正确还原其原始形态。以文本文件为例,如果使用非字符类型的方式进行读取,可能会导致读取出的数据失真。因此,文件的写入和读取必须保持一致,遵循同一种文件格式,并明确规定每个字节的类型和数据内容。

许多文件都遵循公开的标准格式,如 BMP、JPG 和 MP3 等,通常还规定了相应文件头的格式。要正确读取文件中的数据,必须首先了解文件头的格式和内容。只有正确解析文件头的内容,才能准确地读取文件头后面存储的数据内容。许多应用软件都支持这些类型文件的读取和写入操作。这就是计算机有各式各样的文件的原因。

总之,C 语言中文件的存储结构本质上是字节序列,而文件系统负责管理这些字节的存储和组织。程序员可以利用 C 语言提供的文件操作函数来读取和写入这些字节,从而实现对文件的各种操作。

9.3 文件指针与文件操作函数

9.3.1 文件指针的定义

在 C 语言中,＊file 是一个文件指针,文件指针是一个指向 FILE 类型结构体的指针,用于跟踪文件在内存中的位置以及记录文件的状态信息。FILE 结构体是由 C 标准库定义的,用于表示打开的文件。

文件指针提供了一种机制,允许程序跟踪文件在内存中的位置,以便进行读取和写入操作。它类似于书中的书签,标记着当前读写位置。通过移动文件指针,程序可以控制文件的读取和写入行为,定位到文件的不同位置进行操作。

文件指针的基本功能包括跟踪文件位置,文件指针记录了文件中当前的读写位置。控制文件流,通过移动文件指针,可以定位到文件的不同位置进行读取或写入操作。状态管理,文件指针可以用于检查文件是否已经结束(EOF),以及在读写操作中出现的错误情况。

在C语言中，打开一个文件时，操作系统会为该文件分配一个文件描述符，并返回一个指向该文件描述符的文件指针。这个文件指针会被用于后续对文件的操作。

文件指针的使用是文件操作的关键，它允许程序员以字节流的形式对文件进行读写，并且通过控制文件指针的位置来实现对文件内容的定位和操作。

在C语言中，可以通过声明一个指向FILE类型的指针来定义文件指针。FILE类型是C标准库中定义的结构体类型，用于表示打开的文件。下面是定义文件指针的一般语法。

```
1    #include <stdio.h>
2    FILE * file_pointer;
```

FILE是C标准库中定义的结构体类型，而file_pointer是一个指向FILE类型的指针变量。一旦定义了文件指针，就可以将其用于打开、读取和写入文件，以及对文件进行其他操作。

关于文件指针如何使用以及操作文件，将在后续的内容进行讲解。

9.3.2 文件操作函数介绍

文件操作函数是用于在C语言中处理文件的函数集合。这些函数允许程序员打开、读取、写入和关闭文件，以及在文件中定位数据。通过文件操作函数，程序可以从外部文件中读取数据，将数据写入文件，或者对文件进行修改和管理。这些函数提供了对文件系统的访问接口，使得程序能够在文件级别上进行数据处理，从而实现数据的持久化存储和处理。

文件操作提供了丰富的功能来满足不同的文件处理需求。通过合理使用这些函数，程序员可以实现文件的读取、写入、定位和管理，从而实现对文件数据的有效处理和操作。表9-5是常见的文件操作函数。

表9-5 常见的文件操作函数

文件操作函数简介		
分　　类	函　数　名	功 能 简 介
文件的读取与关闭	fopen()	打开一个文件，并返回一个文件指针
	fclose()	关闭之前打开的文件
文本文件的读取	fgetc()	从文件中读取一个字符，并将文件指针向后移动一个字符位置
	fgets()	从文件中读取一行字符串
	fscanf()	文件中格式化读取数据，类似于scanf()函数
文本文件的写入	fputc()	向文件写入一个字符
	fputs()	向文件写入一个字符串
	fprintf()	向文件写入格式化数据，类似于printf()函数
二进制文件的读取	fread()	以二进制方式读取指定数量的数据项，并将它们存储到内存中的缓冲区中
二进制文件的写入	fwrite()	以二进制方式将数据项从内存缓冲区写入文件中

表 9-5 是文件操作函数的简介，接下来将会对这些文件操作函数的定义与使用进行详细介绍。

9.4 文件的打开与关闭

9.4.1 fopen()函数

不论需要操作的文件对象是文本文件还是二进制文件，在使用文件之前，都必须打开文件。fopen()函数是 C 语言 stdio.h 标准库中用于打开文件的标准函数之一。它提供了一种方法来创建一个文件流，并将其与特定文件相关联，以便后续的读取或写入操作。其函数原型如下。

```
FILE * fopen(const char * filename, const char * mode);
```

fopen()函数如果调用成功，其返回值是一个指向文件流的指针（FILE *类型），如果调用失败，则会返回一个 NULL 值。fopen()函数有两个形参：filename 表示要打开的文件的名称，可以是相对路径或绝对路径；mode 表示以什么模式打开文件，其取值参考表 9-6。

表 9-6 文件打开方式

字符	含义
"r"	只读模式，打开文件用于读取，如果文件不存在，则打开失败
"w"	写入模式，创建一个新文件用于写入。 如果文件已存在，则删除其内容，若文件不存在则创建
"a"	追加模式，打开文件用于写入，如果文件不存在则创建。新数据将被追加到文件的末尾
"r+"	读写模式，打开文件用于读取和写入
"w+"	读写模式，创建一个新文件用于读取和写入，如果文件已存在，则删除其内容
"a+"	读写模式，打开文件用于读取和追加写入，如果文件不存在则创建
"b"	可以与上面的字符串进行组合，表示打开二进制文件

例如，现在在计算机的 C 盘中创建一个名为 test.txt 的文本文件，并以只读的模式打开该文件，代码如下。

```
FILE * fp;
fp = fopen("C://test.txt", "r");
```

如果需要打开一个二进制文件呢？
在 Windows 系统中，二进制文件一般都是以.bin 结尾的。下面在 C 盘中创建一个名为 test.bin 的二进制文件，同样以只读的方式打开该文件，代码需要修改为

```
FILE * fp;
fp = fopen("C://test.bin", "rb");
```

9.4.2 fclose()函数

在使用 fopen()打开文件创建文件指针后,会占用一定的计算机内存空间,如果在使用该文件后,没有及时关闭,可能会导致文件内容丢失或损坏,并且会造成计算机资源的浪费,严重时还会导致计算机崩溃。为了避免这个问题,C 语言提供了用于关闭文件流的函数 fclose(),用于释放文件资源。以下是 fclose()函数原型:

```
int fclose(FILE * stream);
```

如果文件被成功关闭,将会返回 0,如果文件关闭失败,则会返回一个非 0 值。该函数有一个形参 stream,它是一个指向 **FILE** 结构的指针。在关闭文件流后,不能再对其进行任何读取或写入操作,使用 **fclose**()函数是确保文件数据完整性的重要步骤,因为它会将所有缓冲区中的数据写入文件中,避免数据丢失或损坏的风险。

以下是一个简单的关于 fclose()函数的操作案例。

```
FILE * fp;
fp = fopen("C://test.txt", "r");
fclose(fp);                              //关闭文件流
```

9.4.3 打开文件的错误异常处理

在实际的文件操作编码中,在使用 fopen()函数和 fclose()函数后,一般需要对其返回值进行验证,以确保文件是否正常打开或是关闭。以下示例演示了常用的异常处理方式。

【例 9.1】 文件异常处理。

```
1    #include <stdio.h>
2
3    int main() {
4        FILE * file;
5
6        //打开文件 test.txt 用于写入
7        file = fopen("C:\\test.txt", "r");
8        if (file == NULL) {
9            perror("文件打开错误");
10           return 1;
11       } else {
12           printf("文件打开成功!\n");
13       }
14
15       //关闭文件流
16       if (fclose(file) == EOF) {
17           perror("文件关闭错误");
18           return 1;
19       } else {
20           printf("文件关闭成功!\n");
21       }
```

```
22
23      return 0;
24  }
```

如果文件打开和关闭成功,程序运行结果如下。

```
文件打开成功!
文件关闭成功!
```

如果文件不存在,打开失败,程序运行结果如下。

```
文件打开错误: No such file or directory
```

有细心的同学可能发现示例中出现了一个陌生的函数 perror(),运行结果中"No such file or directory"的输出结果就是 perror()检查调用 fopen()失败时检测出的错误,表示系统中没有该路径的文件。

perror()是一个 C 标准库函数,用于将上一个函数调用失败的原因输出到标准错误流(stderr)。在调用可能失败的系统操作(如打开文件、读写文件、分配内存等)后,可以使用 perror()函数来检查错误并将错误消息输出到标准错误流。这对于调试和诊断程序错误非常有用,特别是在开发期间或者在需要详细错误信息的情况。

9.5 读取文本文件

现在已经学会了如何打开和关闭一个文件。本节开始学习文件的读取,文件的读取方式分为文本文件的读取和二进制文件的读取。本节将介绍文本文件的三种读取方式:按字符读取函数 fgetc(),按字符串读取函数 fgets()和按格式化方式读取函数 fscanf()。

9.5.1 按字符读取函数 fgetc()

函数 fgetc()用于从一个以只读或读写方式打开的文件上读取字符。其原型为:

```
int fgetc(FILE * stream);
```

其中,stream 是由函数 fopen()返回的文件指针,该函数读取一个字符,并将文件位置指针移至下一个字符。当成功读取字符时,函数返回该字符;当文件位置指针达到文件末尾时,函数返回 EOF(End of File)符号常量,其在头文件 stdio.h 中定义为 -1。

假设 C 盘 test.txt 文件中包含一行内容"Hello World!",以下示例演示了如何使用 fgetc()函数读取文件内容。

【例 9.2】 fgetc()读取文件内容。

```
1   #include <stdio.h>
2
3   int main() {
4       FILE * fp;
```

```
5       int c;
6       //打开 test.txt 文件
7       fp = fopen("C:\\test.txt", "r");
8       if (fp == NULL) {
9           perror("文件打开失败");
10          return -1;
11      }
12
13      //以字符的方式读取文件内容,直到文件结束标志 EOF
14      while ((c = fgetc(fp)) != EOF) {
15          printf("%c", c);
16      }
17
18      fclose(fp);
19
20      return 0;
21  }
```

程序运行结果如下。

```
Hello World!
```

fgetc()函数一次只读取一个字符,其优势是简单易用,并且可以处理二进制文件。缺点是当处理大文件时,读取效率较低,并且当文件中有换行符时,fgetc()不会自动处理,而是将换行符当作普通字符读取。

9.5.2 按字符串读取函数 fgets()

除了按字符读取文件外,C 语言还提供了 fgets() 函数,它可以从指定的文件流中读取一行,并将其存储为字符串。其函数原型如下。

```
char * fgets(char * str, int n, FILE * stream);
```

如果读取文件内容成功,fgets()函数会返回一个指向读取到的字符串的指针,如果发生了错误或是到达了文件尾部,则会返回空指针。该函数一共有三个形参:参数 str 是一个指向字符数组的指针,用于存储读取的行。参数 n 指定了 str 数组的大小,以避免缓冲区溢出。该函数读取直到达到指定的 n−1 个字符、换行符或文件结束符为止,并在读取的字符后添加 NULL 终止符。如果成功,它返回第一个参数 str 的值,如果到达文件结束位置或发生错误,则返回 NULL。参数 stream 表示一个文件指针。

下面将 test.txt 文件中的内容替换为李白的《将进酒》,然后编写以下示例。

【例 9.3】 fgets()读取文件内容。

```
1   #include <stdio.h>
2
3   int main() {
4       FILE * fp;
5       char buffer[100];
```

```
6
7        //打开文件
8        fp = fopen("C:\\test.txt", "r");
9
10       if (fp == NULL) {
11           perror("文件读取错误!");
12           return -1;
13       }
14
15       //从文件中读取一行文本
16       while (fgets(buffer, sizeof(buffer), fp) != NULL) {
17           printf("%s", buffer);
18       }
19
20       //关闭文件
21       fclose(fp);
22
23       return 0;
24   }
```

程序运行结果如下。

```
将进酒·君不见
      李白·唐
君不见,黄河之水天上来,奔流到海不复回。
君不见,高堂明镜悲白发,朝如青丝暮成雪。
人生得意须尽欢,莫使金樽空对月。
天生我材必有用,千金散尽还复来。
烹羊宰牛且为乐,会须一饮三百杯。
岑夫子,丹丘生,将进酒,杯莫停。
与君歌一曲,请君为我倾耳听。
钟鼓馔玉不足贵,但愿长醉不愿醒。
古来圣贤皆寂寞,惟有饮者留其名。
陈王昔时宴平乐,斗酒十千恣欢谑。
主人何为言少钱,径须沽取对君酌。
五花马,千金裘,呼儿将出换美酒,与尔同销万古愁。
```

相较于 fgetc() 函数,fgets() 函数在读取大文本文件时更加方便,也更加高效,因为它可以一次读取一整行的文件内容。由于 fgets() 函数在读取一行文本时会将其存储到缓冲区中,如果输入行比缓冲区大,可能会导致缓冲区溢出,这时需要手动处理缓冲区溢出的问题。如果输入行文本比缓冲区大且没有换行符,fgets() 将会读取缓冲区大小的字符并停止,这可能导致数据截断。

9.5.3 按格式读取函数 fscanf()

除了以上两种读取文本文件的方式外,C 语言还提供了一种按照指定格式读取文件的方式,即 fscanf() 函数。其函数原型为

```
int fscanf(FILE * stream, const char * format, …);
```

其中,第 1 个参数为文件指针,第 2 个参数为格式控制参数,第 3 个参数为地址参数列表,后两个参数和返回值与函数 scanf() 相同。fscanf() 函数类似于 scanf() 函数,但它从文件流中读取输入,而不是标准输入。它根据指定的格式字符串解析文件中的数据,并将其存储在提供的参数中。fscanf() 函数按照格式字符串中的格式从文件中读取数据,并将其转换为相应的数据类型。成功读取数据后,返回成功匹配和转换的参数数量。如果到达文件结尾或遇到错误,则返回 EOF。

现在请创建一个名为 students.txt 的文本文件,文件内容可以填入一些学生的姓名和年龄,例如:

```
王小明 20
张美丽 22
刘伟华 21
陈雪娇 19
李华东 23
赵秀芳 20
```

接着通过 fscanf() 函数读取 students.txt 中的学生信息。

【例 9.4】 fscanf() 函数格式化读取学生信息。

```
1    #include <stdio.h>
2    
3    #define MAX_STUDENTS 100
4    
5    struct Student {
6        char name[50];
7        int age;
8    };
9    
10   int main() {
11       FILE * fp;
12       struct Student students[MAX_STUDENTS];
13       int num_students = 0;
14   
15       fp = fopen("C:\\students.txt", "r");
16       if (fp == NULL) {
17           perror("文件打开错误!");
18           return -1;
19       }
20   
21       //从文件中读取学生信息
22       while (fscanf(fp, "%s %d", students[num_students].name,
23           &students[num_students].age) == 2) {
24           num_students++;
25           if (num_students >= MAX_STUDENTS) {
26               printf("超过最大学生数.\n");
```

```
27                break;
28            }
29        }
30
31        //打印读取到的学生信息
32        printf("读取到的学生信息:\n");
33        for (int i = 0; i < num_students; i++) {
34            printf("Name: %s, Age: %d\n", students[i].name, students[i].age);
35        }
36
37        fclose(fp);
38        return 0;
39    }
```

程序运行结果如下。

```
读取到的学生信息:
Name: 王小明, Age: 20
Name: 张美丽, Age: 22
Name: 刘伟华, Age: 21
Name: 陈雪娇, Age: 19
Name: 李华东, Age: 23
Name: 赵秀芳, Age: 20
```

使用函数 fscanf() 和 fprintf() 进行文件的格式化读写,操作方便,容易理解,但输入时要将 ASCII 字符转换成二进制数,输出时又要将二进制数转换为 ASCII 字符,耗时较多。

总体而言,这些文件读取函数在 C 语言中提供了灵活的方式来处理文件输入。可以根据实际需求选择合适的函数,以有效地读取和处理文件中的数据。

9.6 写入文本文件

目前我们已经学会了如何读取文本文件,但仅掌握读取文件内容的方法还远远不够。现在将开始学习文件的写入方法。和文件的读取一样,文件的写入方式也分为文本文件的写入和二进制文件的写入。在本节中,将介绍三种写入文本文件的方法:使用 fputc() 函数按字符写入、使用 fputs() 函数按字符串写入以及使用 fprintf() 函数按格式化的方式写入。

9.6.1 按字符写入函数 fputc()

fputc() 函数可以将单个字符写入指定的文件流中,其函数原型为

```
int fputc(int character, FILE * stream);
```

该函数有两个形参:character 表示想要写入的字符,stream 表示需要写入的文件流。返回值为写入文件的字符或 EOF。通过下面的示例来演示通过 fputs() 函数将 "Hello World!" 字符串写入 output.txt 文件中。

【例 9.5】 fputc() 写入字符串至文件。

```c
1    #include <stdio.h>
2    
3    int main() {
4        FILE *filePointer;
5        char text[] = "Hello World";
6        int i;
7    
8        //以写入模式打开文件
9        filePointer = fopen("output.txt", "w");
10   
11       //检查文件是否成功打开
12       if (filePointer == NULL) {
13           printf("无法打开文件.\n");
14           return -1;
15       }
16   
17       //将字符串写入文件
18       for (i = 0; text[i] != '\0'; i++) {
19           fputc(text[i], filePointer);
20       }
21   
22       printf("成功写入文件.\n");
23   
24       //关闭文件
25       fclose(filePointer);
26   
27       return 0;
28   }
```

在这个程序中,以"w"的方式打开文件。如果程序成功运行,并且在源文件所在的目录下不存在 output.txt 文件,那么该程序将创建一个名为 output.txt 的文件,并将"Hello World!"写入其中。如果已经存在 output.txt 文件,程序将正常打开该文件,并将"Hello World!"写入其中。

需要注意的是,如果多次运行该程序,output.txt 文件中的内容会始终只有一行"Hello World!",因为以"w"的方式打开文件并写入文本内容时,会首先将原来文件中的内容清空后再重新写入,基于这样的特性,可以通过这种方式达到清除某个文件内容的目的,有兴趣的读者可以尝试一下。

fputc()函数的好处在于它允许逐字符地写入文件,这意味着程序员可以更精确地控制写入的内容,包括特殊字符或者二进制数据。并且它适用于处理各种不同的数据类型,如整数、字符等。由于需要逐字符写入文件,当需要写入大量数据时,效率可能较低,因为它会频繁地进行文件 I/O 操作。当需要写入大量文本时,使用 fputc()会使代码变得冗长和烦琐。

9.6.2 按字符串写入函数 fputs()

C 语言中还提供了一种可以将一个字符串写入指定文件流中的方法 fputs(),其函数原型为

```
int fputs(const char * str, FILE * stream);
```

fputs()函数接收一个指向字符串的指针和一个指向文件的指针作为参数,并返回非负值表示成功,或 EOF 表示失败。

下面的示例将演示如何通过 fputs()函数将"Hello World!"字符串写入 output2.txt 文件中。

【例 9.6】 fputs()写入字符串至文件。

```
1   #include <stdio.h>
2
3   int main() {
4       FILE * filePointer;
5       char text[] = "Hello World!";
6
7       //以写入模式打开文件
8       filePointer = fopen("output2.txt", "w");
9
10      //检查文件是否成功打开
11      if (filePointer == NULL) {
12          printf("无法打开文件.\n");
13          return -1;
14      }
15
16      //将字符串写入文件
17      if (fputs(text, filePointer) == EOF) {
18          printf("写入文件时发生错误.\n");
19          return -1;
20      }
21
22      printf("成功写入文件.\n");
23
24      //关闭文件
25      fclose(filePointer);
26
27      return 0;
28  }
```

当程序运行成功时,会在源码文件所处的文件路径下创建一个名为 output2.txt 的文件,文件内容为"Hello World!"。

fputs()函数可以一次写入一个字符串,使得代码更加简洁明了,由于一次性写入整个字符串,fputs()在处理大量文本时通常比 fputc()效率更高。但 fputs()函数只能写入字符串,如果需要控制写入的内容,或者写入特殊字符或二进制数据,可能就不那么方便了。fputs()函数会在碰到 NULL 结尾字符'\0'时停止写入,因此如果要写入的字符串包含 NULL 字符,则可能会截断写入过程。

9.6.3 按格式化方式写入函数 fprintf()

除了以上两种写入文本文件的方法外,C 语言还提供了一种可以将格式化数据输出到

指定文件流中的方法 fprintf()。其函数原型为

```
int fprintf(FILE * stream, const char * format, …);
```

其中,stream 参数是指向要写入的文件流的指针,format 参数是一个格式控制字符串,它包含待写入内容的格式以及需要替换的变量,其余的参数是需要根据格式字符串进行替换的数据。

fprintf()函数与 printf()函数非常类似,但 fprintf()不是将输出发送到标准输出流(通常是显示器),而是将其发送到指定的文件流中。这使得 fprintf()函数非常灵活,可以用于将输出写入文件、网络连接或其他输出设备。

通过以下案例,将 Harry Potter 这本书的信息写入文件。

【例 9.7】 fprintf()函数写入书籍信息。

```c
1    #include <stdio.h>
2
3    typedef struct {
4        char title[100];
5        char author[100];
6        int year;
7        float price;
8    } Book;
9
10   int main() {
11       FILE * fp;
12       Book book;
13
14       //打开一个名为 books.txt 的文件,准备写入
15       fp = fopen("books.txt", "w");
16
17       if (fp == NULL) {
18           printf("Error opening file.\n");
19           return 1;
20       }
21
22       //输入图书信息
23       printf("Enter book title: ");
24       scanf("%s", book.title);
25       printf("Enter book author: ");
26       scanf("%s", book.author);
27       printf("Enter publication year: ");
28       scanf("%d", &book.year);
29       printf("Enter price: ");
30       scanf("%f", &book.price);
31
32       //将图书信息写入文件流中
33       fprintf(fp, "Title: %s\n", book.title);
34       fprintf(fp, "Author: %s\n", book.author);
```

```
35          fprintf(fp, "Year: %d\n", book.year);
36          fprintf(fp, "Price: %.2f\n", book.price);
37
38          //关闭文件
39          fclose(fp);
40
41          printf("书籍信息已写入 books.txt.\n");
42          return 0;
43      }
```

程序运行后并按照提示输入以下内容。

```
Enter book title: HarryPotter
Enter book author: JK_Rowlin
Enter publication year: 1997
Enter price: 98
```

程序会将输入信息写入文件流。程序运行结束后，会在源码文件所在的文件路径下看到新创建的一个名为 books.txt 的文件，文件内容为

```
Title: HarryPotter
Author: JK_Rowlin
Year: 1997
Price: 98.00
```

fprintf()函数可以以格式化的方式输出数据到文件中，可以使用格式控制字符串来指定输出格式，使得输出更加灵活、可读性更高，并且可以输出各种不同类型的数据，包括整数、浮点数、字符、字符串等，而且无须考虑数据类型转换的问题。但需要对格式化字符串进行解析和处理，相较于 fputc() 和 fputs()，fprintf()函数可能会稍微降低一些性能。

综上所述，C 语言提供了丰富的写入文本文件的函数和方法，选择使用哪个函数取决于具体的需求。如果需要进行格式化输出或者输出复杂的数据类型，可以选择 fprintf()；如果只需简单地输出字符或字符串，可以使用 fputc()或 fputs()，具体根据情况进行选择。

9.7 文本文件操作案例

现在我们已经熟悉了 C 语言中常用的文本操作函数，接下来将通过下面几个案例来进一步加深对文本操作函数的理解。

9.7.1 文本文件复制

文件的复制是计算机操作系统的基础功能之一。下面结合前面学习到的文件操作函数，编写一个程序来实现文件的复制操作。

图 9-1 展示了例 9.8 的实现逻辑。

首先，使用 fopen()函数分别以只读("r")和只写("w")方式打开待复制文件和待写入目标文件，并创建两个文件指针 source_file 和 destination_file。接下来，通过 source_file 文

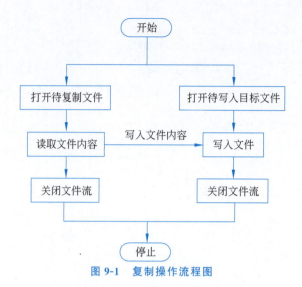

图 9-1 复制操作流程图

件指针使用 fgets() 函数逐行读取待复制文件中的内容。每读取一行,就使用 destination_file 文件指针和 fputs() 函数将读取到的内容写入目标文件。当所有内容都被读取和写入后,分别关闭 source_file 和 destination_file 文件指针。这样,就完成了文件的复制操作。以下是实现示例的代码。

【例 9.8】 文件的复制。

```c
1    #include <stdio.h>
2    #include <stdlib.h>
3    
4    #define BUFFER_SIZE 1024
5    
6    int main() {
7        FILE *source_file, *destination_file;
8        char source_filename[] = "source.txt";              //源文件名
9        char destination_filename[] = "destination.txt";    //目标文件名
10       char buffer[BUFFER_SIZE];
11   
12       //打开源文件进行读取
13       source_file = fopen(source_filename, "r");
14       if (source_file == NULL) {
15           perror("打开源文件失败.");
16           return EXIT_FAILURE;
17       }
18   
19       //创建目标文件进行写入
20       destination_file = fopen(destination_filename, "w");
21       if (destination_file == NULL) {
22           perror("创建目标文件失败.");
23           fclose(source_file);
24           return EXIT_FAILURE;
25       }
26   
```

```
27      //逐行读取源文件并写入目标文件,直到源文件结束
28      while (fgets(buffer, BUFFER_SIZE, source_file) != NULL) {
29          fputs(buffer, destination_file);
30      }
31
32      //关闭文件
33      fclose(source_file);
34      fclose(destination_file);
35
36      printf("文件复制成功!\n");
37
38      return EXIT_SUCCESS;
39  }
```

程序成功运行后,会得到一个与源文件内容相同的目标文件。这样就通过对 fopen()、fclose()、fgets()和 fputs()函数的简单综合运用,实现了文件的复制功能。

9.7.2 文本文件统计

除了用文件操作函数完成文件的复制功能外,还可以通过文件操作函数完成对某个文件中英文单词数的统计。

还是先通过图 9-2 来理解英文单词统计的实现逻辑。

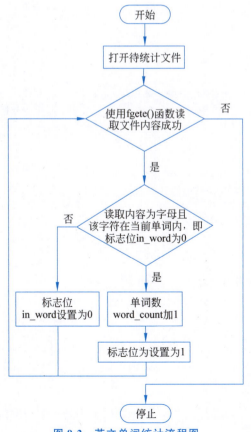

图 9-2 英文单词统计流程图

如图 9-2 所示，首先，需要定义两个变量，word_count 用于统计单词数，in_word 用于判断当前字符是否还在一个单词中，并将它们的值初始化为 0。接下来，打开一个待统计的文件，使用 fgetc() 函数读取文件内容。如果读取成功，需要对所读取的字符进行判断。如果该字符是一个字母，并且 in_word 的值为 0，那么将 word_count 加 1，并将 in_word 设置为 1；如果该字符不是一个字母，直接将 in_word 设置为 0。接着读取下一个字符。重复以上步骤，直到文件的所有内容都被读取完毕。这样，就完成了对文件中单词数的统计。

在实现之前，先创建一个名为 TheOldManAndSea.txt 的文件，并将以下内容写入文件。

> The sun rose thinly from the sea and the old man could see the other boats, low on the water and well in toward the shore, spread out across the current. Then the sun was brighter and the glare came on the water and then, as it rose clear, the flat sea sent it back at his eyes so that it hurt sharply and he rowed without looking into it. He looked down into the water and watched the lines that went straight down into the dark of the water. He kept them straighter than anyone did, so that at each level in the darkness of the stream there would be a bait waiting exactly where he wished it to be for any fish that swam there. Others let them drift with the current and sometimes they were at sixty fathoms when the fishermen thought they were at a hundred.

例 9.9 是示例的实现源码。

【例 9.9】 统计文本文件单词数。

```
1   #include <stdio.h>
2   #include <ctype.h>
3
4   int main() {
5       FILE *file;                                  //声明文件指针
6       char filename[] = "TheOldManAndSea.txt";     //文件路径
7       char ch;                                     //用于存储读取的字符
8       int word_count = 0;                          //单词计数器
9       int in_word = 0;                             //标志位,指示当前是否在单词中
10
11      //尝试打开文件
12      file = fopen(filename, "r");
13      if (file == NULL) {                          //检查文件是否成功打开
14          printf("文件:%s 打开失败.\n", filename);
15          return 1;                                //如果打开失败,则退出程序
16      }
17
18      //逐个字符读取文件内容,直到文件末尾
19      while ((ch = fgetc(file)) != EOF) {
20          if (isalpha(ch)) {                       //如果当前字符是字母
21              if (!in_word) {                      //如果当前不在单词中
22                  word_count++;                    //增加单词计数
23                  in_word = 1;                     //设置标志位,表示当前在单词中
24              }
25          } else {
26              in_word = 0;          //如果当前字符不是字母,设置标志位为 0,表示不在单词中
```

```
27        }
28     }
29
30     fclose(file);                                    //关闭文件
31
32     //输出单词数
33     printf("文件 %s 的单词数为：%d \n", filename, word_count);
34
35     return 0;
36  }
```

程序运行结果如下。

文件 TheOldManAndSea.txt 的单词数为：150

该案例只需要通过 fgetc() 函数逐步读取文本中各个字符，并进行判断，就能完成整个文件的单词数的统计。

9.8 写入二进制文件

9.8.1 fwrite() 函数

fwrite() 函数是用于向文件中写入数据的标准库函数之一，其作用是将数据块以二进制形式写入文件。这个函数在文件 I/O 操作中扮演着重要的角色。其函数原型为

```
size_t fwrite(const void *ptr, size_t size, size_t nmemb, FILE *stream);
```

fwrite() 函数的主要功能是将内存文件块 buffer 写入指定的文件流中。该函数有 4 个形参，其参数含义和 fread() 函数类似：ptr 指向要写入的数据块的起始地址；size 表示每个数据项的大小，以 B 为单位，即要写入的每个数据项的字节数；nmemb 表示写入的数据项的数量，或者说是要写入几次数据块；stream 表示要写入的文件指针。

fwrite() 函数会从指针 ptr 指向的内存位置开始，按照给定的 size 和 nmemb 参数，将数据写入由 stream 指向的文件中。函数返回成功写入的数据项数量，如果发生错误则返回 0。要注意的是，fwrite() 函数是以二进制形式写入数据的，因此不会对数据进行任何格式化操作。

根据写入文件的方式，一般分为顺序写入和随机写入，以下是对这两种文件写入方式的详细介绍。

9.8.2 二进制文件的顺序写入

顺序写入是指程序按照文件当前位置开始，连续地向文件写入数据。当使用模式如 "wb" 或 "ab" 打开一个文件并使用如 fwrite() 函数进行数据写入时，数据会被添加到文件的末尾。每次写入后，文件的写入位置自动更新，为下一次写入做准备。如果文件已经存在并且使用 "wb" 模式打开，原有内容会被覆盖，文件从头开始写入；如果希望在文件末尾追加

数据,则应使用 "ab" 模式。

顺序写入的特点是灵活性高,能够精准控制数据写入的位置。适用于需要更新文件特定部分的场景,如数据库、配置文件编辑等。

下面的示例将演示如何将一段文字以二进制的方式顺序写入文件。

【例 9.10】 二进制的方式顺序写入文件。

```
1   #include <stdio.h>
2   #include <stdlib.h>
3
4   int main() {
5       FILE * file;
6       char data[] = "Hello, world!\nThis is a test file.";
7
8       //写入数据到文件
9       file = fopen("fwrite_test.bin", "wb");        //以二进制写入模式打开文件
10      if (file == NULL) {
11          perror("文件打开错误");
12          return EXIT_FAILURE;
13      }
14
15      //使用 fwrite() 将数据写入文件
16      size_t bytes_written = fwrite(data, sizeof(char), sizeof(data), file);
17      if (bytes_written != sizeof(data)) {
18          perror("文件写入错误");
19          return EXIT_FAILURE;
20      }
21
22      fclose(file);
23
24      printf("数据已成功写入文件!\n");
25
26      return EXIT_SUCCESS;
27  }
```

程序运行成功后,将在程序所在文件夹中创建一个名为 fwrite_test.bin 的二进制文件,由于文件中的内容是以二进制方式写入的,所以无法通过简单的方式解读其内容。

9.8.3　二进制文件的随机写入

随机写入方式允许程序向指定文件中的确切位置写入数据,而不是仅在文件末尾追加。这通常需要先使用 fseek()或 lseek()函数将文件指针按照偏移量定位到期望的位置,然后再执行写入操作(如使用 fwrite()函数)。通过这种方式,可以修改文件中已存在的数据或在文件中的任意位置插入数据。

其特点是提供高度的灵活性,能够精准控制数据写入的位置。适用于需要更新文件特定部分的场景,如数据库、配置文件编辑等操作。

想要实现二进制文件的随机写入,需要介绍一下 fseek()函数。fseek()是 C 语言标准库中的一个函数,用于在文件中移动读取或写入位置的指针。这个功能对于实现随机访问

文件中的特定位置数据至关重要。下面是对 fseek() 函数的详细介绍。
函数原型：

```
int fseek(FILE * stream, long int offset, int whence);
```

其中，stream 是指向 FILE 结构体的指针，该结构体由 fopen() 函数打开文件时返回，代表了待操作的文件。offset 是一个长整型数值，表示相对于 whence 参数指定的位置移动的字节数，正数表示向前移动（向文件末尾方向），负数表示向后移动（向文件开头方向）。whence 是一个整型常量，决定了偏移量 offset 的计算基准，它可以取以下三个值之一：①SEEK_SET，将偏移量设置为文件开头的位置。如果 offset 为 0，则会将文件位置指针移到文件的开头。②SEEK_CUR，将偏移量设置为当前文件位置。如果 offset 为 0，则文件位置不会改变。③SEEK_END，将偏移量设置为文件结尾的位置。注意，此时 offset 若为正数，则实际上会将指针置于文件结束标志之后，这对于在文件末尾追加数据可能有用；若为负数，则会将指针移至距离文件末尾相应数值的字节位置。

下面的案例将演示如何将一段文字以二进制的方式随机写入文件。

【例 9.11】 以二进制的方式随机写入文件。

```
1    #include <stdio.h>
2
3    int main() {
4      FILE * file;
5      char data[] = "Hello, world!\nThis is a test file.";
6
7      //打开文件用于写入
8      file = fopen("fwrite_test_random.bin", "wb");    //二进制写模式
9      if (file == NULL) {
10       perror("无法打开文件");
11       return 1;
12     }
13
14     //定位文件指针到特定位置
15     fseek(file, 100, SEEK_SET);              //将文件指针移动到文件的第 100 个字节
16
17     //写入数据到文件
18     fwrite(data, sizeof(char), 1, file);
19
20     //关闭文件
21     fclose(file);
22
23     return 0;
24   }
```

9.9 读取二进制文件

9.9.1 fread() 函数

在计算机中，除了文本文件外，还存在大量的二进制文件，二进制文件一般是不可视的，

需要通过特定的软件才能打开,例如,.mp3 音乐文件、.mp4 视频文件、.jpg 图片文件和.bin 二进制文件等。对于这类文件,C 语言提供了可以读取的函数 fread(),fread()与前面读取文本文件的方法不同,它一次会读取一组数据,或是称作一块数据。fread()的函数原型为

```
size_t fread(void * ptr, size_t size, size_t nmemb, FILE * stream);
```

该函数一共有 4 个形参。正如前面所描述到的,fread()一次可以读取一块数据,因此,在使用 fread()函数之前,一般会定义一个数据块 buffer。prt 是一个指针,指向要存放读取数据的数据块的起始地址;在定义数据块时,一般会定义一定长度的某数据类型的数据块,size 代表的是数据块中每个元素的所占字节数;nmemb 表示一次要读取的数据块的数量;stream 表示 FILE 对象指针。

文件根据读取方式,一般分为顺序读取和随机读取,以下是这两种文件写入方式的详细介绍。程序运行结果如下。

```
已读取 760 字节: The sun rose thinly from the sea and the old man could see the other
boats, low on the water and well in toward the shore, spread out across the
current. Then the sun was brighter and the glare came on the water and then, as it
rose clear, the flat sea sent it back at his eyes so that it hurt sharply and he
rowed without looking into it. He looked down into the water and watched the lines
that went straight down into the dark of the water. He kept them straighter than
anyone did, so that at each level in the darkness of the stream there would be a
bait waiting exactly where he wished it to be for any fish that swam there. Others
let them drift with the current and sometimes they were at sixty fathoms when the
fishermen thought they were at a hundred.
```

该程序还有不完善的地方:由于 fread()采取的是二进制的方式读取文件,所读取的是二进制数据,而 printf()函数通常用于格式化的字符串输出,所以该程序在实际运行的过程中可能输出的结果不那么理想。对于二进制数据的输出,一般会采用 fprintf()函数进行输出,其效果表现会更好,也更加规范,该方法的使用将在后面的内容中介绍。

9.9.2 二进制文件的顺序读取

顺序读取是指按照文件中数据的物理排列顺序,从头到尾依次读取文件中的内容。打开一个文件用于读取时,默认就是以顺序读取的方式进行操作。每进行一次读取操作,文件指针会自动向后移动,指向下一个待读取的数据块。这种方式适用于需要处理文件中所有数据或大部分数据的场景。其特点是简单易用,不需要特别设置读取位置。适用于读取连续、大量且不需要跳跃访问的数据。顺序读取效率较高,特别是在磁盘 I/O 操作上,因为减少了定位文件指针的需求。

下面使用例 9.11 生成的 fwrite_test.bin 二进制文件,通过 fread()函数实现二进制文件的顺序读取。

【例 9.12】 顺序读取二进制文件。

```
1    #include <stdio.h>
2
```

```
3    int main() {
4      FILE * fp;
5      char buffer[1024];
6      size_t bytes_read;
7
8      //打开文件
9      fp = fopen("fwrite_test.bin", "rb");    //以二进制模式打开文件
10     if (fp == NULL) {
11       perror("文件打开错误.");
12       return 1;
13     }
14
15     //使用fread()读取文件数据
16     bytes_read = fread(buffer, sizeof(char), 1024, fp);
17     if (bytes_read == 0) {
18       if (feof(fp)) {
19         printf("已经到达文件末尾.\n");
20       } else {
21         perror("文件读取错误");
22       }
23     } else {
24       printf("已读取 %zu 字节: %s\n", bytes_read, buffer);
25     }
26
27     //关闭文件
28     fclose(fp);
29     return 0;
30   }
```

程序运行结果如下。

```
已读取 35 字节: Hello, world!
This is a test file.
```

9.9.3 二进制文件的随机读取

随机读取方式允许程序直接跳转到文件中的任意位置进行读取操作,无须按顺序从头开始。这种方式通过指定一个偏移量和一个起始基准点(文件开头、当前位置或文件末尾),可以灵活地访问文件中任意部分的数据。其特点是提供了灵活性,可以快速访问文件中任何位置的数据。适用于需要访问文件中特定位置数据或频繁在文件中跳转的场景。

下面使用例 9.12 生成的 fwrite_tes_randomt.bin 二进制文件,通过调用 fread()函数实现二进制文件的随机读取。

【例 9.13】 随机读取二进制文件。

```
1    #include <stdio.h>
2
3    int main() {
```

```
 4      FILE *file;
 5      char data[50];                              //假设文件中最多包含 50B 的数据
 6
 7      //打开文件用于读取
 8      file = fopen("fwrite_test_random.bin", "rb");  //二进制读模式
 9      if (file == NULL) {
10        perror("无法打开文件");
11        return 1;
12      }
13
14      //将文件指针移动到文件的第 100 个字节处
15      fseek(file, 100, SEEK_SET);
16
17      //从文件中读取数据
18      size_t bytes_read = fread(data, sizeof(char), sizeof(data), file);
19      if (bytes_read == 0) {
20        perror("读取文件错误");
21        fclose(file);
22        return 1;
23      }
24
25      //输出读取的数据
26      printf("从文件中读取的数据为:\n%s\n", data);
27
28      //关闭文件
29      fclose(file);
30
31      return 0;
32    }
```

程序运行结果如下。

```
从文件中读取的数据为:
H
```

9.10 二进制文件操作案例

9.10.1 二进制文件加密算法

由于 fread()函数和 fwrite()函数都是对二进制文件进行操作,因此,如果对每个字节通过某种规则进行变换,就能实现文件的加密。

文件的加密算法一般分为对称加密算法和非对称加密算法。对称加密算法即使用相同的密钥(称为对称密钥)对数据进行加密或解密。这意味着加密和解密使用的密钥是相同的,因此必须确保密钥的安全传输,以防止未经授权的访问。在对称加密中,发送方使用密钥对数据进行加密,然后接收方使用相同的密钥对数据进行解密。由于对称加密算法的加密和解密速度很快,因此在需要高效加密大量数据时通常很有用。常见的对称加密算法有

AES(高级加密标准)、DES(数据加密标准)、3DES(Triple DES)、Blowfish 等。

非对称加密算法一般使用一对密钥:公钥和私钥。公钥用于加密数据,而私钥用于解密数据。这意味着发送方使用接收方的公钥加密数据,接收方使用自己的私钥解密数据。与对称加密算法不同,非对称加密算法的公钥可以公开分发,而私钥必须保密。非对称加密算法通常用于密钥交换、数字签名和安全通信等场景。常见的非对称加密算法包括 RSA(Rivest-Shamir-Adleman)、DSA(Digital Signature Algorithm)、Diffie-Hellman 密钥交换、ECC(Elliptic Curve Cryptography)等。

当然,以上的加密算法对于计算机初学者来说过于复杂,不过也可以用现有的知识实现文件的简单加密和解密。前面已经学过了基本的逻辑运算,如与、或、非和异或等运算,其中异或运算有一个特点,一个数异或同一个数两次等于它本身,于是可以设定一个加密偏置变量 ENCRYPTION_OFFSET,只要一个文件对 ENCRYPTION_OFFSET 进行异或运算,则完成了加密,将加密后的文件再对 ENCRYPTION_OFFSET 进行异或运算则完成了解密。下面的示例就是通过 fread()和 fwrite()函数,结合异或运算来完成文件加/解密的。

【例 9.14】 fread()和 fwrite()函数实现文件加/解密。

```
1   #include <stdio.h>
2   #include <stdlib.h>
3
4   #define MAX_FILENAME_LENGTH 100
5   #define BUFFER_SIZE 1024
6   #define ENCRYPTION_OFFSET 3
7
8   void encryptDecryptFile(const char * input_file, const char * output_file,
    int offset) {
9       FILE *input, *output;
10      char buffer[BUFFER_SIZE];
11      size_t bytes_read;
12
13      //打开输入文件
14      input = fopen(input_file, "rb");
15      if (input == NULL) {
16          perror("无法打开输入文件");
17          exit(EXIT_FAILURE);
18      }
19
20      //创建输出文件
21      output = fopen(output_file, "wb");
22      if (output == NULL) {
23          perror("无法创建输出文件");
24          fclose(input);
25          exit(EXIT_FAILURE);
26      }
27
28      //读取输入文件的内容,并对每个字符进行加/解密操作
29      while ((bytes_read = fread(buffer, 1, BUFFER_SIZE, input)) > 0) {
30          for (size_t i = 0; i < bytes_read; ++i) {
```

```c
31              buffer[i] = buffer[i] ^ offset;      //异或操作实现简单的加/解密
32          }
33          fwrite(buffer, 1, bytes_read, output);
34      }
35
36      //关闭文件
37      fclose(input);
38      fclose(output);
39  }
40
41  int main() {
42      char input_filename[MAX_FILENAME_LENGTH];
43      char output_filename[MAX_FILENAME_LENGTH];
44
45      //获取输入文件名和输出文件名
46      printf("请输入要加密/解密的文件名: ");
47      scanf("%s", input_filename);
48      printf("请输入输出文件名: ");
49      scanf("%s", output_filename);
50
51      //加密文件
52      encryptDecryptFile(input_filename, output_filename, ENCRYPTION_OFFSET);
53
54      printf("文件已加密/解密并保存为 '%s'。\n", output_filename);
55
56      return EXIT_SUCCESS;
57  }
```

在执行代码之前,准备一个文本文件 encrypt_test.txt,其内容为

```
Hello, world!
This is a test file.
```

现在开始执行程序,并按照以下操作进行输入。

```
请输入要加密/解密的文件名: encrypt_test.txt
请输入输出文件名: encrypt_after.txt
文件已加密/解密并保存为 'encrypt_after.txt'
```

程序运行结束后,源代码所在的目录下会得到一个名为 encrypt_after.txt 的文件,打开该文件会出现一堆乱码符号,诸如:

```
Kfool/#tlqog" Wkjp#jp#b#wfpw#ejof-
```

这说明 encrypt_test.txt 已经被加密了,这时如果再执行一遍程序,按照以下操作进行输入,即可将加密后的文件 encrypt_after.txt 还原。

```
请输入要加密/解密的文件名: encrypt_after.txt
请输入输出文件名: encrypt_before.txt
文件已加密/解密并保存为 'encrypt_before.txt'
```

再次查看 encrypt_before.txt 中的内容，会发现其内容已经还原回去了！

以上示例通过使用 fread() 函数和 fwrite() 函数，实现了文件内容的简易加密处理流程。该加密算法作为演示和学习比较简单，如果有对加密算法感兴趣的同学，可以进一步学习计算机密码学相关的知识，本书就不再扩展了。

9.10.2 结构体数据存取图片文件的复制

通过前面的学习已经知道，fread() 和 fwrite() 函数擅长对二进制文件的操作，而图片就是经典的二进制文件。那么如何通过 fread() 和 fwrite() 函数实现对一张图片的复制操作呢？通过下面的示例来学习图片的复制。

首先准备任意一张图片，这里准备的是一张猫咪的图片，如图 9-3 所示。

图 9-3　猫咪图片

下面是图片复制的实现代码。

【例 9.15】 使用 fread() 和 fwrite() 函数实现图片复制。

```
1   #include <stdio.h>
2   #include <stdlib.h>
3
4   #define BUFFER_SIZE 1024
5
6   int main() {
7       FILE * source_file, * destination_file;
8       unsigned char buffer[BUFFER_SIZE];
9       size_t bytes_read;
10
11      //打开源文件
12      source_file = fopen("cat.jpg", "rb");
13      if (source_file == NULL) {
14          perror("无法打开源文件");
15          return EXIT_FAILURE;
16      }
17
18      //创建目标文件
19      destination_file = fopen("output_image.jpg", "wb");
20      if (destination_file == NULL) {
21          perror("无法创建目标文件");
22          fclose(source_file);
```

```
23              return EXIT_FAILURE;
24          }
25
26          //从源文件读取数据并写入目标文件
27          while ((bytes_read = fread(buffer, 1, BUFFER_SIZE, source_file)) > 0) {
28              fwrite(buffer, 1, bytes_read, destination_file);
29          }
30
31          //关闭文件
32          fclose(source_file);
33          fclose(destination_file);
34
35          printf("图像文件复制成功!\n");
36
37          return EXIT_SUCCESS;
38      }
```

运行代码后,会得到一张名为 output_image.jpg 的图片,其内容和如图 9-3 所示图片一样。仔细阅读该代码发现其实现原理很简单,通过 fread() 函数读取 cat.jpg 文件中的二进制数据,然后再通过 fwrite() 函数将数据写入 output_image.jpg 文件中即可。

9.11 文件操作函数小结

本章系统性地探讨了 C 语言中文件操作的要点。首先,学习了文件流的基本概念,重点讲解了如何使用 fopen() 函数打开文件,并通过 fclose() 函数关闭文件流以确保资源的正确释放。这是文件操作的基础。

随后,详细介绍了文本文件的读写操作函数。针对文本文件,讨论了三种主要的读取函数 fgetc()、fgets() 和 fscanf()。这些函数分别允许逐字符读取、逐行读取以及按照指定格式读取文本文件中的数据。对于文件的写入操作,介绍了 fputc()、fputs() 和 fprintf() 函数,它们分别用于向文本文件中逐字符地写入数据、写入字符串和按照指定格式写入数据。通过以上方法进一步实现了文本文件的复制和单词数的统计功能。

另外,也深入探讨了二进制文件的读写操作。对于二进制文件,引入了 fread() 和 fwrite() 函数。这些函数允许以二进制方式读取和写入数据,极大地增强了对二进制文件的处理能力。通过综合运用 fread() 和 fwrite() 函数,不仅实现了对二进制文件的加密处理,还了解了加密算法的基本概念。最后,借助一个具体的图片文件复制案例,更深层次地实践并巩固了这两个函数的应用技巧,真正做到了理论与实践的融会贯通。

通过本章的学习,读者不仅可以掌握 C 语言中文件操作的核心概念,还能够熟练运用各种文件操作函数解决实际问题。

9.12 综合应用项目

9.12.1 日志文件信息工具

在实际工程项目中,程序员为了精确地识别与修复错误、进行性能监控与优化等,通常会使用日志管理工具。因为日志记录里包含程序执行过程中的详细信息,能够帮助程序员迅速定位并修复代码中的问题,确保程序稳定运行。而且通过分析日志中的数据,程序员能识别软件运行的效率瓶颈,从而进行针对性优化,提升用户体验。下面写一个简单的例子来模拟日志管理工具。

【例9.16】 简易的日志管理工具的实现。

```
1   #include <stdio.h>
2   #include <time.h>
3
4   //定义日志级别
5   typedef enum {
6       DEBUG,
7       INFO,
8       WARNING,
9       ERROR
10  } LogLevel;
11
12  //日志文件句柄
13  FILE * logFile = NULL;
14
15  //初始化日志文件
16  void initLog(const char * filename) {
17      logFile = fopen(filename, "a");
18      if (!logFile) {
19          perror("Failed to open log file");
20          //可以添加错误处理逻辑
21      }
22  }
23
24  //关闭日志文件
25  void closeLog() {
26      if (logFile) {
27          fclose(logFile);
28      }
29  }
30
31  //获取当前时间戳
32  char * getCurrentTime() {
33      time_t now;
34      time(&now);
35      struct tm * localTime = localtime(&now);
36      static char timeString[64];
37      strftime(timeString, sizeof(timeString), "%Y-%m-%d %H:%M:%S", localTime);
38      return timeString;
39  }
40
41  //打印日志
42  void logMessage(LogLevel level, const char * message) {
43      if (!logFile) {
```

```c
44          fprintf(stderr, "Log file not initialized\n");
45          return;
46      }
47
48      //根据日志级别选择不同的前缀
49      const char *levelString;
50      switch (level) {
51          case DEBUG:
52              levelString = "DEBUG";
53              break;
54          case INFO:
55              levelString = "INFO";
56              break;
57          case WARNING:
58              levelString = "WARNING";
59              break;
60          case ERROR:
61              levelString = "ERROR";
62              break;
63          default:
64              levelString = "UNKNOWN";
65      }
66
67      //写入日志
68      fprintf(logFile, "[%s] [%s] %s\n", getCurrentTime(), levelString, message);
69      fflush(logFile);                          //立即刷新缓冲区
70  }
71
72  int main() {
73      //初始化日志
74      initLog("logfile.txt");
75
76      //示例使用
77      logMessage(DEBUG, "This is a debug message");
78      logMessage(INFO, "This is an info message");
79      logMessage(WARNING, "This is a warning message");
80      logMessage(ERROR, "This is an error message");
81
82      //关闭日志
83      closeLog();
84
85      return 0;
86  }
```

执行代码后，会在代码文件所在目录下的 output 文件夹下生成一个 logfile.txt 日志文件，该日志文件的内容为

```
[2024-05-28 16:25:49] [DEBUG] This is a debug message
[2024-05-28 16:25:49] [INFO] This is an info message
```

```
[2024-05-28 16:25:49] [WARNING] This is a warning message
[2024-05-28 16:25:49] [ERROR] This is an error message
```

9.12.2 学生信息管理系统

前几章的案例都是从键盘输入数据,然后在屏幕上显示数据。然而从键盘输入的数据都是存储在计算机内存中的,不能永久保存。当程序结束后,内存中的数据就会全部丢失,这样每次运行程序时都要重新输入数据。有没有可长久保存数据的方法呢?这个方法就是使用文件操作,用文件保存键盘输入和屏幕输出的数据,将数据以文件的形式存放在光盘、磁盘等外存储器上,可达到重复使用、永久保存数据的目的。

与计算机内存存储数据不同的是,文件操作使用硬盘或 U 盘等永久性的外部存储设备来存储数据,这样保存的数据在程序结束时不会丢失。程序员不必关心这些复杂的存储设备是如何存取数据的,因为操作系统已经把这些复杂的存取方法抽象为文件(File)。文件是由文件名来识别的,因此只要指明文件名,就可读取或写入数据。只要文件不同名,就不会发生冲突。

在前面的学习中,已经掌握了文件的基本操作。接下来,将通过一个完整的包含文件持久化操作的学生信息管理系统综合案例,来学习和巩固本章关于文件操作的相关知识,学生信息管理系统的流程如图 9-4 所示。

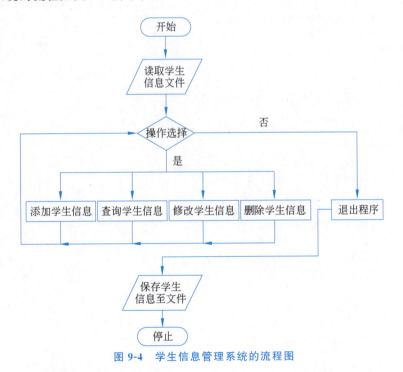

图 9-4 学生信息管理系统的流程图

【例 9.17】 学生信息管理系统。

```
1   #include <stdio.h>
2   #include <stdlib.h>
```

```c
3   #include <string.h>
4   
5   #define MAX_STUDENTS 100
6   #define MAX_NAME_LENGTH 50
7   #define FILENAME "students.txt"
8   
9   //定义学生结构体
10  typedef struct {
11      char name[MAX_NAME_LENGTH];
12      int id;
13      int age;
14      char gender;
15  } Student;
16  
17  //函数声明
18  void addStudent(Student students[], int * count);
19  void searchStudent(Student students[], int count);
20  void modifyStudent(Student students[], int count);
21  void deleteStudent(Student students[], int * count);
22  void saveToFile(Student students[], int count);
23  void loadFromFile(Student students[], int * count);
24  
25  int main() {
26      Student students[MAX_STUDENTS];
27      int count = 0;
28      char choice;
29  
30      //从文件中加载学生信息
31      loadFromFile(students, &count);
32  
33      //主循环
34      while (1) {
35          printf("\n学生信息管理系统\n");
36          printf("1.添加学生信息\n");
37          printf("2.查询学生信息\n");
38          printf("3.修改学生信息\n");
39          printf("4.删除学生信息\n");
40          printf("5.退出\n");
41          printf("请选择操作:");
42          scanf(" %c", &choice);
43  
44          switch (choice) {
45              case '1':
46                  addStudent(students, &count);
47                  break;
48              case '2':
49                  searchStudent(students, count);
50                  break;
51              case '3':
52                  modifyStudent(students, count);
```

```
53                break;
54            case '4':
55                deleteStudent(students, &count);
56                break;
57            case '5':
58                printf("正在保存学生信息并退出程序。\n");
59                saveToFile(students, count);      //退出程序前保存学生信息到文件
60                exit(0);
61            default:
62                printf("无效的选项,请重新选择。\n");
63        }
64    }
65
66    return 0;
67 }
68
69 //添加学生信息
70 void addStudent(Student students[], int * count) {
71     if ( * count >= MAX_STUDENTS) {
72         printf("已达到最大学生数量,无法添加。\n");
73         return;
74     }
75
76     printf("请输入学生姓名:");
77     scanf("%s", students[ * count].name);
78     printf("请输入学生学号:");
79     scanf("%d", &students[ * count].id);
80     printf("请输入学生年龄:");
81     scanf("%d", &students[ * count].age);
82     printf("请输入学生性别(M/F):");
83     scanf(" %c", &students[ * count].gender);
84
85     ( * count)++;
86     printf("学生信息添加成功。\n");
87 }
88
89 //查询学生信息
90 void searchStudent(Student students[], int count) {
91     int id;
92     char name[MAX_NAME_LENGTH];
93     printf("请选择查询方式:\n");
94     printf("1.根据学号查询\n");
95     printf("2.根据姓名查询\n");
96     printf("请选择:");
97     int choice;
98     scanf("%d", &choice);
99
100    switch (choice) {
101        case 1:
102            printf("请输入学生学号:");
```

```c
103             scanf("%d", &id);
104             for (int i = 0; i < count; i++) {
105                 if (students[i].id == id) {
106                     printf("姓名:%s\n学号:%d\n年龄:%d\n性别:%c\n",
107                     students[i].name, students[i].id, students[i].age, students[i].gender);
108                     return;
109                 }
110             }
111             printf("未找到该学生。\n");
112             break;
113         case 2:
114             printf("请输入学生姓名:");
115             scanf("%s", name);
116             for (int i = 0; i < count; i++) {
117                 //strcmp字符比较操作
118                 if (strcmp(students[i].name, name) == 0) {
119                     printf("姓名:%s\n学号:%d\n年龄:%d\n性别:%c\n",
    students[i].name, students[i].id, students[i].age, students[i].gender);
120                     return;
121                 }
122             }
123             printf("未找到该学生。\n");
124             break;
125         default:
126             printf("无效的选项。\n");
127     }
128 }
129
130 //修改学生信息
131 void modifyStudent(Student students[], int count) {
132     int id;
133     printf("请输入要修改的学生学号:");
134     scanf("%d", &id);
135     for (int i = 0; i < count; i++) {
136         if (students[i].id == id) {
137             printf("请输入新的学生姓名:");
138             scanf("%s", students[i].name);
139             printf("请输入新的学生学号:");
140             scanf("%d", &students[i].id);
141             printf("请输入新的学生年龄:");
142             scanf("%d", &students[i].age);
143             printf("请输入新的学生性别(M/F):");
144             scanf(" %c", &students[i].gender);
145             printf("学生信息修改成功。\n");
146             return;
147         }
148     }
149     printf("未找到该学生。\n");
150 }
```

```
151
152    //删除学生信息
153    void deleteStudent(Student students[], int * count) {
154        int id;
155        printf("请输入要删除的学生学号:");
156        scanf("%d", &id);
157        for (int i = 0; i < * count; i++) {
158            if (students[i].id == id) {
159                for (int j = i; j < * count - 1; j++) {
160                    students[j] = students[j + 1];
161                }
162                ( * count)--;
163                printf("学生信息删除成功。\n");
164                return;
165            }
166        }
167        printf("未找到该学生。\n");
168    }
169
170    //从文件中保存学生信息
171    void saveToFile(Student students[], int count) {
172        //文件操作:创建文件变量与打开文件
173        FILE * file = fopen(FILENAME, "w");
174        if (file == NULL) {
175            printf("无法打开文件 %s 进行写入。\n", FILENAME);
176            return;
177        }
178
179        for (int i = 0; i < count; i++) {
180            //文件操作 fprintf():将格式化的数据写入文件中
181            fprintf(file, "%s %d %d %c\n", students[i].name, students[i].id,
    students[i].age, students[i].gender);
182        }
183
184        //文件操作 fclose():关闭文件
185        fclose(file);
186        printf("学生信息已成功保存到文件 %s 中。\n", FILENAME);
187    }
188
189    //从文件中加载学生信息
190    void loadFromFile(Student students[], int * count) {
191        FILE * file = fopen(FILENAME, "r");
192        if (file == NULL) {
193            printf("无法打开文件 %s 进行读取,将从头开始。\n", FILENAME);
194            return;
195        }
196
197        //文件操作 fscanf():从文件中读取格式化的数据
198        while ((* count) < MAX_STUDENTS && fscanf(file, "%s %d %d %c",
199            students[* count].name, &students[* count].id,
```

```
200                &students[*count].age, &students[*count].gender) != EOF) {
201                (*count)++;
202            }
203
204            fclose(file);
205            printf("成功从文件 %s 中加载了 %d 条学生信息。\n", FILENAME, *count);
206        }
```

程序运行结果如下。

成功从文件 students.txt 中加载了 0 条学生信息。

***************【学生信息管理系统】***************
1. 添加学生信息
2. 查询学生信息
3. 修改学生信息
4. 删除学生信息
5. 退出

9.13 本章小结

　　本章深入探讨了 C 语言中的文件操作，涵盖了文件的基本概念、打开与关闭、读写操作、定位以及错误处理等关键知识点。本章首先强调了文件在信息存储和交换中的核心作用，同时指出了隐私保护的重要性，并呼吁程序员在设计和编程时尊重用户隐私，遵循法律法规，运用密码技术保护信息安全。

　　接着，本章介绍了文件的类型，包括文本文件和二进制文件，解释了它们的特点、存储结构和访问方式。文本文件以字符序列形式存储，易于人类阅读；而二进制文件以字节流形式存储，适合机器处理。此外，还讨论了文件的存储结构，强调了 C 语言将文件视为字节序列的集合，并由文件系统管理其存储。

　　在文件操作函数方面，本章详细介绍了 fopen()、fclose()、fgetc()、fgets()、fscanf()、fputc()、fputs()、fprintf()、fread() 和 fwrite() 等函数的使用方法和应用场景。通过实例代码，展示了如何打开和关闭文件、读取和写入文本文件，以及执行格式化读写操作。

　　本章还介绍了文件指针的概念和作用，以及如何通过文件指针进行文件定位和错误处理。fseek() 函数用于文件内的位置定位，而 feof() 和 ferror() 函数则用于检测文件结束和错误情况。

　　此外，本章通过丰富的实例，如文件复制、文本文件统计、二进制文件加/解密和图片文件复制等，展示了文件操作在实际编程中的应用。这些案例不仅加深了对文件操作函数的理解，也提高了解决实际问题的能力。

　　最后，本章通过日志文件信息工具和学生信息管理系统两个综合应用项目，进一步演示了文件操作在实际工程项目中的应用。这些项目展示了如何使用文件持久化存储数据，以及如何通过文件操作进行数据管理和系统维护。

9.14 课后习题

9.14.1 单选题

1. 假设已经定义了文件指针 FILE * fp,并指向了 temp.txt 文件,即:

```
FILE * fp = fopen("temp.txt", "w");
```

下列可以实现将"China"这一字符串写入 temp.txt 文件的语句是(   )。
   A. fscanf(fp, "%s", "China");　　　　B. fprintf(fp, "%s", "China");
   C. fscanf("%s", "China", fp);　　　　D. fprintf("%s", "China", fp);

2. 有以下程序

```c
#include <stdio.h>
main()
{
    FILE * fp;
        char str[10];
    fp=fopen("myfile.dat","w");
    fputs("abc",fp);
    fclose(fp);
    fp=fopen("myfile.dat","a+");
    fprintf(fp,"%d",28);
    rewind(fp);
    fscanf(fp,"%s",str);
    puts(str);
    fclose(fp);
}
```

程序运行后在文件中的输出结果是(   )。
   A. abc　　　　　　　　　　　　　　　B. 28c
   C. abc28　　　　　　　　　　　　　　D. 因类型不一致而出错

3. 函数 fgetc()的作用是从指定文件读入一个字符,该文件的打开方式可以是(   )。
   A. 只写　　　　　　　　　　　　　　B. 追加
   C. 读或读写　　　　　　　　　　　　D. 选项 B 和 C 都正确

4. 直接使文件指针重新定位到文件读写的首地址的函数是(   )。
   A. ftell()函数　　B. fseek()函数　　C. rewind()函数　　D. ferror()函数

5. 从 fp 所指向的文件中读取两个整数并分别赋给两个整型变量 a 和 b,正确的形式是(   )。
   A. fscanf("%d%d", &a, &b, fp);　　　　B. fscanf(fp, "%d%d", &a, &b);
   C. fscanf("%d%d", a, b, fp);　　　　　D. fscanf(fp, "%d%d", a, b);

6. 在 C 语言中,系统自动定义了三个文件指针:标准输入设备文件指针 stdin,默认为键盘;标准输出设备文件指针 stdout,默认为显示器;标准错误输出设备文件指针 stderr,默认为显示器。则函数 fputc(ch, stdout)的功能是( )。

  A. 从键盘输入一个字符给字符变量 ch

  B. 在屏幕上输出字符变量 ch 的值

  C. 将字符变量的值写入文件 stdout 中

  D. 将字符变量 ch 的值赋给 stdout

7. 如果将文件型指针 fp 指向的文件内部指针置于文件尾,正确的语句是( )。

  A. feof(fp);   B. rewind(fp);   C. fseek(fp,0L,0);   D. fseek(fp,0L,2);

8. 若一个文件指针变量 fp 所指向的文本文件有 1000 个字符,当前文件位置指针指向第 300 个字符,那么执行 fseek(fp,-100L,SEEK_CUR);以后,文件位置指针指向第( )个字符。

  A. 100   B. 200   C. 400   D. 900

9. 函数调用"fputs(p1,p2);"的功能是( )。

  A. 从 p1 指向的文件中读一个字符串,存入 p2 指向的内存

  B. 从 p2 指向的文件中读一个字符串,存入 p1 指向的内存

  C. 从 p1 指向的内存中读一个字符串,写到 p2 指向的文件中

  D. 从 p2 指向的内存中读一个字符串,写到 p1 指向的文件中

10. 按数据的组织形式划分,文件可以分为( )。

  A. 记录文件和流式文件   B. 普通文件和设备文件

  C. 文本文件和二进制文件   D. 程序文件和数据文件

9.14.2 程序填空题

1. 编写一个 C 语言程序,读取一个文本文件,统计并输出文件的行数、单词数和字符数(不包括空格和换行符)。

```
#include <stdio.h>
#include <ctype.h>
int main() {
    FILE *file;
    char filename[100];
    int lines = 0, words = 0, characters = 0, current_char;
    char prev_char = ' ';
    printf("Enter the file name: ");
    scanf("%s", filename);

    file = _____;
    if (file == NULL) {
        printf("Error opening file.\n");
        return 1;
    }
    while ((_____) != EOF) {
        if (prev_char == '\n' && current_char != '\n') _____;
        if (isalpha(current_char) {
            if (!isalpha(prev_char) words++;
```

```
            _____;
        } else if (!isspace(current_char)) characters++;
        _____;
    }
    fclose(file);
    printf("Lines: %d\nWords: %d\nCharacters (excluding spaces and newlines): %d\n", lines, words, characters);
    return 0;
}
```

2. 读取一个文本文件的所有内容,并复制到另一个新文件中。要求使用二进制方式读写。

```
#include <stdio.h>
int main() {
    FILE *source, *destination;
    char ch;
    source = _____;                    //原文件名及路径
    if (source == NULL) {
        printf("Error opening source file");
        return 1;
    }
    destination = _____;               //目的地文件及路径
    if (destination == NULL) {
        fclose(source);
        printf("Error opening destination file");
        return 1;
    }
    while ((ch = _____) != EOF)
        _____;
    fclose(source);
    fclose(destination);
    printf("File copied successfully.");
    return 0;
}
```

3. 编写一个程序,读取一个文本文件,查找并替换指定的字符串为另一个字符串,然后输出到新的文件。

```
#include <stdio.h>
#include <string.h>
#include <stdlib.h>
#define MAX_LINE_LENGTH 1028  //每行最大长度
#define BUFFER_SIZE 100000    //缓冲区大小
void replaceString(char *line, const char *search, const char *replace, char *output) {
    char *temp = strstr(line, search);
    while (temp) {
        strncpy(temp, replace, strlen(replace), temp);
```

```
            temp += _____;         /*计算 replace 字符串长度*/
            temp = _____;          /*在 temp 字符串中查找 search 字符串首次出现的位置*/
        }
        _____;
    }
    int main() {
        char inputFilename[100], outputFilename[100], searchStr[100], replaceStr[100], line[MAX_LINE_LENGTH];
        FILE *inputFile, *outputFile;
        printf("Enter input file name: ");
        scanf("%s", inputFilename);
        printf("Enter output file name: ");
        scanf("%s", outputFilename);
        printf("Enter string to search: ");
        scanf("%s", searchStr);
        printf("Enter replacement string: ");
        scanf("%s", replaceStr);
        inputFile = fopen(inputFilename, "r");
        if (inputFile == NULL) {
            printf("Error opening input file.\n");
            return 1;
        }
        outputFile = fopen(outputFilename, "w");
        if (outputFile == NULL) {
            fclose(inputFile);
            printf("Error creating output file.\n");
            return 1;
        }
        while (fgets(line, MAX_LINE_LENGTH, inputFile)) {
            replaceString(_____);
            fputs(_____);
        }
        fclose(inputFile);
        fclose(outputFile);
        printf("Replacement complete.\n");
        return 0;
    }
```

9.14.3 编程题

1. 编写程序,现有一个已知存在的文件 myfile,要求读出其内容,第一次使它显示在屏幕上,第二次要把它复制到另一个文件 yourfile 中。

2. 编写程序实现组合文件 myfile 和文件 yourfile 中的内容,将其写入新的文件 ourfile 中并输出。

3. 编程设计一个程序,读取一个日志文件(假设是文本格式),统计并输出每种错误类型的出现次数。例如,统计不同错误代码或警告的数量。

4. 编写一个程序,读取一个包含数字的文本文件(每行一个数字),将这些数字排序后写入新文件。可选择使用任何排序算法，如快速排序、归并归排序等，但需要考虑大文件处理的效率。

5. 编写一个简单的文件加密和解密程序。加密时，将一个文本文件中每个字符的 ASCII 码值增加固定数值后写入新文件；解密时，读取回文件内容，将每个字符的 ASCII 码减去同样数值还原原文。

第 10 章

预 处 理

本章学习目标

- 了解什么是预处理以及它的作用。
- 掌握预定义宏和头文件。
- 了解♯include 指令的作用。
- 了解♯define 指令的用法。
- 掌握条件预处理的使用。
- 了解宏定义和宏函数的定义及使用。

10.1 推动创新与变革的驱动力

在学习编程语言的时候，会接触到"预处理"这一概念。所谓预编译，就是在正式编译之前，对代码进行预处理。举个简单的例子，如果编程时需要包含其他文件，可以使用"包含文件"的预处理指令，这样编译器在正式编译之前会先把其他文件内容加入当前文件。这种预先处理可以大大提高后期编程的效率。

在中国经济社会发展进程中，预先布局也引领了一场重大的变革。党和国家在高科技领域进行了前瞻性战略布局，推动我国由跟跑为并跑，实现关键核心技术自主创新，推动新一轮科技革命和产业变革，引领经济社会发展走在时代前列。

例如，国家布局集成电路、人工智能、量子计算、生物医药、新材料等前沿技术领域。在集成电路行业，明确实现自主可控的发展战略，加大科研和产业投入力度，快速推进芯片技术自主创新，引领我国电子信息产业完成从跟跑到并跑的历史性突破。在人工智能领域，进一步加强创新布局，组建高水平国家创新团队，突破关键核心技术，加快推动人工智能理论成果向产业化应用，为我国在新一轮人工智能浪潮中抢占先机。

这种科技预先布局体现了我国科技工作者的战略眼光和引领变革的决心，也凸显了党和国家推动科技创新的战略定力。与被动跟随不同，预先布局是从主动出发引领科技创新的成功之道。它需要审时度势，洞察科技发展趋势；也需要聚焦国家重大需求，进行问题导向和目标导向的布局；更需要持之以恒，才能在激烈国际竞争中取得优势。

可以看出，科技预先布局是推动变革和创新的重要途径，它体现战略眼光，凝聚改革力量，以先行引领经济社会发展。同时，预先布局也需要我们积极作为、敢于创新、勇于变革，才能发挥最大效用。

在学习编程知识时，也要具有变革思维，不断推进编程语言和方法的创新，以适应时代发展。同时，也要着眼未来，进行战略布局，以引领变革。只有不断推进科技创新，才能在新时代走在时代前列。让我们在各自的岗位上，为国家科技进步做出应有贡献！

10.2 案例引入：通用日志库

在程序运行的过程中，记录日志是一项非常重要的工作。日志可以帮助我们了解程序的运行状态、分析问题等。但直接在代码中插入打印日志语句会造成代码混乱，并且不利于日志管理。因此，需要一个通用的日志库来解决这个问题。

通用日志库具体要实现以下功能。

（1）提供日志级别宏定义，包括 emergency、alert、critical、error 等。

（2）实现日志输出宏 LOG，格式为 LOG(级别，格式字符串)，支持格式化输出日志。

（3）支持设置日志级别阈值，低于该级别的日志不输出。

（4）实现获取日志级别字符串函数 get_level_str。

10.3 宏定义

在 C 语言编程过程中，经常需要使用 #define 预处理指令来定义符号常量，这在本质上是定义一个可以替换的宏。所谓宏，是指用一个标识符代表某个字符串内容，这个标识符就是"宏名"。在预编译阶段，编译器会自动将代码中出现的所有宏名，替换为其代表的字符串，完成符号替换。这一过程也称为宏替换或宏展开。举个简单的例子，#define PI 3.14，这里，#define 指令将 PI 定义为一个宏，代表字符串 3.14。在代码中写 PI 时，预编译器会自动把 PI 替换成 3.14，使代码更简洁。通过 #define 指令定义宏，可以使代码更加简单规范，减少字符串的重复定义。合理利用预编译的宏定义，是 C 语言编程中一个非常实用的技巧。

宏定义属于 C 语言的预处理功能，是通过预处理指令 #define 实现的。预处理器会自动完成宏定义中的符号字符串替换，这就是宏替换的过程。根据参数不同，宏定义可以分为两大类：第一类是不带参数的宏定义，直接将标识符定义为字符串常量。在这种情况下，代码中写该标识符时会被直接替换为对应的字符串。第二类是带参数的宏定义，它将宏名定义为一个函数式的格式，可以接收参数。在代码中调用该宏时需要传入参数，预处理器会将参数插入定义的字符串中完成替换。下面将依次讨论这两种宏定义的具体语法和使用方法，并通过示例进一步阐明其在程序中的定义和调用方式。

10.3.1 不带参数的宏定义

C 语言中可以使用预处理指令 #define 来进行宏定义，其作用是给一个字符串起一个别名。#define 后定义一个标识符，然后跟上要替换的字符串。这样就建立起了标识符和字符串之间的映射关系。在代码中使用这个标识符时，预处理器会自动替换为对应的字符串，完成符号替换。不带参数的宏定义中，宏名后面不包含括号和参数，其语法格式通常如下。

```
#define 宏名 字符串
```

其中,"#"表示这是一条预处理命令,凡是以"#"开头的均为预处理命令;"#define"为宏定义命令;宏名必须是一个标识符,必须符合 C 语言标识符的规定;"字符串"可以是常数、表达式、格式字符串等。例如:

```
#define TAX_RATE 0.17
```

这条语句的作用是在该程序中用 TAX_RATE 替换 0.17,在编译预处理时,每当在源程序中遇到 TAX_RATE 就自动用 0.17 来代替。

使用宏定义的优点是在需要改变一个变量时,只需要改变 #define 命令行,整个程序的常量都会改变,大大提高了程序的灵活性。

【例 10.1】 编写程序,计算税费,使用宏定义。

```
1   #include <stdio.h>
2   #define TAX_RATE 0.17                  /* 定义不带参数的宏 */
3   int main()
4   {
5       float income;
6       printf("请输入你的收入金额:");      /* 用户输入收入 */
7       scanf("%f", &income);
8       double tax = income * TAX_RATE;    /* 计算税费 */
9   #undef TAX_RATE
10      printf("您需要支付的税费是: %f\n", tax);
11      return 0;
12  }
```

程序运行结果如下。

```
请输入你的收入金额:10000
您需要支付的税费是: 1700.000000
```

案例分析

程序使用了宏定义 TAX_RATE,main()函数中通过键盘输入收入,然后计算出税费,得出税费后,程序还使用了 #undef 终止 TAX_RATE 的作用域。

另外,在使用宏定义时,应注意以下几点。

(1) 宏定义中,宏名应当简洁且富有意义,能够反映它代表的含义,宏名中的字母通常使用全大写的形式。这是一种编程习惯,以便一眼识别它是一个宏,并与其他变量名进行区分。

(2) 宏定义是用宏名来表示一个字符串,在宏展开时又以该字符串取代宏名,这只是一种简单的替换,字符串中可以含任何字符,可以是常数,也可以是表达式,预处理程序对它不做任何语法检查,如有错误,只能在编译时发现。

(3) 宏定义不是说明语句,在行末不需要加分号,如加上分号则连分号也一起替换。

(4) 宏名定义后,也可成为其他宏名定义的一部分。例如,下面的代码定义税率 TAX_RATE、收入 INCOME、应交税费 TAX。

```
#define TAX_RATE 0.17
#define INCOME 10000
#define TAX INCOME * TAX_RATE
```

(5) 宏名在源程序中若用引号括起来,则预处理程序不对其做宏替换。例如:

```
#define TEST "Hello World!"
printf("This is TEST")                    /* 这里 TEST 不会做宏替换 */
```

(6) 宏定义必须写在函数之外,其作用域为宏定义命令起到源程序结束,如要终止其作用域可使用♯undef命令。例如:

```
#define TAX_RATE 0.17
int main()
{
...
}
#undef TAX_RATE                           /* TAX_RATE 在此之后失效 */
fun()
{
...
}
```

10.3.2 带参数的宏定义

C 语言支持定义带参数的宏,这使宏定义更加灵活可用。在宏定义中,参数被称为形式参数,它作为一个占位符出现在定义的宏字符串中。而在调用宏时传入的参数则为实际参数。对于这种带参数宏,预处理器在展开时会先用实参替换形式参数,然后再进行字符串替换。

带参数的宏定义的一般形式为

```
#define 宏名(形参表) 字符串
```

在字符串中含有各个形参。
带参数的宏调用的一般形式为

```
宏名(实参表);
```

例如,可以定义带参数宏:

```
#define MULTIPLY(x, y) ((x) * (y))
```

在调用时:

```
int z = MULTIPLY(2, 3);
```

预处理器首先会用 2 替换 x,用 3 替换 y,然后展开为

```
int z = ((2) * (3));
```

带参数宏定义可以看作用宏替换来实现函数功能,这与直接用函数调用相比,具有运行效率更高的优点,因为避免了函数调用的额外开销。但是,带参数宏也存在一定代价:由于宏展开会进行文本替换,重复的代码会导致源程序整体代码量的增加。

【例 10.2】 编写程序,输入两个整数,找出最小值,使用带参数的宏定义。

```
1   #include <stdio.h>
2   #define MIN(a, b) ((a) < (b) ?(a) : (b))     /*定义最小值宏*/
3   int main()
4   {
5       int num1, num2;
6       printf("请输入第一个整数:");
7       scanf("%d", &num1);
8       printf("请输入第二个整数:");
9       scanf("%d", &num2);
10      int min = MIN(num1, num2);                /*调用 MIN 宏求最小值*/
11      printf("最小值是:%d", min);
12      return 0;
13  }
```

程序运行结果如下。

```
请输入第一个整数:100
请输入第二个整数:50
最小值是:50
```

案例分析

程序中定义了一个宏 MIN,它带有两个形参 a 和 b。在宏定义的字符串中,使用条件运算符返回 a 和 b 中较大的数。main()函数中输入两个整数 num1 和 num2,调用宏 MIN,传入实参分别为 num1 和 num2。并将宏调用的值赋给 min,最后输出 min 的值。

另外,在使用带参数的宏定义时,应注意以下几点。

(1) 带参数的宏定义中,宏名和形参表之间不能有空格出现。例如:

```
#define MIN(a, b) (a <b)?a:b
```

若写成:

```
#define MIN   (a,b) (a<b)?a:b
```

将被认为是无参数的宏定义,宏名 MAX 代表字符串"(a,b) (a<b)? a: b",所以宏展开时如下。

宏调用语句:

```
min=MIN(x,y);
```

将会变成：

```
min = (a,b) (a<b)?a:b(x,y);
```

这显然是错误的。

（2）在宏定义中的形参是标识符，而宏调用中的实参可以是表达式。这时，字符串中的形参要加上括号，若形参不加括号，那么宏定义有可能结果是错误的。例如：

```
#define FUN(a,b) 2*a+b
```

宏调用如下。

```
k = FUN(1+2,3+4);
```

那么宏替换的结果如下。

```
k=2*1+2+3+4;                                         /*结果为11*/
```

本例宏定义的本意是：

```
k=2*(1+2)+(3+4);                                     /*结果为13*/
```

替换后并没有将 1+2 作为一个整体，导致结果是错误的，所以为了避免出现上述情况，在进行宏定义时，字符串中的形参最好是加上括号，如下所示。

```
#define FUN(a,b) 2*(a)+(b)
```

（3）在带参数的宏定义中，形式参数只是一个符号占位符，不关联任何内存。因此定义时无须指定参数类型。而在调用宏时传入的实际参数必须有明确的类型和值。因为预处理过程会直接将实参数替换到宏定义中的形式参数位置。这不同于函数参数的处理方式。对函数来说，形式参数和实际参数在不同作用域，调用时需要将实参值赋给形式参，进行"值传递"。但是对宏来说，没有值传递这一概念，仅仅是文本替换过程。形式参数会被实参文本直接替换，不涉及值的拷贝。综上，宏定义中的形式参数不需要类型，但调用时实参必须有明确类型，这与函数的参数处理存在本质差异。宏定义只进行简单的符号替换。

10.4 #include 指令

#include 是 C 语言中一个重要的预处理指令，它实现了文件包含的功能。通过 #include，程序员可以将一个独立的源代码文件全部包含到当前源文件中，实现代码的复用和模块化。#include 指令的语法格式通常如下。

```
#include "filename"
```

或

```
#include <filename>
```

其中,filename是欲包含的文件名。引号和尖括号包含的文件路径稍有不同。这样,预编译器会把filename文件中的所有内容插入该#include指令处,实现代码的包含。

文件包含是C语言预处理过程的关键步骤之一。使用#include指令可以提高代码的复用性,也使程序模块化,便于管理。

【例10.3】 编写程序,使用文件包含指令改写例10.2。

```
    /*file1.h*/
1   #define N 100
2   #define MIN(a, b) ((a) < (b) ?(a) : (b))
    /*10_3.c*/
1   #include <stdio.h>
2   #include "file1.h"                    /*包含file1.h*/
3   int main()
4   {
5       int num1, num2;
6       num1 = N;
7       printf("请输入第二个整数:");
8       scanf("%d", &num2);
9       int min = MIN(num1, num2);        /*调用MIN宏求最小值*/
10      printf("最小值是:%d", min);
11      return 0;
12  }
```

程序运行结果如下。

请输入第二个整数:50
最小值是:50

案例分析

程序中包含两个文件:file1.h称为头文件,10_3.c称为源文件。头文件一般以.h作为文件后缀名,一般情况下放在头文件中的内容有宏定义、结构体、共用体和枚举类型的声明、外部函数的声明、全局变量的声明等。本例中将两个宏义N和MIN(a,b)放在file1.h中,其中,N是无参数的宏定义,MIN是有参数的宏定义,文件10_3.c中定义了main()函数,main()函数定义三个整型变量num1、num2、min,其中,num1使用宏定义N赋值,所以num1的值为100;num2通过输入赋值,本例中num2的值为50,min使用宏定义MIN赋值,传给MIN的参数为num1和num2,所以min的值为num1、num2中的较小值,即min的值为50,最后输出最小值。

另外,在使用带参数的宏定义时,应注意以下几点。

(1)包含命令中的文件名可以用双引号括起来,也可以用尖括号括起来。例如:

```
#include "stdio.h"
#include <stdio.h>
```

对于尖括号的格式，编译器会首先在标准 C 库头文件目录中搜索所包含的文件。这通常用于包含 C 语言自带的库头文件。对于双引号的格式，编译器会先在当前用户工作目录中搜索所包含的文件，如果未找到再到标准目录中查找。这常用于包含用户自定义的头文件。简单来说，尖括号格式直接搜索系统目录，双引号格式先查找用户目录。这两种格式在使用上的区别是：如果需要包含 C 语言标准库中的头文件，推荐使用尖括号格式，可以快速定位系统目录中的库文件，提高效率；如果要包含用户自己编写的头文件，则使用双引号格式更灵活，可以包含用户工作目录中的文件。

（2）一条♯include 指令只能指定一个被包含的文件，若有多个文件需要包含，则要使用多条♯include 指令。

（3）文件包含允许嵌套，即在一个被包含的文件中又可以包含另一个文件。

10.5 条件编译

C 语言的预处理阶段支持条件编译功能，它可以让编译器有选择地编译源代码的某些部分。通常情况下，源文件中的所有代码行都会参与编译。但在某些情况下，我们只希望在满足一定条件时才编译部分代码。为实现这一功能，可以使用条件预处理指令，根据不同的编译条件选择性地编译源代码。这样，编译器可以根据预定义的标志或平台参数等条件，仅编译程序源代码的相关部分，从而生成不同的目标文件。条件编译对于实现程序的可移植性和调试功能非常有用。根据平台或需求的变化，可以通过条件编译获得不同的程序版本。掌握条件编译的方法，可以让 C 语言程序更加灵活和可扩展，满足不同环境的需求。

10.5.1 ♯if 命令

♯if 命令的一般形式如下。

```
#if 常数表达式
    语句段 1;
#else
    语句段 2;
#endif
```

♯if 的基本含义是：如果♯if 命令后的参数表达式为真，则编译♯if 到♯else 之间的语句段 1，否则跳过语句段 1，编译语句段 2。♯endif 命令用来表示♯if 段的结束。

【例 10.4】 编写程序，使用♯if…♯else…♯endif 来控制程序的编译。

```
1   #include <stdio.h>
2   #define DEBUG 0
3   int main()
4   {
5   #if DEBUG
6       printf("In debug mode\n");
7   #else
8       printf("In release mode\n");
9   #endif
```

```
10      printf("Program ends!\n");
11      return 0;
12  }
```

程序运行结果如下。

```
In release mode
Program ends!
```

案例分析

程序定义了宏 DEBUG，通过♯if…♯else…♯endif 来控制编译：若 DEBUE 为真，则输出"In debug mode"，否则输出"In release mode"，最后输出"Program ends!"。

当然，在♯if 命令中，还可以使用♯elif 指令来建立一种"如果是…或者如果是…"这样多重编译操作选择，这与分支 if 语句中的 else if 类似。具体形式如下。

```
#if 表达式 1
    语句段 1;
#elif 表达式 2
    语句段 2;
    …
#elif 表达式 n
    语句段 n;
#endif
```

10.5.2 ♯ifdef 及 ifndef 命令

在条件编译时，有时需要判断一个符号常量是否被定义，而不需要关心其具体的值。这时可以使用♯ifdef 和♯ifndef 这两个预处理指令。

♯ifdef 用于判断一个符号常量是否已经定义。其后跟上要检查的符号名。如果该符号存在定义，则编译随后的代码块。

♯ifdef 命令的一般形式如下。

```
#ifdef 宏名
    语句段 1;
#else
    语句段 2;
#endif
```

其含义是：如果宏名已经被定义过，则对"语句段 1"进行编译，如果未定义，则对"语句段 2"进行编译。本格式中♯else 可以没有，即可以写成如下形式。

```
#ifdef 宏名
    语句段;
#endif
```

♯ifndef 则与之相反，用于判断一个符号是否未定义。如果符号不存在定义，则编译随后代码。

#ifndef 命令的一般形式如下。

```
#ifndef 宏名
    语句段 1;
#else
    语句段 2;
#endif
```

【例 10.5】 编写程序，使用#ifdef 和#ifndef 进行条件编译。

```
1   #include <stdio.h>
2   #define DEBUG
3   int main()
4   {
5   #ifdef DEBUG
6       printf("This is debug mode\n");
7   #else
8       printf("Not in debug mode\n");
9   #endif
10  #ifndef RELEASE
11      printf("Not in release mode\n");
12  #else
13      printf("In release mode\n");
14  #endif
15      return 0;
16  }
```

程序运行结果如下。

```
This is debug mode
Not in release mode
```

案例分析

程序首先定义了宏 DEBUG，main()函数中通过#ifdef 判断是否定义 DEBUG，若定义了则输出"This is debug mode"，否则输出"Not in debug mode"；通过#ifndef 判断是否定义 RELEASE，若定义了则输出"In release mode"，否则输出"Not in release mode"。

10.5.3 #undef 命令

在 C 语言预处理中，可以使用#undef 指令来取消一个宏的定义。#undef 指令后跟上要取消定义的宏名。执行#undef 后，之前通过#define 定义的该宏将失效，不再可用。

#undef 命令的一般形式如下。

```
#undef 标识符
```

例如，假设前面代码中定义了：

```
#define MAX 100
```

如果此时使用:

```
#undef MAX
```

那么 MAX 这个宏名将被取消定义,不再代表 100 这个值。

♯undef 提供了一个可以反定义宏的途径。当需要在不同代码段中使用不同的宏值时,可以通过♯undef 取消定义,然后重新♯define 来改变宏。

10.5.4　♯line 命令

在 C 语言的 ANSI 标准中,预定义了一些宏,用于表示特定信息,例如:

```
__LINE__    表示当前代码行号
__FILE__    表示当前文件名
```

♯line 命令可以修改这些预定义宏的值,从而改变编译器所使用的行号和文件名信息。通过♯line,可以将__LINE__的值改为指定的行号,将__FILE__的值改为指定的文件名。这样,编译器在编译错误时显示的信息将使用♯line 命令中指定的行号和文件名,而不是原有的行号文件名信息。

♯line 命令的一般形式如下。

```
#line 行号 ["文件名"]                              /* []表示文件名可选 */
```

其中,行号为任一正整数,可选的文件名为任意有效文件标识符。行号为源程序中当前行号,文件名为源文件的名字。♯line 命令主要用于调试及其他特殊应用。

【例 10.6】 编写程序,输入行号和文件名。

```
1    #line 100 "test.c"
2    #include <stdio.h>
3    int main()
4    {
5        printf("当前行号:%d\n", __LINE__);
6        printf("当前文件名:%s\n", __FILE__);
7        return 0;
8    }
```

程序运行结果如下。

```
当前行号:103
当前文件名:test.c
```

案例分析

程序首先使用♯line 设定第 1 行为 100 行,当前源文件名为"test.c",main()函数中使用 printf()函数输出当前行号和文件名,从♯line 定义时算起,第一个 printf()函数输出行号 103,第二个 printf()函数输出文件名为"test.c",可见,♯line 修改了行号和文件名。

10.5.5　♯pragma 命令

1. ♯pragma

♯pragma 命令是一种用于控制编译器行为的预处理指令。它是针对特定编译器的,通常不具有跨平台性。在 C、C++ 以及一些其他编程语言中,可以使用♯pragma 命令来向编译器发出一些特定的指令,以控制编译过程、优化选项,或者进行一些特定的编译器设置。

♯pragma 命令在代码中以"♯"字符开头,其后跟着一个预定义的关键字,然后是相应的参数。不同编译器支持不同的♯pragma 命令,并且可能有不同的行为。以下是一些常见的♯pragma 命令及其用途。

(1) ♯pragma once:这个命令用于避免头文件被多次包含。它告诉编译器只包含一次这个头文件,防止因为多重包含导致的重定义错误。

(2) ♯pragma message("message"):这个命令让编译器在编译时输出一条指定的信息。这在调试和提示开发者的时候很有用。

(3) ♯pragma warning:在 C 和 C++ 中,这个命令用于控制编译器警告的行为。可以用来关闭或者开启特定警告,或者设置警告级别。

(4) ♯pragma error("error message"):这个命令用于在编译时产生一个指定的错误信息。通常用于强制一些条件的满足或者强制某些代码不可用。

(5) ♯pragma pack(n):用于设置结构体的对齐方式。n 指定了对齐字节数,可以是 1、2、4、8 等值。

(6) ♯pragma region 和 ♯pragma endregion:在一些集成开发环境(IDE)中,这对命令用于定义代码块的折叠区域。可以通过这对命令将代码按功能或者作用进行折叠,便于代码的阅读和管理。

2. 预定义宏名

预定义宏是在编译器中预先定义的宏,它们提供了关于编译环境、操作系统、编译器版本等信息,可以在代码中使用。预定义宏名在不同的编译器和平台上可能会有所不同,但一些常见的预定义宏在许多编译器和平台上都是通用的。以下是一些常见的预定义宏名。

(1) __LINE__:其含义是当前被编译代码的行号。

(2) __FILE__:其含义是当前源程序的文件名称。

(3) __DATE__:其含义是当前源程序的创建日期。

(4) __TIME__:其含义是当前源程序的创建时间。

(5) __STDC__:其含义是用来判断当前编译器是否为标准 C,若其值是 1,则表示符合标准 C,否则不是标准 C。

10.6　案例实现:通用日志库

以下代码就是对 10.2 节中案例引入的通用日志库的一个具体实现。通过头文件 logger.h 和源文件 logger.c 与 main.c 的模块化设计,实现了 10.2 节中提到的日志库的功能需求。

【例10.7】 通用日志库完整代码。

```c
/* logger.h */
#pragma once                              /* 使用#pragma once指令避免头文件重复包含 */
#include <stdio.h>

#ifndef __LOGGER_H__                      /* 条件编译,避免重复定义 */
#define __LOGGER_H__

#define LOG_EMERG   0                     /* 定义日志级别的宏 */
#define LOG_ALERT   1
#define LOG_CRIT    2
#define LOG_ERR     3

#define LOG_LEVEL LOG_EMERG               /* 定义默认日志级别的宏 */

/* 定义日志输出宏 */
#define LOG(level, fmt) do { \
    if (level >= LOG_LEVEL) { \
        printf("[%s] " fmt "\n", get_level_str(level)); \
    } \
} while(0)

const char* get_level_str(int level);     /* 声明日志级别文字获取函数 */

#endif
```

```c
/* logger.c */
#include "logger.h"

const char* get_level_str(int level) {
    switch (level) {
    case LOG_EMERG:     return "EMERG";
    case LOG_ALERT:     return "ALERT";
    case LOG_CRIT:      return "CRIT";
    case LOG_ERR:       return "ERROR";
    default:            return "UNKNOWN";
    }
}
```

```c
/* main.c */
#include "logger.h"

int main() {
    LOG(LOG_EMERG, "A serious emergency!");
    LOG(LOG_ALERT, "Something needs attention");
    LOG(LOG_CRIT, "A critical condition");
    LOG(LOG_ERR, "An error occurs");

    return 0;
}
```

案例分析

程序中包含三个文件：头文件 logger.h 和源文件 logger.c 与 main.c。头文件使用条件编译和 pragma 等预处理指令避免重复包含，定义了日志级别、默认级别的宏定义以及日志打印的宏函数 LOG。源文件 logger.c 实现了根据 loglevel 返回对应字符串的函数。main.c 作为使用示例，包含头文件并以不同日志级别调用 LOG macro 打印日志。

整个代码遵循模块化编程思想，头文件负责声明，源文件实现功能。预编译的使用增强了可重用性，宏定义提高了执行效率。日志打印的宏函数 LOG 根据 loglevel 判断是否打印日志，打印格式包含日志级别字符串。get_level_str 函数返回表示 loglevel 的字符串。main 函数通过调用 LOG 宏完成不同级别日志的打印。

10.7 本章小结

本章深入探讨了预处理的相关概念和应用，包括预定义宏、头文件、宏定义、条件编译等关键知识点。通过学习，可以了解到预处理是编译过程的一个阶段，它允许我们在编写代码时进行更高效的代码复用和模块化设计。

本章首先强调了预处理的重要性，并通过类比国家在科技领域的战略布局，展示了预先布局在推动创新和变革中的关键作用。接着，通过一个通用日志库的案例，引入了预处理在实际编程中的应用，展示了如何使用预处理指令来提高代码的模块化和可维护性。

在宏定义部分，学习了如何使用♯define 指令来定义符号常量和带参数的宏，以及如何使用♯undef 来取消宏定义。此外，还讨论了宏定义的书写规范和作用域问题。

通过♯include 指令的学习，掌握了如何包含其他文件到当前文件中，以及如何通过尖括号和双引号来区分系统目录和用户目录的搜索顺序。

条件编译的知识点包括♯if、♯ifdef、♯ifndef 等指令的使用，这些指令允许我们根据编译时的条件来决定是否编译代码的特定部分，从而提高了程序的灵活性和可移植性。

♯line 指令的使用让我们可以修改编译器的行号和文件名信息，这在调试过程中特别有用。而♯pragma 指令则提供了针对特定编译器的特定行为控制，如避免头文件重复包含等。

最后，通过通用日志库的完整代码实现，本章展示了预处理指令在实际编程中的综合应用，包括模块化设计和日志管理功能的具体实现。

10.8 课后习题

10.8.1 单选题

1. 编译预处理包括（　　）。
   A. 文件包含，宏定义和条件编译　　　　B. 构造工程文件
   C. 语句注释　　　　　　　　　　　　　D. 编译源程序

2. 预处理命令可能具有如下特点（　　）。
① 均以"♯"开头；② 必在程序开头；

③ 后面不加分号；④在真正编译前处理。

  A. ①、②   B. ①、③、④   C. ①、③   D. ①、②、③、④

3. 以下叙述中正确的是( )。

  A. 在程序的一行上可以出现多个有效的预处理命令行

  B. 使用带参的宏时，参数的类型应与宏定义时的一致

  C. 宏替换不占用运行时间，只占编译时间

  D. 在下面定义中 C R 是称为"宏名"的标识符：♯define C R 045

4. 有宏定义：

```
#define NUM 15
#define DNUM NUM+NUM
```

则表达式 DNUM/2＋NUM＊2 的值为( )。

  A. 45   B. 67   C. 52   D. 90

5. 在宏定义♯define PI 3.14159 中，用宏名 PI 代替一个( )。

  A. 常量   B. 单精度数   C. 双精度数   D. 字符串

6. 若有宏定义如下：

```
#define X 5
#define Y X+1
#define Z Y*X/2
```

则执行以下 printf 语句后，输出结果是( )。

```
int a; a=Y;
printf("%d",Z);
```

  A. 7   B. 12   C. 11   D. 8

7. 以下程序的运行结果是( )。

```
#include <stdio.h>
#define MIN(x,y) (x)<(y)?(x):(y)
int main()
{
    int i=10,j=15,k;
    k=10*MIN(i,j);
    printf("%d\n",k);
    return 0;
}
```

  A. 10   B. 15   C. 100   D. 150

8. 若有宏定义如下：

```
#define N 2
#define Y(n) ((N+1)n)
```

则执行语句 z=2(N+Y(5));后的结果是(   )。
   A. 语句有错误   B. z=34   C. z=70   D. z 无定义

9. 系统库函数在使用时,要用到(   )命令。
   A. #include   B. #define   C. #if   D. #else

10. 在"文件包含"预处理语句的使用形式中,当#include 后面的文件名用双引号("")括起时,寻找被包含文件的方式是(   )。
   A. 直接按系统设定的标准方式搜索目录
   B. 先在源程序所在目录搜索,再按系统设定的标准方式搜索
   C. 仅搜索源程序所在目录
   D. 仅搜索当前目录

11. 在"文件包含"预处理语句的使用形式中,当#include 后面的文件名用< >(尖括号)括起时,寻找被包含文件的方式是(   )。
   A. 仅搜索当前目录
   B. 仅搜索源程序所在目录
   C. 直接按系统设定的标准方式搜索目录
   D. 先在源程序所在目录搜索,再按系统设定的标准方式搜索

12. 以下程序的输出是(   )。

```
#include <stdio.h>
#define S(n) 5*(n)*n+1
int main()
{
    int x=6,y=2;
    printf("%d\n",S(x+y));
    return 0;
}
```

   A. 0   B. '\0'   C. 1   D. 无定义

13. 以下程序的运行结果是(   )。

```
#include <stdio.h>
int main ()
{
    printf ("%d", NULL) ;
    return 0;
}
```

   A. 45   B. 243   C. 321   D. 360

14. 以下程序的运行结果是(   )。

```
#define f(x) (x*x)
main()
{
    int i1, i2;
```

```
    i1=f(8)/f(4) ; i2=f(4+4)/f(2+2) ;
    printf("%d, %d\n",i1,i2);
}
```

    A. 64, 28   B. 4, 4   C. 4, 3   D. 64, 64

15. 以下程序的运行结果是(　　)。

```
#define f(x) x*x
main()
{
    int i;
    i=f(4+4)/f(2+2);
    printf("%d\n",i);
}
```

    A. 28   B. 22   C. 16   D. 4

10.8.2　填空题

1. 以下程序的运行结果是_____。

```
#include <stdio.h>
#define SQR(X) X*X
int main()
{
    int a=10, k=2, m=1;
    a/=SQR(k+m)/SQR(k+m);
    printf ("%d\n" , a);
    return 0;
}
```

2. 以下程序的运行结果是_____。

```
#include <stdio.h>
#define SUB(a) (a)-(a)
int main()
{
    int a=2,b=3,c=5,d;
    d=SUB(a+b) * c;
    printf ("%d\n",d) ;
    return 0;
}
```

3. 以下程序的输出结果是_____。

```
#define P 3
#define Q P+P
int main()
{
    int n;
```

```
        n=Q * 5;
        printf("%d\n",n);
        return 0;
}
```

4. 下面的程序由两个源程序文件 x.h 和 y.c 组成,程序编译运行的结果是_____,
_____。

```
//x.h 的源程序为
#define N 10
#define f2(x) (x * N)
//y.c 的源程序为
#include <stdio.h>
#define M 8
#define f(x) ((x) * M)
#include "x.h"
int main( )
{
    int i,j;
    i=f(1+1);
    j=f2(1+1);
    printf("%d, %d\n",i,j);
    return 0;
}
```

10.8.3　编程题

1. 宏定义计算平方:编写一个宏定义,接收一个参数,计算其平方值。
2. 条件宏:使用条件宏定义,实现一个宏,根据输入的数字判断奇偶性。
3. 文件包含:创建两个文件,一个包含一些常量的定义,另一个文件使用这些常量进行计算。

第 11 章

火车订票系统

本章学习目标

- 掌握火车订票系统的设计、开发过程。
- 合理设计数据结构来存储火车信息、旅客信息、订票信息等,实现有效的数据管理。
- 掌握文件操作来读取和写入数据,以及设计和组织数据结构。
- 了解软件开发的基本流程,包括需求分析、设计和编码等阶段。

11.1 设计目的

火车订票系统旨在通过实践来巩固和拓展读者在 C 语言编程方面的知识和技能,同时培养系统设计和问题解决能力。该项目还可以提供一个综合性的实践环境,让读者体验软件开发的全过程,并为今后的学习和职业发展打下基础。用户通过该系统可以快速、详细地了解火车相关信息,进行订票、退票等操作。本章将学习如何通过结构体数组管理数据实现火车订票系统。通过本章的学习读者能够掌握:

(1) 合理设计不同数据结构来存储火车信息、旅客信息、订票信息等不同数据。

(2) 实践 C 语言编程技能。通过设计和实现火车订票系统,可以锻炼读者的编程能力,包括数据结构、算法设计、函数模块化、多文件操作等方面。

(3) 熟悉文件操作和数据存储。火车订票系统需要能够存储和管理大量的数据,如何使用文件操作来读取和写入数据,以及如何设计和组织数据结构来有效地管理这些信息。

(4) 熟悉系统设计和开发流程。系统的设计要求考虑系统的整体架构和模块划分,以及各个模块之间的接口和交互。通过这个项目,了解软件开发的基本流程,包括需求分析、设计、编码和测试等阶段。

11.2 需求分析

项目的具体任务是开发一个火车订票系统,该系统的主要功能是支持用户进行车票预订的一系列流程。系统应该满足以下需求。

(1) 添加火车票信息:能够添加火车票的序列号、目的地、出发地、出发和到达时间、票价、可订的剩余票数等。

(2) 查询可预订的火车票信息:能够根据用户的具体需求即火车序列号或目的地查询

可订的车票并输出相应的车票信息,支持标准格式输出一条或多条车票信息。

(3) 修改车票信息:能修改已经存在的车票信息。

(4) 预订火车票并输入个人信息:查询火车票后,根据用户的选择,决定是否订票并输入个人信息

(5) 退票:用户能够实现退票,并根据退票信息修改对应火车票信息。

(6) 信息保存和读取:可以对修改后的车票信息和用户订票信息进行文件保存,也可以对文件中的车票和用户信息进行读取。

11.3 总体设计

火车订票系统的功能结构图如图 11-1 所示,主要包括以下 7 个功能模块。

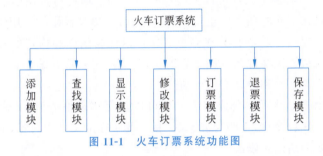

图 11-1 火车订票系统功能图

(1) 添加模块:可以添加火车票信息,包括序列号、出发城市、到达城市、出发时间、到达时间、票价、票数。如果输入序列号已经存在,则提示用户。

(2) 查找模块:用户在订票之前需要先查询满足自己出行需要的车票信息,本功能模块支持按照"序列号"查询和按照"目的地"查询两种方式,用户可以自行选择,如果选择按照"序列号"查询,当用户输入序列号信息之后,如果存在该序列号火车,则会显示该火车所有信息,如果不存在该序列号,则提示用户;如果用户选择按照"目的地"查询,当用户输入目的地信息之后,如果该目的地的火车存在,则会显示所有符合要求的车票信息,如果不存在,则提示用户。

(3) 显示模块:显示模块按标准格式展示所有车票信息,供用户查看和选择。

(4) 修改模块:可以修改火车信息,先输入需要修改的序列号,之后陆续修改该火车信息的各个字段的数据,最后提示用户修改成功。

(5) 订票模块:输入目的地信息,可以输出所有满足该目的地的航班信息,并提示用户输入订票信息,包括身份证号、姓名、订购火车的序列号和订购票数。并检测是否有足够的余票。订票成功与否都要提示用户。

(6) 退票模块:支持用户退票操作,首先提示用户输入订票身份证号,并显示其所有订票信息。然后提示用户是否需要退票,当用户选择"是"时,实现退票功能,相应序列号的剩余票数自动加上退票的数量。用户订票信息也相应地删除。

(7) 保存模块:可以对修改后的车票信息和用户订票信息进行文件保存,再次启动系统时,对文件中的车票和用户订票信息进行自动读取。

11.4 详细设计与实现

11.4.1 系统架构

将项目分成多个文件描述是C语言开发的常用方式,可以提高代码的模块化程度、可维护性和重用性,提高编译和构建效率,隐藏实现细节,以及便于团队协作。这些优势使得多文件组织成为开发大型项目和复杂项目的常用做法。具体有以下几个重要的原因。

(1) 模块化和可维护性:将项目划分为多个文件可以提高代码的模块化程度。每个文件可以专注于特定的功能或模块,使代码更易于理解、维护和修改。当需要修改某个功能时,只需修改对应的文件,而不需要涉及整个项目。

(2) 代码重用:分成多个文件可以促进代码的重用。通过将常用的功能或库函数放入单独的文件中,可以在不同的项目中重复使用这些代码,提高代码的复用性和开发效率。

(3) 编译和构建效率:将项目分成多个文件可以提高编译和构建的效率。当只修改某个文件时,只需重新编译该文件和依赖于它的文件,而不需要重新编译整个项目。这可以节省编译时间,加快代码修改和测试的迭代速度。

(4) 隐藏实现细节:将项目分成多个文件可以隐藏实现细节,提高代码的封装性和安全性。可以将某些函数或数据声明为静态的,只在其所在的文件中可见,对外部文件隐藏实现细节,防止不必要的访问和修改。

(5) 便于团队协作:将项目分成多个文件可以方便团队协作。不同的团队成员可以在不同的文件中独立工作,减少代码冲突的可能性。同时,分离的文件可以更好地支持版本控制系统,使团队成员能够更好地协同工作和管理代码变更。

基于多文件的诸多优势,将火车订票系统实现分成9个源文件和9个头文件,每个文件功能对应如表11-1所示。

表11-1 头文件和源文件描述

头 文 件	描 述	源 文 件	描 述
train.h	公用头文件:输入/输出标准格式表头、格式的宏定义,数据结构定义	main.c	主函数源文件:主函数
frame.h	框架头文件:框架模块外部接口声明	frame.c	框架源文件:框架和菜单函数
input_output.h	输入/输出头文件:输入/输出接口声明	input_output.c	输入/输出源文件:输入/输出函数
insert.h	添加头文件:添加函数接口声明	insert.c	添加源文件:添加函数
search.h	查找头文件:查找函数接口声明	search.c	查找源文件:查找函数、按序号查找、目的地查找函数
modify.h	修改头文件:修改函数接口声明	modify.c	修改源文件:修改函数
book.h	订票头文件:订票外部接口声明	book.c	订票源文件:订票函数
refund.h	退票头文件:退票接口声明	refund.c	退票源文件:退票相关函数

续表

头文件	描述	源文件	描述
read_write.h	读取保存头文件：读取保存函数接口声明	read_write.c	读取保存源文件：读取保存函数

11.4.2 预处理和数据结构

1. 宏定义

由于该系统存储火车票信息和订票人信息采用的是数组，所以在预处理中事先设置它们的容量，具体如下。

```
#define TRAINNUM 10000                 /*火车票信息数组最大容量*/
#define MANNUM 10000                   /*订票人信息数组最大容量*/
```

火车订票系统在显示火车票信息、查询车票信息和订票等模块中频繁用到输出表头和输出表中数据的语句，因此在预处理中对输出信息做了宏定义，方便程序员编写程序，不用每次都输入过长的相同信息，也减少了出错的概率。相关代码如下。

```
#define HEADER1 "|------------------TRAIN TICKET--------------------|\n"
#define HEADER2 "| number | start city | reach city | take off time| receivetime | price | ticketnum |\n"
#define HEADER3 "|-----|----------|------|----------|----------|----|--------|\n"
#define INPUTDATA p->t[i].num,p->t[i].startcity,p->t[i].reachcity,p->t[i].takeofftime,p->t[i].receivetime,&p->t[i].price,&p->t[i].ticketnum
#define FORMAT "| %-6s| %-10s| %-10s| %-12s| %-11s| %-5d| %-9d|\n"
#define OUTPUTDATA p->t[i].num,p->t[i].startcity,p->t[i].reachcity,p->t[i].takeofftime,p->t[i].receivetime,p->t[i].price,p->t[i].ticketnum
```

2. 结构体

在火车订票系统中有很多不同类型的数据信息，如火车票的信息有序列号、火车的始发和目的地、火车的票价、火车的时间等，而订票信息还要存储订票人员的信息，如订票人的姓名、身份证号码、订票数量等。这么多不同类型的信息如果在程序中逐个定义，会降低程序的可读性。因此，在C语言中提供了自定义结构体来解决这类问题。火车订票系统中结构体类型的自定义相关代码如下。

```
/*火车票信息结构体*/
struct train
{
    char num[10];                       /*序列号*/
    char startcity[10];                 /*出发城市*/
    char reachcity[10];                 /*目的城市*/
    char takeofftime[10];               /*发车时间*/
    char receivetime[10];               /*到达时间*/
    int price;                          /*票价*/
```

```
        int ticketnum;                          /*票数*/
    };
    /*订票人信息结构体*/
    struct man
    {
        char num[20] ;                          /*ID*/
        char name[10];                          /*姓名*/
        char trainnum[10];                      /*火车序列号*/
        int bookNum;                            /*订票数*/
    };
    /*火车票信息表*/
    typedef struct{
        struct train t[TRAINNUM];               /*存放火车票信息数组*/
        int num;                                /*火车票信息数量*/
    }TRAIN;
    /*订票人信息表*/
    typedef struct{
        struct man m[MANNUM];                   /*存放订票人信息数组*/
        int num;                                /*订票人信息数量*/
    }MAN;
```

11.4.3 主函数

1. 功能设计

在C语言中,执行从主函数开始,结束在主函数结束,其他函数需被主函数直接或间接调用。在本系统中,主函数调用框架函数。

2. 实现代码

在主函数中调用了frame()函数,所以在前面必须包含其对应的头文件frame.h。

```
1   #include "frame.h"
2
3   int main()
4   {
5       frame();
6       return 0;
7   }
```

11.4.4 框架模块

1. 功能设计

在框架模块中包含框架函数和菜单函数。在菜单函数中实现了显示菜单和用户选择功能,并返回用户的选择。在框架函数中,如果文件中已经存在火车票信息表和订票人信息表,可以首先读取文件中的信息,然后显示菜单,让用户选择,如果没有火车票信息,需要先添加火车票相关信息,才能进行后续的其他功能;并根据用户的选择调用相应的功能模块接口实现其功能,然后让用户按任意键继续,直至用户选择退出功能,系统运行结束。

2. 系统框架流程

进入系统,先读取文件中的火车票信息和订票人信息,再显示功能菜单,根据用户的选择执行相应的功能,然后让用户按任意键继续,直至用户选择退出功能,系统运行结束。具体的系统使用流程,如图 11-2 所示。

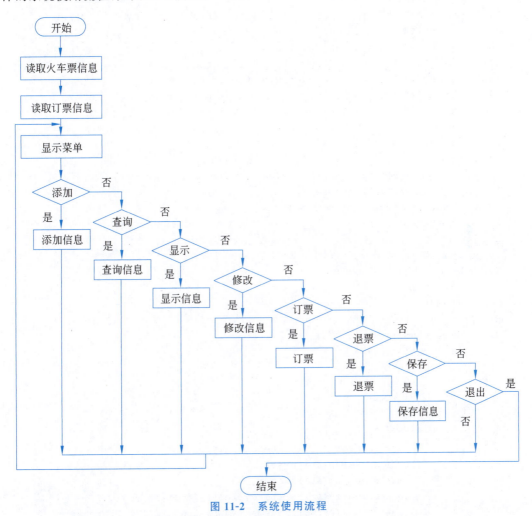

图 11-2　系统使用流程

3. 实现代码

在框架模块中,由于框架函数中调用了其他文件中的函数,所以在前面必须包含其对应的头文件。具体代码如下。

```
1    #include<stdio.h>
2    #include "train.h"
3    #include "input_output.h"
4    #include "read_write.h"
5    #include "search.h"
6    #include "insert.h"
7    #include "book.h"
8    #include "refund.h"
```

```c
9   int menu()
10  {
11      int choose;
12      printf(HEADER1);
13      printf(HEADER3);
14      printf("|\t\t\t1.Insert a train information    \t\t\t\t    |\n");
15      printf("|\t\t\t2.search a train information    \t\t\t\t    |\n");
16      printf("|\t\t\t3.Show the train ticket         \t\t\t\t    |\n");
17      printf("|\t\t\t4.Modify a train information    \t\t\t\t    |\n");
18      printf("|\t\t\t5.Book the train ticket         \t\t\t\t    |\n");
19      printf("|\t\t\t6.Refund the train ticket       \t\t\t\t    |\n");
20      printf("|\t\t\t7.Save information to file      \t\t\t\t    |\n");
21      printf("|\t\t\t0.Quit the system               \t\t\t\t    |\n");
22      printf(HEADER3);
23      do{
24          printf("Input you choose(0-7):");
25          scanf("%d",&choose);
26      }while(choose<0||choose>7);
27      return choose;
28  }
29  void frame()
30  {
31      TRAIN t;
32      MAN m;
33      //input(&t);
34      readfromfile(&t);
35      readman(&m);
36      while(1)
37      {
38          switch(menu())
39          {
40              case 0:exit(0);
41              case 1:insert(&t);writetofile(&t);break;
42              case 2:search(&t);break;
43              case 3:output(&t);break;
44              case 4:modify(&t);writetofile(&t);break;
45              case 5:book(&t,&m);saveman(&m);writetofile(&t);break;
46              case 6:refund(&t,&m);saveman(&m);writetofile(&t);break;
47              case 7:writetofile(&t);break;
48          }
49          printf("Press any key to continue.");
50          fflush(stdin);
51          getchar();
52      }
53  }
```

4. 核心界面

系统主界面如图11-3所示。

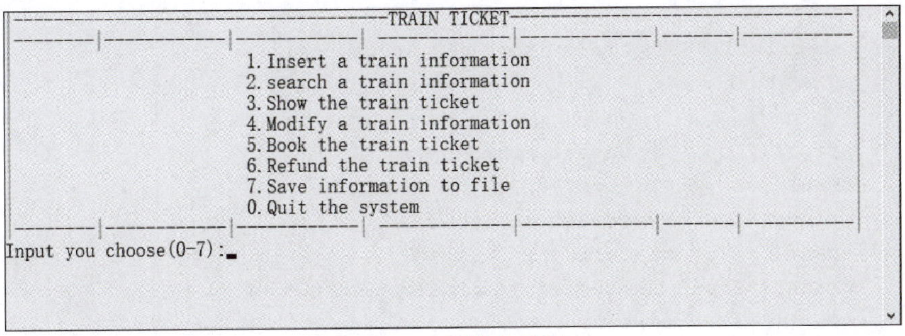

```
------------------------------------TRAIN TICKET---------------------------------
-----------|-----------|-----------|-----------|-----------|-----------|---------
             1. Insert a train information
             2. search a train information
             3. Show the train ticket
             4. Modify a train information
             5. Book the train ticket
             6. Refund the train ticket
             7. Save information to file
             0. Quit the system
-----------|-----------|-----------|-----------|-----------|-----------|---------
Input you choose(0-7):
```

图 11-3　系统主界面

11.4.5 添加模块

1. 功能设计

添加火车票信息模块用于对火车班次、始发地、目的地、起飞时间、降落时间、票价以及所剩票数等信息的输入与保存。

2. 关键算法

添加车票信息模块中为了避免添加的班次重复,采用字符串比较函数判断班次是否已经存在,若不存在,则将插入的信息根据提示输入,插入车票信息表中,由于火车班次并不像学生的学号有先后顺序,故不需要顺序插入,直接在车票信息表末尾添加即可。

3. 实现代码

本功能主要利用添加车票函数,该函数利用指向车票信息的指针作为参数,添加车票各种信息。strcmp()比较函数的作用是比较字符串 1 和字将串 2 是否相等,即对两个字符串自左至右逐个字符按照 ASCII 值的大小进行比较,直至出现相同的字符或遇到'\0'为止,具体代码如下。

```
1    #include<stdio.h>
2    #include "train.h"
3    #include "search.h"
4    void insert(TRAIN * p)
5    {
6        int i;
7        struct train t;
8        if(p->num==TRAINNUM)
9        {
10           printf("The train information table is full!\n");
11           return ;
12       }
13       printf("Input the new train number:");
14       scanf("%s",t.num);
15       for(i=0;i<p->num;i++)
16       {
17           if(strcmp(p->t[i].num,t.num)==0)
18               break;
19       }
20       if(i<p->num)
```

```
21      {
22          printf("This train %s exists.\n",t.num);
23          return ;
24      }
25      printf("Input the start city:") ;
26      scanf("%s",t.startcity);
27      printf("Input the reach city:") ;
28      scanf("%s",t.reachcity);
29      printf("Input the departure time(format 00:00):") ;
30      scanf("%s",t.takeofftime);
31      printf("Input the receive time(format 00:00):") ;
32      scanf("%s",t.receivetime);
33      printf("Input the price:") ;
34      scanf("%d",&t.price);
35      printf("Input the ticketnum:") ;
36      scanf("%d",&t.ticketnum);
37      p->t[p->num]=t;
38      p->num++;
39  }
```

4. 核心界面

系统添加界面如图 11-4 所示。

```
--------------------TRAIN TICKET--------------------
            1. Insert a train information
            2. search a train information
            3. Show the train ticket
            4. Modify a train information
            5. Book the train ticket
            6. Refund the train ticket
            7. Save information to file
            0. Quit the system
--------------------|--------------------|--------------------
Input you choose(0-7):1
Input the new train number:C103
Input the start city:青城山
Input the reach city:犀浦
Input the departure time(format 00:00):7:50
Input the receive time(format 00:00):8:09
Input the price:10
Input the ticketnum:100
Press any key to continue.
```

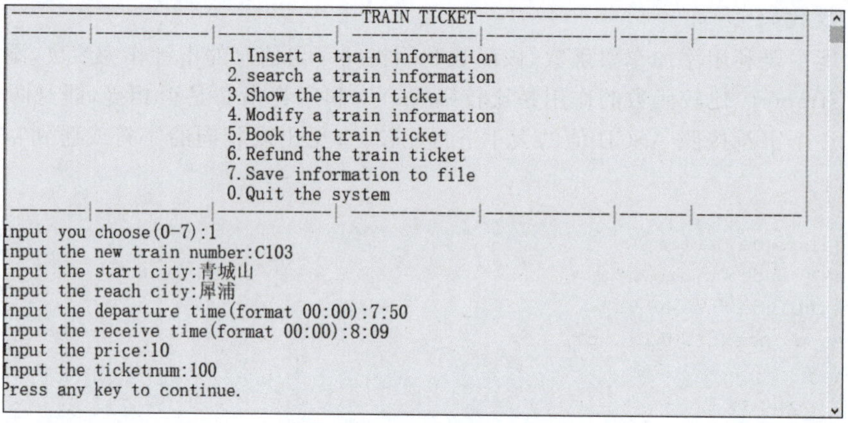

图 11-4 添加功能界面

11.4.6 查找模块

1. 功能设计

查找火车票信息模块用于根据输入的火车序列号或到达城市来进行查找，了解火车的信息，该模块提供了两种查询方式：一是根据火车序列号查询，二是根据到达城市查询。

2. 实现代码

本功能主要实现了按序列号和目的地查询。其中，int searchnum(TRAIN * p,char tnum[])是按序列号查找，若找到返回其在数组中的下标，否则返回-1。int searchdest(TRAIN * p,char dest[])是按目的地查找，返回找到的目的地个数，失败返回 0。void search(TRAIN * p)是总的查找函数，在查找之前先选择查找方式，再根据选择的方式进行查找,并给出相应的反馈。

具体代码如下。

```c
1    #include<stdio.h>
2    #include<string.h>
3    #include "train.h"
4    #include "input_output.h"
5    #include "read_write.h"
6    int searchnum(TRAIN *p,char tnum[])
7    {
8        int i;
9        for(i=0;i<p->num;i++)
10       {
11           if(strcmp(p->t[i].num,tnum)==0)
12           {
13               printf( HEADER3);
14               printf( HEADER2);
15               printf(FORMAT,OUTPUTDATA);
16               break;
17           }
18       }
19       if(i==p->num)
20           return -1;
21       else
22           return i;
23   }
24   int searchdest(TRAIN *p,char dest[])
25   {
26       int i,count=0;
27       printf( HEADER3);
28       printf( HEADER2);
29       for(i=0;i<p->num;i++)
30       {
31           if(strcmp(p->t[i].reachcity,dest)==0)
32           {
33               printf(FORMAT,OUTPUTDATA);
34               count++;
35           }
36       }
37       return count;
38   }
39   void search(TRAIN *p)
40   {
41       int choose;
42       char tnum[10],dest[10];
43       printf("Choose one way according to:\n");
44       printf("1.train number      2.dest\n");
45       do
46       {
```

```
47            scanf("%d",&choose);
48        }while(choose<1||choose>2);
49        if(choose==1)
50        {
51            printf("Input the train number:");
52            scanf("%s",tnum);
53            if(-1==searchnum(p,tnum))
54                printf("Sorry,no record!\n");
55        }
56        else
57        {
58            printf("Input the dest city:");
59            scanf("%s",dest);
60            if(0==searchdest(p,dest))
61                printf("Sorry,no record!\n");
62        }
63    }
```

3. 核心界面

系统查询界面如图 11-5 所示。

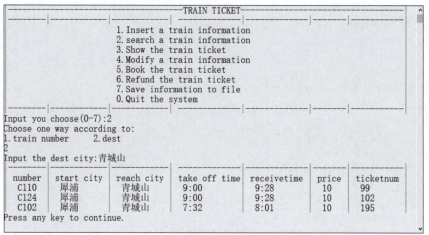

图 11-5 查询功能界面

11.4.7 显示模块

1. 功能设计

显示火车信息模块主要包含输入和输出车票信息,输出函数用于对输入(或读取)的火车信息和经过修改的火车信息进行整理输出,方便用户查看。输入函数当保存的文件中没有火车票信息时可输入车票信息。

2. 实现代码

该模块用于显示车票信息,通过前面的宏定义的方式格式化输出车票信息,其中,void input(TRAIN * p)用于输入火车票信息,void output(TRAIN * p)用于输出车票信息。具体代码如下:

```
1   #include<stdio.h>
2   #include "train.h"
3   void input(TRAIN * p)
4   {
5       int n,i;
6       scanf("%d",&n);
7       for(i=0;i<n;i++)
8       {
9           scanf("%s%s%s%s%s%d%d",INPUTDATA);
10      }
11      p->num=n;
12  }
13  void output(TRAIN * p)
14  {
15      int i;
16      printf(HEADER1);
17      printf(HEADER2);
18      printf(HEADER3);
19      for(i=0;i<p->num;i++)
20      {
21          printf(FORMAT,OUTPUTDATA);
22      }
23      printf(HEADER3);
24  }
```

3. 核心界面

系统显示车票界面如图 11-6 所示。

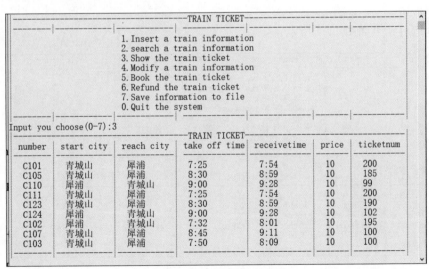

图 11-6　显示车票信息界面

11.4.8　修改模块

1. 功能设计

修改模块主要对添加的火车信息进行修改，可对序列号、出发地、目的地、出发时间、到达时间、票价和车票数量进行修改。

2. 实现代码

该模块用于修改车票信息,首先提示用户输入要修改的序列号,调用查找函数查找,查找成功显示该序列号火车相关信息,再次输入修改后的相关信息,查找失败直接结束修改。具体代码如下。

```c
#include<stdio.h>
#include "train.h"
#include "search.h"
void modify(TRAIN * p)
{
    int i;
    char num[10];
    printf("Input the train number you want to modify:");
    scanf("%s",num);
    i=searchnum(p,num);
    if(i==-1)
        printf("Sorry,can't find your ticket!\n");
    else
    {
        printf("Input modify the train information:\n");
        printf(HEADER2);
        scanf("%s%s%s%s%s%d%d",INPUTDATA);
    }
}
```

3. 核心界面

具体运行结果如图 11-7 所示。

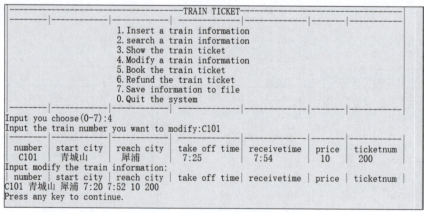

图 11-7　修改模块运行效果图

11.4.9　订票模块

1. 功能设计

订票模块用于根据用户输入的城市进行查询,在屏幕上显示满足条件的火车班次信息,从中选择自己想要预订的车票,并根据提示输入个人信息。

2. 实现代码

本模块利用订票函数,以订票人信息指针和火车信息指针作为形参。根据用户输入的城市进行查询,在屏幕上显示满足条件的火车班次信息,从中选择自己想要预订的车票,之后确认订票,输入用户信息包括id、姓名、预订火车序列号以及预订票数等信息,同时判断订票数是否充足,最后系统将订票人信息和修改剩余票数后的火车票信息保存下来,并提示订票成功。具体代码如下。

```
1   #include<stdio.h>
2   #include "train.h"
3   #include "search.h"
4   void book(TRAIN * p,MAN * pm)
5   {
6       char dest[10];
7       struct man m1;
8       int i;
9       printf("Input the dest city:");
10      scanf("%s",dest);
11      if(0==searchdest(p,dest))
12      {
13          printf("Sorry,no train you can book!\n");
14          return ;
15      }
16      printf("Input your information!\n");
17      printf("Input your ID:");
18      scanf("%s",m1.num);
19      printf("Input your name:");
20      scanf("%s",m1.name);
21      printf("Input the train number:");
22      scanf("%s",m1.trainnum);
23      printf("Input the book number:");
24      scanf("%d",&m1.bookNum);
25      for(i=0;i<p->num;i++)
26      {
27          if(strcmp(m1.trainnum,p->t[i].num)==0)
28          {
29              if(p->t[i].ticketnum<m1.bookNum)
30              {
31                  printf("Sorry,no ticket!\n");
32                  return ;
33              }
34              else
35              {
36                  p->t[i].ticketnum -= m1.bookNum;
37                  break;
38              }
39          }
40      }
```

```
41        pm->m[pm->num++]=m1;
42        printf("Book ticket success!\n");
43    }
```

3. 核心界面

具体运行结果如图 11-8 所示。

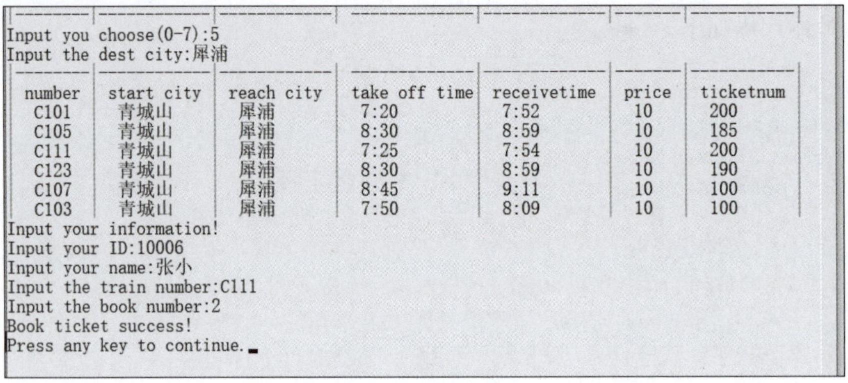

```
Input you choose(0-7):5
Input the dest city:犀浦
   number   | start city | reach city | take off time | receivetime | price | ticketnum
   C101     | 青城山     | 犀浦       | 7:20          | 7:52        | 10    | 200
   C105     | 青城山     | 犀浦       | 8:30          | 8:59        | 10    | 185
   C111     | 青城山     | 犀浦       | 7:25          | 7:54        | 10    | 200
   C123     | 青城山     | 犀浦       | 8:30          | 8:59        | 10    | 190
   C107     | 青城山     | 犀浦       | 8:45          | 9:11        | 10    | 100
   C103     | 青城山     | 犀浦       | 7:50          | 8:09        | 10    | 100
Input your information!
Input your ID:10006
Input your name:张小
Input the train number:C111
Input the book number:2
Book ticket success!
Press any key to continue.
```

图 11-8　订票界面

11.4.10　退票模块

1. 功能设计

退票模块支持用户退票操作，首先提示用户输入订票身份证号，并显示其所有订票信息。然后提示用户是否需要退票，当用户选择"是"时，实现退票功能，相应序列号的剩余票数自动加上退票的数量。用户订票信息也相应地删除。

2. 实现代码

本模块利用退票函数 refund() 实现退票功能，以订票人信息指针和火车信息指针作为形参。其中，int findman(MAN * pm, char id[])函数实现查找用户对应订票信息，int findtrain(TRAIN * p, char num[])函数实现查找用户所订火车票相关信息，void deleteman(MAN * pm, int id)函数实现删除用户订票信息。

在 refund() 函数中，首先输入用户身份证号，调用 findman() 函数查找其订票信息并显示其信息，询问用户是否确定退票，如果用户确定退票，再调用 findtrain() 函数查找到用户所退车票信息并修改其剩余票数，最后调用 deleteman() 函数删除用户订票信息并提示退票成功。具体代码如下。

```
1   #include<stdio.h>
2   #include<string.h>
3   #include "train.h"
4   #include "search.h"
5   int findman(MAN * pm,char id[])
6   {
7       int i;
8       for(i=0;i<pm->num;i++)
9       {
```

```
10          if(strcmp(id,pm->m[i].num)==0)
11              return i;
12      }
13      return -1;
14  }
15  int findtrain(TRAIN * p,char num[])
16  {
17      int i;
18      for(i=0;i<p->num;i++)
19      {
20          if(strcmp(num,p->t[i].num)==0)
21              return i;
22      }
23      return -1;
24  }
25  void deleteman(MAN * pm,int id)
26  {
27      int i;
28      for(i=id+1;i<pm->num;i++)
29      {
30          pm->m[i-1]=pm->m[i];
31      }
32      pm->num--;
33  }
34  void refund(TRAIN * p,MAN * pm)
35  {
36      char id[20],choose;
37      int i,trainid;
38      printf("Input your ID:");
39      scanf("%s",id);
40      i=findman(pm,id);
41      if(i==-1)
42      {
43          printf("No book ticket information!\n");
44          return ;
45      }
46      else
47      {
48          printf("This is your tickets:\n");
49  printf("%-20s%-10s%-10s%-10d\n",pm->m[i].num,pm->m[i].name,pm->m[i].trainnum,pm->m[i].bookNum);
50          printf("Do you want to concel it?(y/n):");
51          fflush(stdin);
52          scanf("%c",&choose);
53          if(choose=='Y'||choose=='y')
54          {
55              trainid=findtrain(p,pm->m[i].trainnum);
56              p->t[trainid].ticketnum += pm->m[i].bookNum;
57              deleteman(pm,i);
58              printf("Refund ticket success!\n");
59          }
60      }
61  }
```

3. 核心界面

具体运行结果如图 11-9 所示。

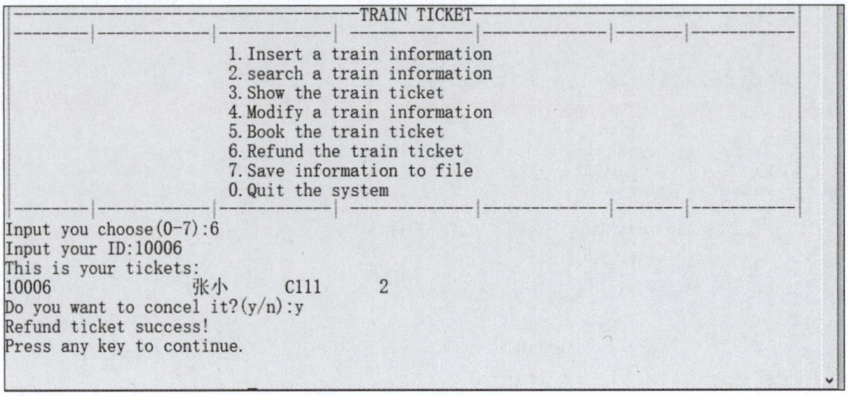

```
                         -TRAIN TICKET-
_____|_____|_____|_____|_____|_____|_____|_____|_____
                      1. Insert a train information
                      2. search a train information
                      3. Show the train ticket
                      4. Modify a train information
                      5. Book the train ticket
                      6. Refund the train ticket
                      7. Save information to file
                      0. Quit the system
_____|_____|_____|_____|_____|_____|_____|_____|_____
Input you choose(0-7):6
Input your ID:10006
This is your tickets:
10006              张小         C111      2
Do you want to concel it?(y/n):y
Refund ticket success!
Press any key to continue.
```

图 11-9 退票界面

11.4.11 保存模块

1. 功能设计

保存模块可以对修改后的车票信息和用户订票信息进行文件保存,再次启动系统时,对文件中的车票和用户订票信息进行自动读取。

2. 实现代码

本模块包括 4 个函数,其中,void readfromfile(TRAIN *p)函数将文件中的火车票信息读取至内存,void writetofile(TRAIN *p)函数将内存中火车票相关信息保存至文件,void saveman(MAN *p)函数将订票信息保存至文件,void readman(MAN *p)函数将文件中订票信息读取至内存。

这 4 个函数采用的文件读取和保存都是文本文件形式(即后缀名为.txt),保存的路径就是本源文件相同路径,所以打开文件就是 train.txt(火车票信息)、man.txt(订票信息)。具体代码如下。

```
1    #include<stdio.h>
2    #include "train.h"
3    void readfromfile(TRAIN * p)
4    {
5        FILE * fp;
6        int i=0;
7        struct train t;
8        if ((fp=fopen("train.txt","r"))==NULL)
9        {
10           printf("Failed to open the file!\n");
11           return;
12       }
13       p->num=0;
14       fscanf(fp,"%s%s%s%s%s%d%d",t.num,t.startcity,t.reachcity,
     t.takeofftime,t.receivetime,
```

```
15              &t.price,&t.ticketnum);
16      for (;!feof(fp);i++)
17      {
18          p->t[i]=t;
19          p->num++;
20          fscanf(fp,"%s%s%s%s%s%s%d%d",t.num,t.startcity,t.reachcity,
    t.takeofftime,t.receivetime,
21              &t.price,&t.ticketnum);
22      }
23      fclose(fp);
24  }
25  void writetofile(TRAIN * p)
26  {
27      FILE * fp;
28      int i=0;
29      struct train t;
30      if ((fp=fopen("train.txt","w"))==NULL)
31      {
32          printf("Failed to open the file!\n");
33          return;
34      }
35      for (i=0;i<p->num;i++)
36      {
37          fprintf(fp,"%-10s%-10s%-10s%-10s%-10s%-10d%-10d\n",OUTPUTDATA);
38      }
39      fclose(fp);
40  }
41  void saveman(MAN * p)
42  {
43      FILE * fp;
44      int i=0;
45      if ((fp=fopen("man.txt","w"))==NULL)
46      {
47          printf("Failed to open the file!\n");
48          return;
49      }
50      for (i=0;i<p->num;i++)
51      {
52          fprintf(fp,"%-20s%-10s%-10s%-10d\n",p->m[i].num,p->m[i].name,
53              p->m[i].trainnum,p->m[i].bookNum);
54      }
55      fclose(fp);
56  }
57  void readman(MAN * p)
58  {
59      FILE * fp;
60      int i=0;
61      struct man t;
62      if ((fp=fopen("man.txt","r"))==NULL)
63      {
```

```
64          printf("Failed to open the file!\n");
65          return;
66      }
67      p->num=0;
68      fscanf(fp,"%s%s%s%d",t.num,t.name,t.trainnum,&t.bookNum);
69      for (;!feof(fp);i++)
70      {
71          p->m[i]=t;
72          p->num++;
73          fscanf(fp,"%s%s%s%d",t.num,t.name,t.trainnum,&t.bookNum);
74      }
75      fclose(fp);
76  }
```

11.5 本章小结

设计实现一个火车订票系统是一个复杂的任务，需要考虑到多方面的需求和功能。以下是对火车订票系统设计的一些总结。

（1）需求分析：在设计火车订票系统之前，进行充分的需求分析是至关重要的。了解用户的需求和期望，明确系统应该具备的功能和特性，以便能够设计出满足用户需求的系统。

（2）模块化设计：将火车订票系统划分为多个模块，每个模块负责特定的功能。这样可以提高代码的可维护性和重用性，使得系统更易于理解和扩展。

（3）数据结构设计：选择合适的数据结构来存储和管理列车信息、订票信息等数据。例如，可以使用数组、链表、哈希表等数据结构来组织和操作数据，以满足系统的需求。本章系统采用的是数组存储。

（4）用户界面设计：设计一个用户友好的界面，使用户能够轻松地进行查询、预订操作。界面应该简洁明了，易于导航和操作，提供良好的用户体验。

（5）安全性和数据保护：考虑用户个人信息的安全性。使用适当的加密算法和安全措施，防止数据泄露和非法访问。确保用户信息的保密性和完整性。本系统由于篇幅有限未考虑个人信息安全性。

（6）错误处理和异常情况处理：为系统设计错误处理和异常情况处理机制，以应对用户输入的错误和系统运行中的异常情况。提供错误提示和异常处理，使系统能够优雅地处理问题，并给用户提供合适的反馈。

（7）测试和调试：在设计完成后，进行充分的测试和调试。通过单元测试、系统测试等方法，验证系统的功能和性能是否符合预期，并修复存在的问题和缺陷。

总体来说，设计火车订票系统需要综合考虑需求、功能、模块化、数据结构、用户界面、安全性、错误处理、性能、测试等方面的设计要点。只有在全面考虑这些因素的基础上，才能设计出一个稳定、安全、易用并满足用户需求的火车订票系统。

11.6　课后习题

1. 本章介绍的系统采用的是数组存储,数组存储的优缺点是什么?
2. 读者思考本系统能否用单链表。其优缺点是什么?
3. 本系统由于篇幅有限未考虑个人信息安全性。如果请你来设计,可以从哪些方面改进其数据安全性能?
4. 错误处理和异常情况处理:可以从哪些方面提升系统错误处理的能力使系统能够优雅地处理问题,并给用户提供合适的反馈?

第 12 章

贪吃蛇游戏开发

本章学习目标

- 掌握贪吃蛇游戏的设计、开发过程。
- 掌握贪吃蛇游戏中的墙壁创建、蛇初始化、移动、碰撞检测等算法。
- 掌握伪随机数的产生,并使用伪随机数来随机生成食物。
- 了解一般游戏的开发过程和常见模块。

12.1 游戏开发背景知识

贪吃蛇游戏是一款经典的益智游戏,有 PC 和手机等多平台版本,既简单又耐玩。该游戏通过控制蛇头方向吃食物,从而使得蛇变得越来越长。它的基本规则是:一条蛇出现在封闭空间中,空间中随机位置出现一个食物,通过键盘上下左右方向键控制蛇的前进方向。蛇头撞到食物,食物消失,蛇身体增长一节,累计得分,刷新食物。如果蛇在前进过程中撞到墙或自己身体,则游戏失败。

需要的知识储备如下。

(1) C 语言基础:包括变量、循环、函数、数组和指针等基本概念。

(2) 数据结构:特别是链表,这对于实现蛇身体的动态增长非常重要。

(3) Win32 API 了解:特别是与控制台输出和键盘输入相关的 API,用于游戏界面的显示和玩家的输入处理。

(4) 简单的算法知识:如随机数生成,用于食物的随机位置生成。

(5) 游戏设计概念:包括游戏循环、状态管理和用户交互。

Win32 API(Application Programming Interface)是微软 Windows 操作系统的一个核心应用编程接口集合。它允许 C/C++ 程序员在 Windows 环境下进行系统级别的编程。这些 API 涵盖了大量功能,包括窗口管理、文件操作、设备输入、进程和线程管理等。

对于游戏开发,尤其是如贪吃蛇这类简单的游戏,Win32 API 提供了基础的图形界面功能和控制用户输入的方法。虽然 Win32 API 看起来可能有些过时,但它仍然是学习 Windows 系统编程和理解 Windows 操作系统工作原理的重要工具。

在 Win32 API 中,控制台程序指的是运行在 Windows 命令提示符(cmd)或 PowerShell 中的应用程序。这些程序一般通过文本界面与用户交互,而非图形用户界面(GUI)。对于初学者来说,开发控制台程序是一种学习编程的好方法,因为它们相对简单,可以让我们专注于代码逻辑,而不是复杂的图形界面。

使用 Win32 API 开发控制台程序,通常涉及以下几个方面。
(1) 控制台窗口管理:创建和管理控制台窗口,包括窗口的大小、缓冲区大小等。
(2) 输入和输出处理:读取用户的键盘输入,并在控制台窗口显示输出。
(3) 字符和颜色控制:设置文本和背景颜色,控制字符在控制台窗口中的显示方式。
(4) 光标管理:控制光标的位置,用于在特定位置显示文本或字符。

控制台程序虽然简单,但通过 Win32 API 的合理使用,可以创建出交互性较强且逻辑稍复杂的应用程序,如贪吃蛇游戏。通过控制台程序的开发,可以深入理解计算机程序的运行原理及操作系统的基本工作方式。为了让游戏画面更加美观,也可以使用商用的图形库,如 ege 等。

12.2 需求分析

游戏的主要需求如下。
(1) 方向键的控制:W(向上)、S(向下)、A(向左)、D(向右)。
(2) 游戏的暂停和继续:按空格键来实现暂停和继续游戏。
(3) 死亡判定:蛇头碰撞到墙壁或者蛇头吃到自己的身体时死亡。
(4) 游戏结束及重新开始:蛇死亡后游戏结束,当检测到键盘按 R 键时,游戏重新开始,当检测到 Enter 键时退出游戏。

游戏运行界面如图 12-1 所示。(该图片也通过调用 ege 图形库的加载函数进行加载)

图 12-1 游戏运行界面

站在设计者的角度,基本需求如下。
(1) 图片渲染:游戏画面应该显示一条蛇、一个食物颗粒以及墙壁。
(2) 游戏控制:蛇能够通过上下左右键进行移动。当选择游戏的难易程度不同时,蛇体的速度应该也是不同的。
(3) 碰撞检测:每当蛇吃到食物时,蛇的长度会增长一节。当蛇碰到墙壁或者自己的身体时,游戏结束。
(4) 要求有比较友好的界面,界面应该包括得分显示、游戏状态(运动,暂停,结束),游戏难易程度显示(容易,较难,困难),关于游戏(包括游戏简介,开发者信息,版权信息,用户协议,版本信息,致谢)。

12.3 设计思路

游戏设计需要考虑的模块如下。

(1) 游戏主循环:游戏源代码通常会包含一个主循环,用来处理游戏的逻辑和渲染。

(2) 游戏对象:游戏源代码通常会包含各种游戏对象,如玩家、敌人、道具等。

(3) 输入处理:游戏源代码通常会处理用户的输入,如键盘、鼠标等。

(4) 碰撞检测:游戏源代码通常会包含碰撞检测的逻辑,用来处理游戏对象之间的碰撞。

项目构建过程图如图 12-2 所示。

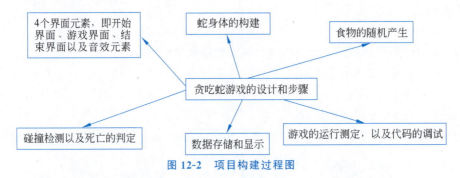

图 12-2　项目构建过程图

游戏的流程如图 12-3 所示。

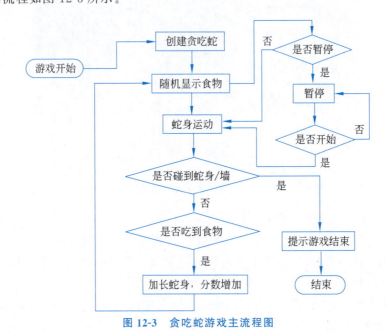

图 12-3　贪吃蛇游戏主流程图

12.4 数据结构

对于贪吃蛇的数据结构,可以采用数组或者链表来实现。下面来比较这两种数据结构。

数组的本质是连续的内存空间,即地址空间在物理上必须是连续的。数组需要预留空间,在使用前要先申请占内存的大小,可能会浪费内存空间。插入数据和删除数据效率低,插入数据时,这个位置后面的数据在内存中都要向后移。随机读取效率很高。

链表:在内存中可以存在任何地方,不要求连续;每一个数据都保存了下一个数据的内存地址,通过这个地址找到下一个数据;增加数据和删除数据很容易;查找数据时效率低;不指定大小,扩展方便。蛇的每个部分都可以看作链表中的一个节点,每个节点包含自身的位置信息和指向下一个节点的指针。链表允许动态地添加或删除节点,从而模拟蛇吃食物变长和移动时身体的变化。

结构体(用于游戏元素封装):如蛇、食物等游戏元素可以通过结构体进行封装,结构体中包含相关的属性,如位置、大小等。结构体的使用有助于代码的组织和管理。

枚举类型(用于状态和方向管理):游戏状态(如进行中、结束)和蛇的移动方向(如上、下、左、右)可以用枚举类型表示,增强了代码的可读性和易管理性。

```
typedef struct Snake                        //存放蛇的位置坐标
{
    int x;
    int y;
    struct Snake * next;
}snake;
```

12.5 代码结构与函数分工

函数分工如表 12-1 所示。

表 12-1 函数分工

函 数 类 型	函 数 名 称	函数功能描述
界面类	void show_Main_Menu()	显示主菜单
	void show_Game_Over()	显示游戏结束界面
实体创建	void createMap();	初始化地图
	void createFood(int);	生成食物
	void createSnake();	初始化蛇
控制类	int snakeControl();	控制蛇的移动
	void snakeMove();	显示蛇的移动
	int snakeDie();	判断蛇是否死亡
	void snakeStop();	使游戏暂停

续表

函数类型	函数名称	函数功能描述
统计类	void recond();	记录所得分数
	void Ranking(struct rec []);	排序画面,将分数和排名显示在画面上

12.6 主函数

主函数即 C 语言的唯一入口函数 main,该函数应该首先加载初始化界面和需要用到的图片,给用户显示游戏界面。然后通过一个循环来获取用户的鼠标和键盘输入,从而决定下面的处理逻辑,如选择游戏难度、显示帮助、结束与退出游戏等。

12.7 图形渲染

12.7.1 光标位置控制

在 Windows 控制台程序中,屏幕上的位置是通过 COORD 结构表示的。COORD 是一个简单的结构体,定义在<windows.h>头文件中,用于指定一个字符在控制台屏幕缓冲区的坐标。它包含两个成员 X 和 Y,分别代表水平(列)和垂直(行)坐标。通过修改这些值,可以控制文本或者其他输出在控制台窗口中的位置。

```
typedef struct _COORD {
SHORT X;
SHORT Y;
} COORD, * PCOORD;
```

例如,在贪吃蛇游戏中,使用 COORD 结构可以精确地控制蛇在屏幕上的位置,实现其在屏幕上的移动。

```
COORD pos = {10,15};                                           //给坐标赋值
```

12.7.2 游戏地图

在游戏中,地图的创建是通过 CreateMap 函数实现的。这个函数的核心是在控制台窗口中绘制出贪吃蛇游戏的边界。

在这个函数中,WALL(定义为■)字符用于表示墙壁。函数先打印上下边界,然后打印左右边界。使用 SetPos 函数来定位控制台上的每个字符位置,从而形成一个封闭的矩形区域,作为游戏的主要场地。具体实现方式如下。

```
1    void CreateMap(){
2        //打印上边界
3        SetPos(0, 0);
```

```
4           for (int i = 0; i < 58; i += 2)
5           {
6               wprintf(L"%lc", WALL);
7           }
            //打印下边界
8           SetPos(0, 26);
            for (int i = 0; i < 58; i += 2)
9           {
10              wprintf(L"%lc", WALL);
11          }
12          //打印左边界
            for (int i = 1; i < 26; i++)
13          {
14              SetPos(0, i);
                wprintf(L"%lc",WALL);
15          }
16          //打印右边界
            for (int i = 0; i < 26; i++)
17          {
18              SetPos(56, i);
19              wprintf(L"%lc", WALL);
20          }
21      }
```

运行效果如图 12-4 所示。（该地图是基于字符串的，也可以使用 ege 等图形库加载更生动漂亮的图片）

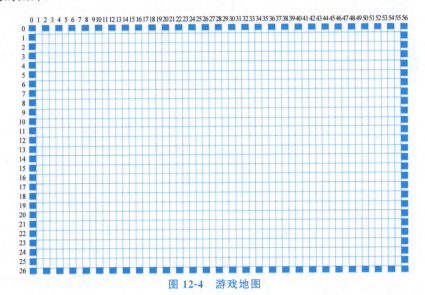

图 12-4　游戏地图

12.7.3　蛇的初始化

蛇的初始化在 InitSnake 函数中实现：在这个函数中，使用头插法来创建蛇身的链表。每次循环都创建一个新的 SnakeNode，并将其插入链表的头部。这样，链表的头部始终代表蛇头的当前位置。随着游戏的进行，蛇头的位置会不断更新，而蛇身则跟随蛇头移动。

蛇最开始长度为 5 节，每节对应链表的一个节点，蛇身的每一个节点都有自己的坐标。建 5 个节点，然后将每个节点存放在链表中进行管理。创建完蛇身后，将蛇的每一节打印在屏幕上。再设置当前游戏的状态、蛇移动的速度、默认的方向、初始成绩、蛇的状态、每个食物的分数。

先创建下一个节点，根据移动方向和蛇头的坐标，蛇移动到下一个位置的坐标。确定了下一个位置后，看下一个位置是否是食物（NextIsFood），是食物就做吃食物处理（EatFood），如果不是食物则做前进一步的处理（NoFood）。

蛇身移动后，判断此次移动是否会造成撞墙（KillByWall）或者撞上自己的蛇身（KillBySelf），从而影响游戏的状态。蛇的初始化核心代码如下。

```
1   void createSnake()                                   //创建开局时的蛇
2   {
3       snake * p;
4       int i;
5       p=(snake * )malloc(sizeof(snake));               //给 p 分配空间
6       p->x=2 * sizePaint;                              //初始化蛇尾位置的横坐标
7       p->y=10 * sizePaint;                             //初始化蛇尾位置的纵坐标
8       p->next=NULL;
9       for(i=0;i<snakelen;i++)                          //存入蛇的位置，倒插法
10      {
11          head=(snake * )malloc(sizeof(snake));        //给 head 申请空间
12          head->x=(2+i) * sizePaint;
13          head->y=10 * sizePaint;
14          head->next=p;
15          p=head;
16      }
17      putimage(p->x,p->y,20,20,snakeHead,0,0,20,20);   //打印蛇头
18      p=p->next;
19      while(p!=NULL)                                   //打印蛇身
20      {
21          putimage(p->x,p->y,20,20,snakeBody,0,0,20,20);
22          p=p->next;
23      }
24  }
25
26  int snakeControl()                                   //控制蛇的移动
27  {
28      int a=0;
29      while(1)                                         //无限循环使其能一直运动
30      {
31          if(GetAsyncKeyState('W')&&direction!=3)      //当键盘输入上且蛇不朝下移动
32              direction=2;
33          else if(GetAsyncKeyState('S')&&direction!=2) //当键盘输入下且蛇不朝上移动
34              direction=3;
35          else if(GetAsyncKeyState('D')&&direction!=1) //当键盘输入右且蛇不朝左移动
36              direction=0;
```

```
37      else if(GetAsyncKeyState('A')&&direction!=0)    //当键盘输入左且蛇不朝右移动
38          direction=1;
39      else if(GetAsyncKeyState(VK_SPACE))             //当键盘输入空格时暂停
40          snakeStop();
41      Sleep(speed);               //通过控制休眠时间来控制循环速度,从而控制蛇的速度
42      snakeMove();                //显示蛇的移动效果
43      putScore();                 //更新右侧的游戏记录
44      a=snakeDie();               //判断蛇是否死亡
45      if(a==1)
46          return 1;
47      }
48      return 0;
49  }
```

12.8 蛇的移动算法

可以定义一个结构体表示贪吃蛇的每个节点,每个节点包含其当前位置以及指向下一个节点的指针。然后,可以使用动态内存分配来创建一个由多个节点组成的链表来表示整个贪吃蛇。

当贪吃蛇移动时,只需要改变链表头部节点的位置,并将其插入链表的头部即可。而当贪吃蛇吃到食物时,只需要在链表尾部添加一个新的节点即可。

再通过小键盘输入,每输入一次,运行一次以下代码,就可以利用以下代码实现蛇身的增加。

```
1   void snakeMove()                                    //显示蛇的移动
2   {
3       snake * headnext, * q;
4       headnext=(snake *)malloc(sizeof(snake));        //给 headnext 申请空间
5       if(direction==0)                                //向右移动
6       {
7           headnext->x=head->x+sizePaint;
8           headnext->y=head->y;
9       }
10      else if(direction==1)                           //向左移动
11      {
12          headnext->x=head->x-sizePaint;
13          headnext->y=head->y;
14      }
15      else if(direction==2)                           //向上移动
16      {
17          headnext->x=head->x;
18          headnext->y=head->y-sizePaint;
19      }
20      else if(direction==3)                           //向下移动
21      {
22          headnext->x=head->x;
```

```
23              headnext->y=head->y+sizePaint;
24          }
25          headnext->next=head;
26          head=headnext;
27          q=head;
28          putimage(q->x,q->y,20,20,snakeHead,0,0,20,20);
29          q=q->next;
30      }
```

12.9 碰撞检测

碰撞检测主要有以下三种。

（1）蛇在运动中碰撞到墙壁：通过坐标判断蛇是否撞到墙壁，如果撞到墙壁则游戏结束。

（2）蛇吃到食物。

（3）蛇吃到自己。

核心代码如下。

```
1   int snakeDie()                                            //判断蛇是否死亡
2   {
3       int i,flag=1;
4       snake * body;
5       body=head->next;
6       if(head->x==0||head->x==780||head->y==0||head->y==780)
                                                              //触碰边界就死亡
7           return 1;
8       for(i=0;i<obstacleNum;i++)
9       {
10          if(head->x==obstacle.x[i]&&head->y==obstacle.y[i])
                                                              //判断蛇碰到障碍物
11          {
12              return 1;
13          }
14      }
15      while(body!=NULL)
16      {
17          if(head->x==body->x&&head->y==body->y)   //判断蛇头是否撞上了蛇身
18          {
19              return 1;
20          }
21          body=body->next;
22      }
23
24      return 0;
25  }
```

12.10 随机数的产生与食物

算法描述：使用 Rand 函数生成伪随机数，来产生食物的坐标。在坐标处绘制食物的图标。生成食物时，要防止食物与蛇身有重合。一旦判断有重合，则重新生成食物。核心代码如下。（该代码通过 ege 库产生 3 种不同的食物）

```
1   void createFood(int n)                    //随机生成食物
2   {
3       srand((unsigned)time(NULL));          //生成随机数种子
4       int i,flag;                           //flag是判断随机出的食物是否符合条件
5       snake *body;
6       if(n==0)   //吃掉了一种食物，先将另外两种食物用背景色覆盖掉，之后再随机生成这
                   //三种食物，起到刷新效果
7       {
8           putimage(hamburger.x,hamburger.y,20,20,white,0,0,20,20);
9           putimage(mushroom.x,mushroom.y,20,20,white,0,0,20,20);
10      }
11      else if(n==1)
12      {
13          putimage(tomato.x,tomato.y,20,20,white,0,0,20,20);
14          putimage(mushroom.x,mushroom.y,20,20,white,0,0,20,20);
15      }
16      else if(n==2)
17      {
18          putimage(tomato.x,tomato.y,20,20,white,0,0,20,20);
19          putimage(hamburger.x,hamburger.y,20,20,white,0,0,20,20);
20      }
21
22      do
23      {
24          flag=1;
25          body=head;                        //获取蛇链表的头节点信息
26          tomato.x=(rand()%38+1) * sizePaint;
                                              //随机生成番茄、汉堡、蘑菇的坐标
27          tomato.y=(rand()%38+1) * sizePaint;
28          hamburger.x=(rand()%38+1) * sizePaint;
29          hamburger.y=(rand()%38+1) * sizePaint;
30          mushroom.x=(rand()%38+1) * sizePaint;
31          mushroom.y=(rand()%38+1) * sizePaint;
32          if((tomato.x==hamburger.x&&tomato.y==hamburger.y||(tomato.x==mushroom.x&&tomato.y==mushroom.y)||(hamburger.x==mushroom.x&&hamburger.y==mushroom.y))      //防止食物生成重合
33          {
34              flag=0;break;
35          }
36      while (body != NULL&&flag!=0)         //防止食物生成在蛇身体里面
37      {
```

```
38              if ((tomato.x == body->x&&tomato.y == body->y)||(hamburger.x ==
                    body->x&&hamburger.y == body->y)||(mushroom.x ==
                    body->x&&mushroom.y == body->y))
                                                        //判断食物坐标是否等于蛇身体坐标
39              {
40                  flag=0;break;
41              }
42              body = body->next;
43          }
44          for(i=0;i<=obstacleNum;i++)     //防止食物生成在随机生成的障碍物里
45          {
46              if((tomato.x==obstacle.x[i]&&tomato.y==obstacle.y[i])||
                (hamburger.x==obstacle.x[i]&&hamburger.y==obstacle.y[i])||
                (mushroo m.x==obstacle.x[i]&&mushroom.y==obstacle.y[i]))||flag==0)
                                                        //判断食物坐标是否等于障碍物坐标
47              {
48                  flag=0;break;
49              }
50          }
51          if(flag==1)                     //如果随机生成的食物符合条件则生成食物
52          {
53              putimage(tomato.x,tomato.y,20,20,fanqie,0,0,20,20);
54              putimage(hamburger.x,hamburger.y,20,20,hanbao,0,0,20,20);
55              putimage(mushroom.x,mushroom.y,20,20,Mushroom,0,0,20,20);
56          }
57      }while(!flag);
58  }
```

12.11 本章小结

本章专注于贪吃蛇游戏的设计与开发,涵盖了游戏开发的全过程,从基础知识的介绍到游戏逻辑的具体实现。本章的学习目标是使学生掌握游戏设计的基本流程、核心算法以及编程技巧。

首先,本章介绍了贪吃蛇游戏的背景知识,包括游戏的基本规则和玩法,同时概述了开发所需的知识储备,如C语言基础、数据结构、Win32 API的了解,以及简单的算法知识。

接着,进行了需求分析,明确了游戏的基本功能和操作界面,包括方向键控制、暂停与继续、死亡判定,以及游戏结束和重新开始的条件。

在设计思路部分,本章提出了游戏设计的主要模块,如游戏主循环、游戏对象、输入处理和碰撞检测,并介绍了项目构建过程图和游戏业务逻辑。

数据结构的选择是本章的一个重点,比较了数组和链表两种数据结构的优缺点,并决定使用链表来实现蛇身体的动态增长。

代码结构与函数分工部分详细列出了游戏开发中所需函数的分类和功能描述,包括界面类、实体创建类、控制类和统计类等。

(1) 主函数的介绍说明了程序的入口点,包括加载初始化界面、处理用户输入和游戏逻辑。

（2）图形渲染部分深入讨论了光标位置控制、游戏地图创建和蛇的初始化，展示了如何在控制台窗口中精确地控制输出位置和绘制游戏元素。

（3）蛇的移动算法通过定义结构体表示蛇的每个节点，并使用动态内存分配创建链表来实现蛇的移动和增长。

（4）碰撞检测部分介绍了如何判断蛇是否碰撞到墙壁或自身，以及食物的随机生成和刷新机制。

最后，本章通过实际的代码示例，展示了如何使用 Win32 API 和 C 语言实现贪吃蛇游戏的各个功能，包括主循环、用户输入处理、图形渲染和游戏逻辑。

12.12　课后习题

12.12.1　简答题

1. 在贪吃蛇游戏中，如何控制游戏的难度级别？
2. 在贪吃蛇游戏中，蛇的移动算法是如何实现的？
3. 在贪吃蛇游戏中，碰撞检测使用的是什么算法？
4. 在贪吃蛇游戏中，如何保证产生的随机食物在墙壁里，并且不会与蛇身重合？
5. 在贪吃蛇游戏中，如何记录玩家的得分？
6. 如果贪吃蛇游戏要增加游戏防沉迷功能，技术上应该如何实现？

12.12.2　论述题

通过贪吃蛇游戏的开发，类比其他如飞机大战、五子棋、黄金矿工、连连看等游戏，阐述游戏开发中都涉及哪些关键模块和技术。